Technische Schwingungslehre

Helmut Jäger · Roland Mastel · Manfred Knaebel

Technische Schwingungslehre

Grundlagen – Modellbildung – Anwendungen

9., überarbeitete Auflage

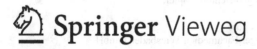

Springer Vieweg

Helmut Jäger
Stuttgart, Deutschland

Manfred Knaebel
Hattenhofen, Deutschland

Roland Mastel
Rechberghausen, Deutschland

ISBN 978-3-658-13792-2   ISBN 978-3-658-13793-9 (eBook)
DOI 10.1007/978-3-658-13793-9

Die Deutsche Nationalbibliothek verzeichnet diese Publikation in der Deutschen Nationalbibliografie; detaillierte bibliografische Daten sind im Internet über http://dnb.d-nb.de abrufbar.

Springer Vieweg

Lektorat: Thomas Zipsner

Gedruckt auf säurefreiem und chlorfrei gebleichtem Papier.

Springer Vieweg ist Teil von Springer Nature
Die eingetragene Gesellschaft ist Springer Fachmedien Wiesbaden GmbH

Vorwort zur 9. Auflage

Das hier vorliegende Skriptum entspricht den Inhalten, die die Verfasser an der Hochschule Esslingen auf dem Gebiet der Technischen Schwingungslehre als Grundlagen anbieten.

Das Skriptum soll Studentinnen und Studenten vor allem des Maschinenbaus eine leicht verständliche Einführung in die Schwingungstechnik sein. Sie sollen lernen, ein mechanisches Schwingungssystem zu analysieren. Nach allgemeinen Ausführungen zum Entstehen und zur Einteilung von Schwingungen werden zunächst einfache Modelle, die aber wesentliche Eigenschaften der Konstruktion wie Nachgiebigkeit und Trägheit berücksichtigen, behandelt. Ausführlich und mit vielen Beispielen wird auf die schwingungstechnisch wichtigste Kenngröße „Eigenkreisfrequenz" eingegangen. Der Zusammenhang mit den vielfältigen konstruktiven Parametern wird erläutert. Schrittweise werden die mechanischen und mathematischen Modelle ergänzt, um Dämpfungen zu quantifizieren und auch um mehrere Schwingungsfreiheitsgrade erfassen zu können. Schwingungsdifferentialgleichungen sind aufzustellen, zu interpretieren und zu lösen und die gefundenen Lösungen sind in ihrer physikalisch-technischen Bedeutung zu verstehen. Um dieses Ziel zu erreichen werden zahlreiche Beispiele mit ausführlichen Lösungen erläutert. Die Aufgaben, für die im Anhang Lösungswerte angegeben sind, sollen zu selbstständiger Arbeit anregen. Bei Beispielen und Aufgaben handelt es sich zum überwiegenden Teil um Prüfungsaufgaben, die die Verfasser an der Fachhochschule in den vergangenen Jahren gestellt haben.

Die für das Verständnis erforderlichen mathematischen Kenntnisse werden heute allen Studierenden an einer Fachhochschule vermittelt. Die Formelzeichen werden nach DIN 1311 (Februar 2000) gewählt.

Nach der vollständigen Überarbeitung der 6. sowie den Korrekturen der 7. und 8. Auflage werden in dieser 9. Auflage weitere uns bekannt gewordene Unstimmigkeiten beseitigt. Großer Dank gilt unserem verstorbenen Altkollegen Manfred Knaebel. Er hat als alleiniger Autor mit den ersten fünf Auflagen die Grundlage geschaffen, die wir in seinem Sinne fortführen und ergänzen. Nach wie vor ist das Ziel der Überarbeitung, den „Reiz" des Büchleins – die praxisnahen Beispiele sowie die didaktische Grundkonzeption vom Einfachen durch stetige Ergänzungen zum Schwierigen – zu erhalten.

Dem Verlag Springer Vieweg sagen wir unseren herzlichen Dank für die gute Zusammenarbeit.

Stuttgart/Rechberghausen, im Herbst 2016

Helmut Jäger
Roland Mastel

Inhalt

Autoren

Prof. Dipl.-Math. Manfred Knaebel, 1927 in Göppingen geboren, 1947 bis 1952 Studium der Mathematik und Physik an der Technischen Hochschule Stuttgart, 1952 bis 1955 Statiker und Kommissionsführer im Brückenbau und Stahlfundamentbau der Gutehoffnungshütte, Werk Sterkrade, 1956 bis 1957 Berechnungs- und Versuchsingenieur im Fahrzeugbau in Heilbronn a. N., von 1957 bis 1990 Dozent für Technische Mechanik und Technische Schwingungslehre an der Staatlichen Ingenieurschule Esslingen, jetzt Hochschule Esslingen.

Prof. Dr.-Ing. Helmut Jäger, 1946 in Stuttgart geboren, 1966 bis 1972 Studium der Mathematik an den Universitäten Stuttgart und Hamburg, 1972 bis 1985 Wissenschaftlicher Mitarbeiter am Institut A für Mechanik der Universität Stuttgart, 1985 bis 1990 Berechnungsingenieur der Firma Daimler-Benz, 1990 bis 2011 Professor an der Hochschule Esslingen mit den Fachgebieten Technische Mechanik, Strömungsmechanik, Regelungstechnik und Simulation.

Prof. Dr.-Ing. Roland Mastel, 1952 in Karlsruhe geboren, 1972 bis 1977 Studium des Maschinenbaus an der Universität Karlsruhe, 1977 bis 1982 Assistent am Institut für Technische Mechanik der Fakultät Maschinenbau an der Universität Karlsruhe, 1982 bis 1990 Berechnungsingenieur im Kernenergiebereich bei der Firma Siemens (ehemals KWU) in Erlangen, seit 1990 Professor an der Hochschule Esslingen mit den Fachgebieten Technische Mechanik, Schwingungslehre und Finite-Elemente-Methode.

Formelzeichen

Matrizen und Vektoren (hier einspaltige Matrizen) werden fett dargestellt

A	Fläche	$\mathbf{J}$	Drehmassenmatrix
A^{adj}	zu A adjungierte Matrix	J_S	Drehmasse bezogen auf die
a_C	Coriolisbeschleunigung		(feste) Achse durch S
a_n	Normal- oder Zentripetalbe-	j	imaginäre Einheit
	schleunigung	$\mathbf{K}$	Steifigkeitsmatrix
a_S	Schwerpunktbeschleunigung	$\mathbf{k}_D$	Drehsteifigkeitsmatrix
a_t	Tangentialbeschleunigung	k	Federkonstante
c	Schallgeschwindigkeit	k_D	Drehfederkonstante
$\mathbf{D}$	Dämpfungsmatrix	l	Länge
d	Dämpfungskonstante	l_{red}	reduzierte Pendellänge
E	Elastizitätsmodul	M	Moment, Erregermoment
E	Energie	$\mathbf{M}$	Massenmatrix
E_{kin}	Kinetische Energie	m	Masse
E_{pot}	Potentielle Energie	m_F	Federmasse
F	Kraft, Erregerkraft	$\mathbf{N}$	Nachgiebigkeitsmatrix
$\mathbf{F}$	Kraft-Vektor	n	Drehzahl
F_C	Corioliskraft	n_{ik}	Nachgiebigkeiten, Einflusszah-
F_d	Dämpferkraft		len
F_F	Fliehkraft, Federkraft	p	Impuls
F_G	Gewichtskraft	S	Schwerpunkt, Massenmittel-
F_n	Normalkraft		punkt
F_R	resultierende Kraft, Reibungs-	T	Schwingungsdauer
	kraft	t	Zeit
F_S	Seilkraft	V_1	Vergrößerungsfunktion
F_t	Tangentialkraft	υ	Geschwindigkeit
f	Frequenz	W	Arbeit
n	Nachgiebigkeit	x	
G	Gleitmodul	y	Auslenkung (Federweg) in x-, y-, z-Richtung
g	Fallbeschleunigung	z	
$\underline{H}$	komplexer Frequenzgang	$\mathbf{x}$	Vektor der Freiheitsgrade des
h	Höhe		mechanischen Systems
I	axiales Flächenmoment	$\hat{x}$	Amplitude (der Auslenkung in
	2. Ordnung		x-Richtung)
I_p	polares Flächenmoment	$\hat{\mathbf{x}}$	Amplitudenvektor
	2. Ordnung	$\underline{x}$	Komplexe Größe (der Auslen-
i	Trägheitsradius		kung)
J	Massenträgheitsmoment,	$\tilde{x}$	Effektivwert
	Drehmasse	$x(t)$	Zeitverlauf des Schwingweges

$\dot{x}$	Geschwindigkeit (1. Zeitablei-tung)	Λ	logarithmisches Dekrement
$\ddot{x}$	Beschleunigung (2. Zeitablei-tung)	λ	Wurzel der charakteristischen Gleichung, Eigenwert
$\overline{x}$	Mittelwert	μ	Gleitreibungszahl, Massen-belegung
x_p	Erzwungene Schwingung (par-tikuläre Lösung)	π	$= 3{,}14159\ldots$
$x_\mathrm{s}, x_\mathrm{c}$	Sinusschwingung, Kosinus-schwingung	ρ	Dichte
		τ	Zeit (dimensionslose)
x_d	gedämpfte (Eigen-) Schwingung	$\varphi(t)$	Drehwinkel-Zeitfunktion
		$\dot{\varphi}$	Winkelgeschwindigkeit
$\hat{x}_\mathrm{k}$	k-ter Eigenvektor	$\ddot{\varphi}$	Winkelbeschleunigung
x_0	Anfangsauslenkung in x-Richtung	ψ	Drehwinkel
		φ_os	Nullphasenwinkel, Sinus-schwingung
β	Winkel	ζ	Phasenverschiebung
γ	Winkel	ω	Kreisfrequenz
Δ	Differenz, Koeffizienten-determinante	ω_d	Kreisfrequenz der gedämpften Eigenschwingung
δ	Abklingkonstante	ω_i	i-te Eigenkreisfrequenz
θ	Dämpfungswinkel	Ω	Erregerkreisfrequenz
ϑ	Dämpfungsgrad		

wird und dann sich selbst überlassen bleibt, wenn also keine weitere Energie zugeführt wird. Die dann ablaufende freie Bewegung ist eine Eigenschaft des Systems. Bild 1.1 zeigt als Beispiel ein Fadenpendel, das aus seiner statischen Gleichgewichtslage ausgelenkt und dann losgelassen wird. Natürlich sind auch Stöße am Anfang anstelle von Auslenkungen möglich, also Anfangsgeschwindigkeiten anstelle von Anfangsauslenkungen oder beides gleichzeitig.

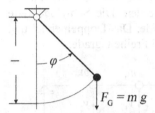

Bild 1.1
Fadenpendel

$F_G = m\,g$

Eine *selbsterregte* Schwingung ist ebenfalls eine autonome Schwingung. Dem Schwinger wird im Takt der Schwingung laufend Energie zugeführt. Uhr und Klingel sind hierfür Beispiele aus dem Alltag.

Bei einer *heteronomen* Schwingung sind die auftretenden Frequenzen auch durch äußere Einwirkungen auf das System bestimmt.

Erzwungene Schwingungen bilden die wichtigste Untergruppe. Einem System werden durch z. B. periodische Kräfte oder Momente Schwingungsbewegungen aufgezwungen.

Parametererregte Schwingungen sind eine weitere Untergruppe der heteronomen Schwingungen. Eine Systemkenngröße (z. B. die Rückstellung) wird z. B. periodisch verändert. Beim Beispiel der Schaukel verändert der Schaukelnde den Abstand des Schwerpunkts vom Aufhängepunkt durch seine relative Wippbewegung.

Merkmal: Dämpfung

Bei der ungedämpften Eigenschwingung bleibt die Schwingweite bzw. die Amplitude gleich, wohingegen bei gedämpfter Eigenschwingung die Schwingweite kleiner wird. Schließlich werden bei einer angefachten Schwingung (mit negativer Dämpfung) die Schwingweiten immer größer (oszillatorische Instabilität).

Merkmal: Zahl der Bewegungsfreiheitsgrade (bei diskreten Systemen)

Diese Zahl ist gleich der Anzahl der notwendigen, voneinander kinematisch unabhängigen Koordinaten, um die Lage bzw. die Anordnung eines Systems eindeutig anzugeben.

Bei *Systemen mit einem Freiheitsgrad* ist zur Festlegung des Auslenkungszustandes nur eine Lagekoordinate erforderlich. Es gibt nur eine Eigenschwingungsform. Ein Beispiel ist das Fadenpendel nach Bild 1.1. Als Lagekoordinate wird der Auslenkungswinkel festgelegt. Beim Modell einer masselosen, aber elastischen Welle mit einer Einzelmasse nach Bild 1.2 entspricht die Lagekoordinate der Durchbiegung der Welle am Ort des Massenpunktes.

Bei *Systemen mit mehreren Freiheitsgraden* sind zur Festlegung des Auslenkungszustandes mehrere Lagekoordinaten erforderlich. Die Bilder 1.3 und 1.4 zeigen einige Beispiele. Das Systemmodell der elastischen, aber masselosen Welle mit zwei Einzelmassen (Bild 1.3) hat zwei Freiheitsgrade, falls nur die kleinen Querbewegungen in der Ebene betrachtet werden. Die Schwingerkette mit drei geführten Einzelmassen hat drei Freiheitsgrade. Das Doppelpendel und die mit Federn gekoppelten Pendel haben jeweils zwei Freiheitsgrade.

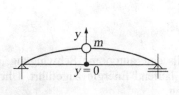

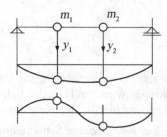

Bild 1.2   Biegeschwinger mit einem   **Bild 1.3**   System mit zwei Freiheitsgra-
              Freiheitsgrad   den – Erste und zweite Eigen-
                                                                schwingungsform

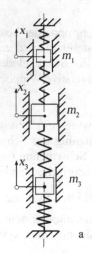

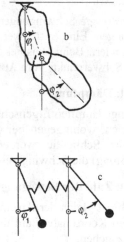

Bild 1.4   Systeme mit mehreren Freiheitsgraden
              a   drei Freiheitsgraden: Schwingerkette
              b, c zwei Freiheitsgraden: Doppelpendel bzw. Pendel mit Federkopplung

Merkmal: Bewegungsform

Im Hinblick auf das oft benutzte Balkenmodell für schlanke Bauteile ist die Unterscheidung von Schwingbewegungen in Balkenlängsrichtung als *Längs-* oder *Longitudinalschwingung*, in Querrichtung als *Quer- oder Transversalschwingung* und bei Verwindung als *Verdreh-* oder *Torsionsschwingung* vorteilhaft, insbesondere bei entkoppelter Betrachtung.

Merkmal: Schwingungsdifferentialgleichung

Mechanische Schwingungsmodelle werden durch adäquate mathematische Modelle beschrieben. Zustandsgrößen der Bewegung wie Lage, Geschwindigkeit und Beschleunigung werden gemäß den mechanischen Prinzipien (z. B. den Gleichgewichtsbedingungen) systemtheoretisch über Gleichungen untereinander und mit Kräften in Beziehung gesetzt. Im Falle diskreter Modelle (Starrkörper, masselose Federn und Dämpfer) ergeben sich gewöhnliche, im Falle kontinuierlicher Modelle mit räumlich verteilten Masse-, Nachgiebigkeits- und Dämpfungseigenschaften partielle Differentialgleichungen.

Merkmal: Lineare und nichtlineare Schwingungssysteme

Lineare Systemmodelle sind wegen ihren Eigenschaften der Existenz invarianter, d. h. von eventuellen Erregungen unabhängigen Systemkenngrößen (z. B. Eigenkreisfrequenzen, Eigenschwingungsformen) und der Gültigkeit des Überlagerungsprinzips (die Antwort auf eine Summe von Einzelerregungen ist gleich der Summe der Einzelantworten) von großem Vorteil.

Kennzeichen *linearer mechanischer Schwingungssysteme* sind lineare Zusammenhänge der Kraft- und Bewegungsgrößen (lineare Feder und Dämpfer, einfache Trägheitswirkungen, keine gyroskopischen Wirkungen). Die beschreibenden *linearen Bewegungsdifferentialgleichungen* haben konstante Koeffizienten und enthalten keine Produkte von Bewegungs- oder Kraftgrößen.

Nichtlineare mechanische Schwingungssysteme sind durch nichtlineare Zusammenhänge der Kraft- und Bewegungsgrößen (z. B. degressive oder progressive Rückstellung, nichtlinear geschwindigkeitsabhängige Dämpfung wie z. B. Luftwiderstand, Kreiselwirkungen) gekennzeichnet. Die beschreibenden *Bewegungsdifferentialgleichungen* enthalten allgemeine nichtlineare Abhängigkeiten von Bewegungs- oder Kraftgrößen.

Die Phänomene nichtlinearer Schwingungen sind vielfältig. Es gibt keine Invarianten mehr. So ist z. B. die „Eigenkreisfrequenz" von den Anfangsbedingungen, d. h. von den sich einstellenden Schwingweiten, abhängig. Nichtlineare Schwinger werden hier nur vereinzelt behandelt. Sehr häufig führen „Linearisierungen um den Betriebspunkt" zu befriedigenden genäherten Ergebnissen.

1.3 Periodische Funktionen

Zur analytischen Beschreibung von Schwingungsvorgängen werden Zustandsgrößen eingeführt, etwa – wie bei den Systemen der Bilder 1.1 bis 1.4 – Längen-
oder Winkelkoordinaten. Das Schwingungsverhalten lässt sich dann durch die
Eigenschaften der Zeitfunktionen charakterisieren, nach denen sich solche Zustandgrößen ändern. Häufig spielen periodische Funktionen eine große Rolle.
Eine Funktion $f(t)$ ist periodisch, wenn

$$f(t) = f(t + T) \tag{1.1}$$

gilt. Darin ist T die *Periode*, auch *Periodendauer* oder *Schwingungsdauer* genannt. Aus (1.1) folgt, dass auch

$$f(t) = f(t + T) = f(t + 2T) = \ldots = f(t + nT), \quad n = 1, 2, 3 \ldots$$

gilt. Die bekanntesten periodischen Funktionen sind die Sinus- und die Kosinusfunktion

$$\sin \varphi = \sin(\varphi + n\,2\pi), \quad \cos \varphi = \cos(\varphi + n\,2\pi), \quad n = 1, 2, \ldots.$$

Zur Beschreibung von Bewegungsvorgängen sind sie mit linearer Zeitabhängigkeit $\varphi(t) = \omega t$ oder $\varphi(t) = \omega t + \varphi_0$ von elementarer Bedeutung. Sie werden als
harmonische Zeitfunktionen bezeichnet und ausführlich in Kap. 2.1 behandelt.

Allgemeinere periodische Funktionen können unterschiedlichste Verläufe haben
(Bild 1.5).

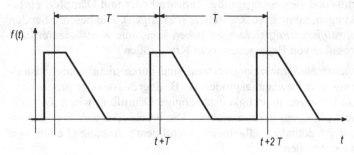

Bild 1.5   Beispiel einer periodischen Funktion

Anmerkung: Entsprechend zu (1.1) gilt auch für die Ableitungen

$$\dot{f}(t) = \dot{f}(t + T), \quad \ddot{f}(t) = \ddot{f}(t + T), \ldots,$$

sofern die Funktion an der Stelle t differenzierbar ist.

2 Harmonische Bewegung und Fourier-Analyse periodischer Schwingungen

2.1 Darstellung und Eigenschaften harmonischer Schwingungen

Wegen der elementaren Bedeutung der harmonischen Funktionen werden sowohl diese als auch deren Überlagerungen genauer betrachtet.

Durch Parallelprojektion der gleichförmigen Kreisbewegung eines Punktes $\overline{P}$ auf eine Gerade senkrecht zur Projektionsrichtung entsteht eine hin- und hergehende geradlinige Bewegung des Punktes P, die man harmonische Bewegung nennt (Bild 2.1).

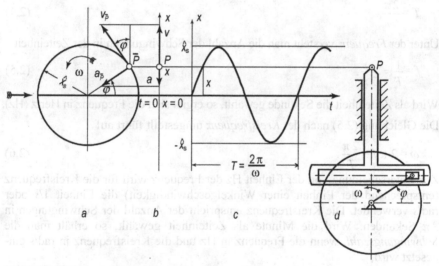

Bild 2.1 Erzeugung der harmonischen Bewegung
a   Gleichförmige Kreisbewegung des Punktes $\overline{P}$
b   Harmonische Bewegung des Punktes P auf der x-Achse
c x, t-Diagramm der Bewegung des Punktes P
d   Mechanische Erzeugung der harmonischen Bewegung durch ein Kreuzschleifengetriebe

Aus Bild 2.1a liest man für die Auslenkung des Punktes P unmittelbar

$$x = \hat{x}_s \sin \varphi \tag{2.1}$$

ab. Bei gleichförmiger Drehung ist die Winkelgeschwindigkeit ω konstant. Es gilt also für den Drehwinkel

$$\varphi = \omega t. \tag{2.2}$$

In (2.1) eingesetzt ergibt sich als *Ort-Zeit-Funktion*

$$x\,(t) = \hat{x}_\mathrm{S} \sin \omega t\,, \tag{2.3}$$

also eine harmonische Zeitfunktion. Schwingungen, die sich durch harmonische Zeitfunktionen beschreiben lassen, nennt man *harmonische Schwingungen*. In (2.3) sind

$\hat{x}_\mathrm{s}$ die *Amplitude* oder halbe *Schwingungsbreite* der Sinusschwingung,
ω die *Kreisfrequenz*,
φ der *Phasenwinkel*.

Die Schwingungsdauer (Periode) ist die Zeit, die $\overline{P}$ für einen vollen Umlauf benötigt. Es gilt also $\varphi_\mathrm{T} = 2\,\pi = \omega T$. Daraus folgt für die *Schwingungsdauer*

$$T = \frac{2\,\pi}{\omega}\,. \tag{2.4}$$

Unter der *Frequenz* versteht man die Anzahl der Schwingungen in der Zeiteinheit

$$f = \frac{1}{T} = \frac{\omega}{2\,\pi}\,. \tag{2.5}$$

Wird als Zeiteinheit die Sekunde gewählt, so ergibt sich die Frequenz in Hertz (Hz).

Die Gleichung (2.5) nach der *Kreisfrequenz* umgestellt führt auf

$$\omega = 2\,\pi\,f = \frac{2\,\pi}{T}\,. \tag{2.6}$$

Zur Unterscheidung von der Einheit Hz der Frequenz wird für die Kreisfrequenz (entsprechend der Einheit einer Winkelgeschwindigkeit) die Einheit $1/s$ oder rad/s verwendet. Die Kreisfrequenz entspricht der Anzahl der Schwingungen in $2\,\pi$ Sekunden. Wird die Minute als Zeiteinheit gewählt, so erhält man die *Schwingungszahl*, wenn die Frequenz in Hz und die Kreisfrequenz in rad/s eingesetzt wird,

$$n = 60\,f = \frac{30\,\omega}{\pi} \tag{2.7}$$

in 1/min. In der Zahlenwertgleichung (2.7) sind die Einheiten also vorgegeben.

Anmerkung: Der Winkelgeschwindigkeit ω bei der Kreisbewegung (Drehbewegung) entspricht die Kreisfrequenz ω bei der Schwingungsbewegung. Genauso entsprechen sich die Drehzahl n und die Schwingungszahl n.

Aus der Weg-Zeit-Funktion $x\,(t)$ nach (2.3) erhält man die Geschwindigkeits- und Beschleunigungs-Zeit-Funktion durch Differentiation nach der Zeit

$$\dot{x}(t) = \hat{x}_s\,\omega\cos\omega t, \qquad \ddot{x}(t) = -\hat{x}_s\,\omega^2\sin\omega t\,.$$

Aus der letzten Beziehung folgt mit (2.3)

$$\ddot{x} = -\omega^2 x\,. \tag{2.8}$$

Die Beschleunigung $\ddot{x}$ ist also sowohl der Auslenkung x proportional als auch wegen des negativen Vorzeichens stets auf $x = 0$ hin gerichtet. Die Beziehungen für Geschwindigkeit und Beschleunigung lassen sich mit der Kreisbewegung des Punktes $\bar{P}$ (Bild 2.1) veranschaulichen. Durch Projektion der Geschwindigkeit $v_{\bar{p}} = \hat{x}_s\omega$ (Umfangsgeschwindigkeit) und der Beschleunigung $a_{\bar{p}} = \hat{x}_s\omega^2$ (Zentripetalbeschleunigung) des Punktes $\bar{P}$ auf die x-Achse ergibt sich

$$v = v_p = v_{\bar{p}}\cos\varphi = \hat{x}_s\,\omega\cos\omega t = \dot{x}(t),$$

$$a = a_p = -a_{\bar{p}}\sin\varphi = -\hat{x}_s\,\omega^2\sin\omega t = \ddot{x}(t).$$

Ist nun der Punkt P mit Masse behaftet, so kann nach der Kraft gefragt werden, die dem Massenpunkt eine solche harmonische Bewegung aufzwingt. Die Antwort liefert das Newton'sche Grundgesetz. Bei geradliniger Bewegung gilt

$$F = m\ddot{x}\,. \tag{2.9}$$

Die in Bewegungsrichtung wirkende Kraft F ist wegen $\ddot{x} = -\omega^2 x$ ebenfalls proportional zur Auslenkung x und stets zur Nulllage hin gerichtet. Dies ist z. B. der Fall bei einem elastischen Bauteil mit linearer Federrückstellung (siehe Kap.4).

Ganz allgemein lassen sich für alle ungedämpften linearen Systeme mit einem Freiheitsgrad gemäß den mechanischen Prinzipien (z. B. Newton'sches Grundgesetz oder Energieprinzipien) Bewegungsdifferentialgleichungen aufstellen, die in der *schwingungstechnischen Darstellung*

$$\ddot{x}(t) + \omega^2 x(t) = 0 \tag{2.10}$$

den *Frequenzparameter* ω enthalten. Die Lösung von (2.10), also eine Zeitfunktion $x(t)$, die diese Gleichung identisch erfüllt, ist z. B. die Sinus-Funktion (2.3) aber auch die Kosinus-Funktion

$$x(t) = \hat{x}_c\cos(\omega t)\,. \tag{2.11}$$

Aus der Mathematik ist bekannt, dass die *allgemeine Lösung* von (2.10) lautet

$$x(t) = \hat{x}_s\sin\omega t + \hat{x}_c\cos\omega t\,, \tag{2.12}$$

wobei die „Amplituden" $\hat{x}_s$ und $\hat{x}_c$ frei wählbare Konstanten sind. Sie lassen sich aus den *Anfangsbedingungen* $\dot{x}(0)$ und $x(0)$ zu berechnen durch

$$\hat{x}_s = \frac{\dot{x}(0)}{\omega}, \quad \hat{x}_c = x(0)\,. \tag{2.13}$$

Neben der Darstellung (2.12) ist auch die Darstellung

$$x(t) = \hat{x} \sin(\omega t + \varphi_{0s}) \tag{2.14}$$

möglich, bei der die *Gesamt-Amplitude* $\hat{x}$ immer positiv ist und die Phasenlage durch den *Nullphasenwinkel* φ_{0s} gekennzeichnet wird. Zwischen den Darstellungen (2.12) und (2.14) gelten die Zusammenhänge

$$\hat{x}_c = \hat{x} \sin \varphi_{0s}, \quad \hat{x}_s = \hat{x} \cos \varphi_{0s} \tag{2.15}$$

und

$$\hat{x} = \sqrt{\hat{x}_c^2 + \hat{x}_s^2}, \quad \tan \varphi_{0s} = \frac{\hat{x}_c}{\hat{x}_s}. \tag{2.16}$$

In Anlehnung an die anfängliche Deutung einer harmonischen Funktion als Parallelprojektion einer Kreisbewegung eines Punktes auf eine (vertikale) Achse kann (2.14) als Projektion eines rotierenden Zeigers mit der Länge $\hat{x}$ interpretiert werden, der zur Zeit $t = 0$ den Winkel φ_{0s} mit der horizontalen Achse einnimmt (Bild 2.2).

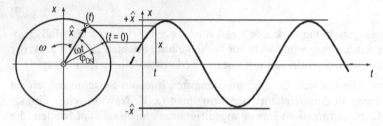

Bild 2.2　　Zeigerdarstellung und Zeitverlauf einer harmonischen Schwingung

Die Zeigerdarstellung ist vorteilhaft, wenn zwei Schwingungen gleicher Frequenz überlagert werden (Bild 2.3).

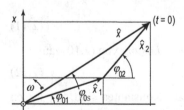

Bild 2.3
Zeigerdiagramm der Überlagerung von zwei
Schwingungen gleicher Frequenz

Ganz allgemein führt die Überlagerung zweier gleichfrequenter Schwingungen

$$x_1 = \hat{x}_1 \sin(\omega t + \varphi_{01}), \quad x_2 = \hat{x}_2 \sin(\omega t + \varphi_{02})$$

ebenfalls auf eine harmonische Schwingung

$$x = \hat{x} \sin(\omega t + \varphi_{0s}) \tag{2.17}$$

mit der Amplitude

$$\hat{x} = \sqrt{\hat{x}_1^2 + \hat{x}_2^2 + 2\hat{x}_1\hat{x}_2 \cos(\varphi_{02} - \varphi_{01})} \tag{2.18}$$

und dem Nullphasenwinkel φ_{0s} mit

$$\tan\varphi_{0s} = \frac{\hat{x}_1 \sin\varphi_{01} + \hat{x}_2 \sin\varphi_{02}}{\hat{x}_1 \cos\varphi_{01} + \hat{x}_2 \cos\varphi_{02}}. \tag{2.19}$$

Die resultierende Schwingung erhält man also, wie Bild 2.3 zeigt, indem man die beiden Zeiger wie Vektoren addiert.

Mit Bild 2.3 sind die Beziehungen

$$\hat{x} \cos\varphi_{0s} = \hat{x}_1 \cos\varphi_{01} + \hat{x}_2 \cos\varphi_{02}, \quad \hat{x} \sin\varphi_{0s} = \hat{x}_1 \sin\varphi_{01} + \hat{x}_2 \sin\varphi_{02}$$

einfach herzuleiten. Die Gleichungen (2.12) bis (2.16) sind Sonderfälle mit $\varphi_{01} = 0$ und $\hat{x}_1 = \hat{x}_s$ sowie $\varphi_{02} = \pi/2$ und $\hat{x}_2 = \hat{x}_c$, wobei die jeweiligen Zeiger der Sinus- und Kosinus-Schwingung aufeinander senkrecht stehen, Bild 2.4. Fasst man die Zeiger als komplexe Zeitfunktion

$$\underline{x}(t) = Re\,\underline{x} + j\,Im\,\underline{x}, \quad j^2 = -1$$

auf, so kann der komplexe Zeiger

$$\underline{x}(t) = \hat{x}\cos(\omega t + \varphi_{0s}) + j\hat{x}\sin(\omega t + \varphi_{0s})$$

entsprechend der Euler'schen Formel als komplexe Erweiterung einer harmonischen Schwingung und somit kurz als „komplexe Schwingung"

$$\underline{x}(t) = \underline{\hat{x}}\,e^{j\omega t}, \quad j^2 = -1 \tag{2.20}$$

mit der komplexen Amplitude

$$\underline{\hat{x}} = \hat{x}\,e^{j\varphi_{0s}} \tag{2.21}$$

dargestellt werden. Die komplexe Amplitude enthält sowohl die Amplitude

$$\hat{x} = |\underline{\hat{x}}| = \sqrt{(Re\,\underline{x})^2 + (Im\,\underline{x})^2} \tag{2.22}$$

als auch den Nullphasenwinkel

$$\tan\varphi_{0s} = \frac{Im\,\underline{x}}{Re\,\underline{x}} \tag{2.23}$$

der reellen Schwingung nach (2.14), wobei wegen der Projektion auf die vertikale Achse

$$x(t) = Im\,\underline{x}(t) \tag{2.24}$$

gilt. Ein ganz wesentlicher Vorteil der Rechnung mit komplexen Schwingungen liegt insbesondere bei den Zeitableitungen. Denn eine Ableitung der komplexen Funktion (2.20) nach der Zeit kann als Multiplikation dieser Funktion mit $(j\omega)$ gedeutet werden, oder allgemein

$$\underline{x}^{(n)}(t) = (j\omega)^n \underline{x}(t), \tag{2.25}$$

wohingegen die harmonischen Sinus- oder Kosinus-Funktionen

$$x(t) = \hat{x}\cos\omega t, \quad \dot{x}(t) = -\hat{x}\,\omega\sin\omega t, \quad \ddot{x}(t) = -\hat{x}\,\omega^2\cos\omega t \tag{2.26}$$

sich nach jeder Ableitung abwechseln. Die komplexe Schwingung erleichtert insbesondere bei Systemen, die neben einer zweiten und einer nullten Ableitung auch eine erste Ableitung (Dämpfung) enthalten, die Transformation der Differentialgleichungen in algebraische Gleichungen (siehe insbesondere Kapitel 7).

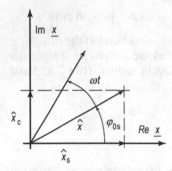

Bild 2.4
Komplexe Zeiger

Anmerkungen zur Überlagerung von Schwingungen mit verschiedenen Frequenzen

Für die beiden Teilbewegungen eines Punktes gelte

$$x_1(t) = \hat{x}_1\cos(\omega_1 t + \varphi_{01s}), \quad x_2(t) = \hat{x}_2\cos(\omega_2 t + \varphi_{02s}).$$

Für die durch Überlagerung entstehende Bewegung sind zwei Fälle zu unterscheiden.

Fall 1: Die beiden Kreisfrequenzen stehen in einem rationalen Verhältnis $\omega_1/\omega_2 = p/q$ mit ganzzahligen sowie teilerfremden p und q. Die sich einstellende Schwingung ist nicht mehr harmonisch, aber periodisch mit der Periodendauer

$$T = pT_1 = qT_2\,.$$

Eine Darstellung durch eine Sinus- oder Kosinus-Funktion ist nicht möglich.

Fall 2: Das Frequenzverhältnis ist nicht rational. Die durch die Überlagerung sich einstellende Bewegung ist auch nicht mehr periodisch.

Für beide Fälle gilt: Falls die Frequenzen der beiden Einzelbewegungen nahe beieinander liegen, stellt sich eine Schwebung ein, deren Einhüllende der Amplituden sich periodisch mit der Schwebungskreisfrequenz $\omega_s = \omega_1 + \omega_2$ ändert.

2.2 Harmonische Analyse periodischer Schwingungen

Bei einer *periodischen Schwingung* wiederholt sich der Zeitverlauf jeweils nach einer Periodendauer T, d. h. die Zeitfunktion $f(t)$ erfüllt die Periodizitätsbedingung $f(t) = f(t + T)$, siehe (1.1).

Eine periodische Schwingung kann mit Hilfe einer Fourier-Reihe als Summe von harmonischen Teilschwingungen dargestellt werden. Mit der Periodendauer T und der „*Grundkreisfrequenz*" $\omega = 2\,\pi/T$ gilt in reeller Darstellung

$$f(t) = f_0 + \sum_{k=1}^{\infty} \left(\hat{f}_{sk} \sin(k\,\omega t) + \hat{f}_{ck} \cos(k\,\omega t) \right). \tag{2.27}$$

Bei der *harmonischen Analyse* oder *Fourier-Analyse* werden die „Amplituden"-Anteile der *Grundschwingungen* ($k = 1$) und der *Oberschwingungen* ($k \geq 2$) ermittelt. Man erhält sie als Fourier-Koeffizienten k-ter Ordnung

$$\hat{f}_{sk} = \frac{2}{T} \int_0^T f(t) \sin(k\,\omega t)\,\mathrm{d}t, \quad \hat{f}_{ck} = \frac{2}{T} \int_0^T f(t) \cos(k\,\omega t)\,\mathrm{d}t. \tag{2.28}$$

Für den Mittelwert gilt

$$f_0 = \frac{1}{T} \int_0^T f(t)\,\mathrm{d}t. \tag{2.29}$$

Wählt man für die Reihendarstellung die Form

$$f(t) = f_0 + \sum_{k=1}^{\infty} \hat{f}_k \sin(k\,\omega t + \varphi_{0sk}) \tag{2.30}$$

ergeben sich mit den Koeffizienten nach (2.28) die Amplituden und Nullphasenwinkel

$$\hat{f}_k = \sqrt{\hat{f}_{ck}^2 + \hat{f}_{sk}^2}, \quad \tan\varphi_{0sk} = \frac{\hat{f}_{ck}}{\hat{f}_{sk}} \tag{2.31}$$

für die harmonischen Anteile der k-ten Ordnung. Die Gleichungen (2.28) oder (2.31) bilden das *diskrete Spektrum* der periodischen Schwingung, ihre Aufzeichnung über der Frequenzachse heißt *spektrale Darstellung* bzw. Darstellung im Frequenzbereich.

Bei Berücksichtigung von nur endlich vielen Summanden in (2.30) beschreibt diese endliche Reihe die ursprüngliche periodische Funktion angenähert. In der praktischen Anwendung für z. B. periodische Antriebskräfte oder -momente genügen wegen der Stetigkeit oft wenige Reihenglieder. An Sprungstellen bzw. an Stellen mit extremen zeitlichen Änderungen ist mit größerer Abweichung zu rechnen.

Die komplexe Darstellung kann in Anlehnung an die Einführung der komplexen Schwingung (2.20) abgeleitet werden. Für die periodische Schwingung $f(t) = f(t + T)$ lautet die komplexe Fourierreihe

$$f(t) = f_0 + \sum_{k=-\infty}^{\infty} \hat{\underline{f}}_k \, e^{\,j k \omega t} \qquad\qquad (2.32)$$

mit den komplexen Koeffizienten

$$\hat{\underline{f}}_k = \frac{1}{T} \int_0^T f(t)\, e^{-j k \omega t}\, dt. \qquad\qquad (2.33)$$

Neben dem diskreten Spektrum periodischer Schwingungen spielt das *kontinuierliche Spektrum* von Zeitverläufen mit endlicher Energie als *Fourier-Transformation* vor allem auch in der Mess- und Regelungstechnik eine bedeutende Rolle. Hier wird nicht näher darauf eingegangen.

Das Beispiel einer Rechteckpulsfolge mit der Pulshöhe F und der Pulsdauer T_1 zeigt Bild 2.5. Sowohl der Mittelwert als auch die Amplituden des diskreten Spektrums

$$f_0 = F\frac{T_1}{T}, \quad \hat{f}_{ck} = F\frac{2}{k\pi}\sin\left(k\,\pi\frac{T_1}{T}\right), \quad \hat{f}_{sk} = 0, \quad k = 1, 2, \ldots \qquad (2.34)$$

sind eingezeichnet. Es ist bemerkenswert, dass die Einhüllende der Spektralwerte die gleiche Form hat wie das kontinuierliche Spektrum eines einzelnen Rechteckpulses.

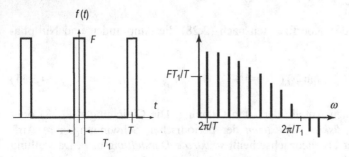

Bild 2.5   Rechteckpulsfolge im Zeit- und Frequenzbereich

2.3 Aufgaben

Aufgabe 2.1: Für die Bewegung einer Masse in x-Richtung gilt

$$x_1 = \hat{x}_1 \sin(\omega t + \varphi_{01}) \text{ mit } \hat{x}_1 = 5\,\text{cm}, \quad \omega = 10\,\text{s}^{-1}, \quad \varphi_{01} = 30°.$$

Dieser Bewegung überlagert sich in x-Richtung eine zweite Bewegung, für die gilt

$$x_2 = \hat{x}_2 \sin(\omega t + \varphi_{02}) \text{ mit } \hat{x}_2 = 3\text{ cm}, \ \omega = 10\text{ s}^{-1}, \varphi_{02} = 45°.$$

Für die resultierende Bewegung ermittle man zeichnerisch und rechnerisch die Amplitude und den Nullphasenwinkel.

Aufgabe 2.2: Eine Funktion mit der Periode T ist gegeben durch

$$f(t) = H \qquad\qquad \text{für } 0 \leqq t < T/2;$$

$$f(t) = \frac{2H}{T}\left(t - \frac{T}{2}\right) \qquad \text{für } \frac{T}{2} \leqq t \leqq T, \ \text{siehe Bild 2.6.}$$

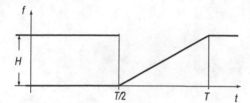

Bild 2.6
Periodische Funktion

Die Funktion ist durch eine trigonometrische Reihe (Fourier-Reihe) bis zur 3. Ordnung zu approximieren. Die Fourier-Koeffizienten sind zu berechnen.

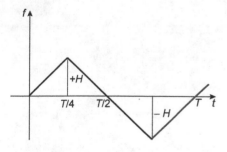

Bild 2.7
Periodische Funktion

Aufgabe 2.3: Die in Bild 2.7 gezeichnete periodische Funktion mit der Periode T ist durch eine trigonometrische Reihe zu approximieren. Man berechne die Koeffizienten $\hat{f}_{sk}, \hat{f}_{ck}$ und zeichne die Näherungskurve f_5.

2.3 Aufgaben

Aufgabe 2.1 ...

3 Pendelschwingungen

3.1 Das mathematische Pendel (Fadenpendel)

An einem Faden der Länge l, dessen Masse vernachlässigbar klein ist, hängt eine Masse m, die als Massenpunkt betrachtet werden kann. Nach einer Anfangsauslenkung φ_0 aus der statischen Gleichgewichtslage wird m ohne Anfangsgeschwindigkeit losgelassen (Bild 3.1). Die Bewegungsgleichung für die auftretende Pendelschwingung, die in einer Ebene abläuft, soll aufgestellt werden.

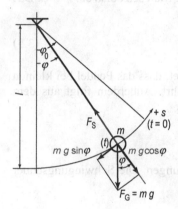

Bild 3.1
Fadenpendel

Am freigemachten Massenpunkt greifen die Gewichtskraft F_G und die Fadenspannkraft F_S an. Das Newton'sche Grundgesetz lautet

$$\vec{F} = m\,\vec{a}.$$

Die Komponentengleichung in Bahnrichtung ist

$$F_t = m\,a_t.\tag{3.1}$$

Dabei ist die Tangentialkraft (*Rückstellkraft*)

$$F_t = -\,m\,g\,\sin\varphi.$$

Weiter gilt für die Tangentialbeschleunigung

$$a_t = l\,\alpha = l\,\ddot{\varphi},$$

wobei $\alpha = \ddot{\varphi}$ die Winkelbeschleunigung ist. Damit erhält man aus (3.1)

$$-\,m\,g\,\sin\varphi = m\,l\,\ddot{\varphi}$$

oder etwas umgeformt

$$\ddot{\varphi} + \frac{g}{l} \sin \varphi = 0. \tag{3.2}$$

(3.2) stellt eine nichtlineare Differentialgleichung 2. Ordnung dar, deren Lösung hier nicht behandelt werden soll. Die Potenzreihenentwicklung der Sinus-Funktion liefert

$$\sin \varphi = \varphi - \frac{\varphi^3}{3!} + \frac{\varphi^5}{5!} - \dots .$$

Bei Beschränkung auf kleine Schwingungen (z. B. $|\varphi| \leqq 0{,}14$ rad $\triangleq 8°$) kann die Reihe nach dem ersten Glied abgebrochen werden. Man setzt also $\sin \varphi = \varphi$. Das Problem wird damit linearisiert. (3.2) geht über in

$$\ddot{\varphi} + \frac{g}{l} \varphi = 0. \tag{3.3}$$

(3.3) hat die gleiche Form wie (2.10). Das bedeutet, dass das Pendel bei kleinen Auslenkungen harmonische Schwingungen ausführt. Außerdem folgt aus dem Vergleich der beiden Gleichungen (2.10) und (3.3)

$$\omega = \sqrt{\frac{g}{l}}$$

für die Kreisfrequenz der kleinen Pendelschwingungen. Die Schwingungsdauer ist

$$T = 2\pi \sqrt{\frac{l}{g}} . \tag{3.4}$$

Die allgemeine Lösung von (3.3) lautet

$$\varphi(t) = C_1 \cos \omega t + C_2 \sin \omega t .$$

Die Konstanten C_1 und C_2 sind aus den Anfangsbedingungen zu ermitteln.

$$\varphi(0) = \varphi_0 = C_1 \cdot 1 + C_2 \cdot 0 \qquad \Rightarrow C_1 = \varphi_0,$$

$$\dot{\varphi}(0) = 0 = -C_1 \omega \cdot 0 + C_2 \omega \cdot 1 \Rightarrow C_2 = 0.$$

Damit lautet die spezielle Lösung, die den gewählten Anfangsbedingungen genügt

$$\varphi(t) = \varphi_0 \cos \omega t.$$

Anmerkung zu nichtlinearen Pendelschwingungen

Bei nichtlinearen Eigenschwingungen, in diesem Fall größeren Pendelausschlägen, ergeben sich zwar periodische, aber keine harmonischen Zeitverläufe. Geschlossene Lösungsfunktionen sind tabellarisch oder numerisch darstellbar. Im Falle des Pendels ist dies über sogenannte elliptische Integrale möglich. Für die Periodendauer (und somit für eine „äquivalente" Eigenkreisfrequenz) gilt grundsätzlich, dass diese – im Gegensatz zur Schwingungsdauer bei harmonischen Eigenschwingungen linearer Systeme – mit dem Schwingungsausschlag, also mit der „Amplitude" der Eigenschwingung, zusammenhängt. Aufgrund der unterlinearen Rückstellung („degressive Feder") beim Pendel führt dies dazu, dass die Periodendauer umso größer wird, je größer die „Amplitude" ist (Bild 3.2).

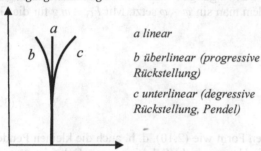

Schwingungsausschlag

a linear

b überlinear (progressive Rückstellung)

c unterlinear (degressive Rückstellung, Pendel)

Eigenperiode

Bild 3.2
Nichtlineares System – Abhängigkeit der Periodendauer von der „Amplitude"

3.2 Das physikalische Pendel (Körperpendel)

Ein starrer Körper (Masse m, Schwerpunkt S, Massenträgheitsmoment J_0) ist um eine horizontale Achse durch 0 frei drehbar gelagert (Bild 3.3).

Das dynamische Grundgesetz für die Drehbewegung lautet

$$M = J_0\, \ddot\varphi\,.$$

Aus Bild 3.3 entnimmt man für das Rückstellmoment

$$M = -F_G\, e \sin\varphi\,.$$

Damit erhält man

$$-F_G\, e \sin\varphi = J_0\, \ddot\varphi\,.$$

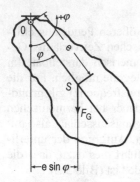

Bild 3.3
Körperpendel

Bei Beschränkung auf kleine Schwingungen kann man diese Differentialglei-
chung wieder linearisieren, indem man sin $\varphi = \varphi$ setzt. Mit $F_G = m\,g$ für die Ge-
wichtkraft gilt

$$- m\,g\,\mathrm{e}\,\varphi = J_0\,\ddot{\varphi}$$

oder

$$\ddot{\varphi} + \frac{m\,g\,\mathrm{e}}{J_0}\varphi = 0. \qquad (3.5)$$

(3.5) ist wieder von der gleichen Form wie (2.10), d. h. auch die kleinen Pendelschwingungen eines Körpers sind harmonische Schwingungen. Dabei ist

$$\frac{m\,g\,\mathrm{e}}{J_0} = \omega^2.$$

Die Schwingungsdauer lautet damit

$$T = 2\pi\sqrt{\frac{J_0}{m\,g\,\mathrm{e}}}. \qquad (3.6)$$

Unter der *reduzierten Pendellänge* eines Körperpendels versteht man die Länge
des Fadenpendels, das die gleiche Schwingungsdauer hat wie das betrachtete
Körperpendel

$$T_{\text{Fadenpendel}} = T_{\text{Körperpendel}}.$$

Mit

$$2\pi\sqrt{\frac{l_{\text{red}}}{g}} = 2\pi\sqrt{\frac{J_0}{m\,g\,\mathrm{e}}}$$

erhält man

$$l_{red} = \frac{J_0}{m\,e} = \frac{J_S + m\,e^2}{m\,e} = e + \frac{J_S}{m\,e} = e + \frac{i^2}{e}.\tag{3.7}$$

Dabei wird der Steiner-Huygenssche Satz benützt und $J_S = m\,i^2$ eingeführt, wobei i der *Trägheitsradius* ist.

Das Massenträgheitsmoment eines Körpers kann durch einen Pendelversuch bestimmt werden, bei dem die Schwingungsdauer gemessen wird. (3.6) nach J_0 aufgelöst ergibt

$$J_0 = \frac{T^2 m\,g\,e}{4\pi^2}.$$

Die Umrechnung auf die Schwerachse erfolgt mit dem Satz von Steiner:

$$J_S = J_0 - m\,e^2.$$

Beispiel 3.1: Pendellänge für kleinste Schwingungsdauer

In welchem Abstand vom Schwerpunkt muss man einen Körper drehbar aufhängen, damit die Schwingungsdauer der Pendelschwingungen möglichst klein wird?

Die Schwingungsdauer wird zum Minimum, wenn die reduzierte Pendellänge des Körpers ein Minimum ist, d. h. aus (3.7) folgt

$$\frac{d\,l_{red}}{d\,e} = 1 - \frac{i^2}{e^2} = 0 \quad \Rightarrow \quad e = \pm\,i.$$

Der Abstand des Aufhängepunkts vom Schwerpunkt muss gleich dem Trägheitsradius sein. Die Schwingungsdauer ist dann

$$T = 2\pi\sqrt{\frac{J_0}{m\,g\,i}} = 2\pi\sqrt{\frac{m\,i^2 + m\,i^2}{m\,g\,i}} = 2\pi\sqrt{\frac{2\,i}{g}}.$$

Beispiel 3.2: Ausschwingen einer hängenden Last

Die Laufkatze eines Krans bewegt sich mit einer Geschwindigkeit $v_{Katze} = 4$ m/min. Mit derselben Geschwindigkeit v_{Katze} bewegt sich die senkrecht darunter an zwei Seilen hängende Last (Bild 3.4). Durch Anfahren an eine Endbegrenzung wird die Katze plötzlich zum Stillstand gebracht.

a) Wie groß ist die Schwingungsdauer der auftretenden Pendelschwingung der Last? Anmerkung: Das geringe Auf- bzw. Abwickeln der beiden Hubseile an den Seiltrommeln beim Ausschwingen kann vernachlässigt werden.

b) Wie weit schwingt die Last aus?

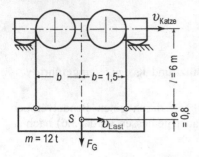

Bild 3.4
Pendelschwingung einer Last

a) Die Last führt beim Pendeln eine reine Translationsbewegung aus (Parallel-pendel); das System ist also praktisch ein mathematisches Pendel. Die Pen-dellänge ist dabei $l = 6$ m. Das Maß e ist ohne Einfluss! Daher gilt

$$T = 2\pi \sqrt{\frac{l}{g}} = 4{,}91 \text{ s.}$$

b) Das Drehwinkel-Zeit-Gesetz lautet

$$\varphi(t) = C_1 \cos \omega t + C_2 \sin \omega t, \quad \omega = \frac{2\pi}{T} = 1{,}28 \text{ s}^{-1}.$$

Die Anfangsbedingungen sind

$$\varphi(0) = 0, \quad \dot{\varphi}(0) = \frac{v_{Katze}}{l} = \frac{4 \text{ m} \cdot 1 \text{ min}}{\text{min} \cdot 6 \text{ m} \cdot 60 \text{ s}} = 0{,}0111\frac{1}{\text{s}}.$$

Es folgt

$$\varphi(0) = C_1 \cdot 1 + C_2 \cdot 0 = 0 \quad \Rightarrow \quad C_1 = 0,$$

$$\dot{\varphi}(0) = C_2 \cdot \omega \cdot 1 = \frac{v_{Katze}}{l} \quad \Rightarrow \quad C_2 = \frac{v_{Katze}}{l\,\omega} = 0{,}00869.$$

Damit gilt $\varphi = 0{,}00869 \sin(1{,}28 \text{ s}^{-1}\, t)$

$$\varphi_{max} = 0{,}00869 = 0{,}50°, \quad x_{max} = l \sin \varphi_{max} = 0{,}052 \text{ m.}$$

Beispiel 3.3: Rollpendel

Der in Bild 3.5 gezeichnete Körper (Masse m, Schwerpunkt S, Massenträgheits-moment J_S bezogen auf die Achse durch S senkrecht zur Zeichenebene) kann auf der horizontalen x-Achse abrollen.

Für die kleinen Rollschwingungen um die Gleichgewichtslage ermittle man die Kreisfrequenz. Der Rollwiderstand ist zu vernachlässigen.

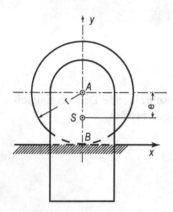

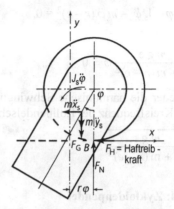

Bild 3.5 Rollpendel

Bild 3.6 Kräfte und Momente am frei-gemachten Körper

In Bild 3.6 ist das Freikörperbild des Körpers in einer ausgelenkten Lage einschließlich der d'Alembert'schen Trägheitskräfte gezeichnet. Die Rollbedingung lautet

$$x_A = r\,\varphi\,.$$

Für die Koordinaten des Schwerpunkts liest man ab

$$x_S = r\,\varphi - e\sin\varphi, \qquad y_S = r - e\cos\varphi\,.$$

Geschwindigkeit und Beschleunigung des Schwerpunkts erhält man daraus zu

$$\dot{x}_S = r\,\dot{\varphi} - e\cos\varphi\cdot\dot{\varphi}, \qquad \dot{y}_S = e\sin\varphi\cdot\dot{\varphi},$$

$$\ddot{x}_S = r\,\ddot{\varphi} + e\sin\varphi\cdot\dot{\varphi}^2 - e\cos\varphi\cdot\ddot{\varphi}, \qquad \ddot{y}_S = e\cos\varphi\cdot\dot{\varphi}^2 + e\sin\varphi\cdot\ddot{\varphi}.$$

In Bild 3.6 sind außer den äußeren Kräften auch die Trägheitskräfte und die Momente aus der Trägheitswirkung eingetragen. Nach d'Alembert muss die Summe aller Momente, bezogen z. B. auf den Berührpunkt B, gleich null sein:

$$\sum M_{(B)} = -m\,g\,e\sin\varphi - J_s\,\ddot{\varphi} - m\,\ddot{y}_s\,e\sin\varphi - m\,\ddot{x}_s\,(r - e\cos\varphi) = 0\,.$$

Werden die obigen Beziehungen für $\ddot{x}_S$ und $\ddot{y}_S$ eingesetzt, so erhält man

$$-m\,g\,e\sin\varphi - J_s\,\ddot{\varphi} - m\,(e\cos\varphi\cdot\dot{\varphi}^2 + e\sin\varphi\cdot\ddot{\varphi}\,)\,e\sin\varphi$$

$$-m\,(r\,\ddot{\varphi} + e\sin\varphi\cdot\dot{\varphi}^2 - e\cos\varphi\cdot\ddot{\varphi}\,)(r - e\cos\varphi) = 0.$$

Beschränkt man sich auf kleine Schwingungen, so kann man sin $\varphi = \varphi$, cos $\varphi = 1$ setzen und die Glieder mit $\dot{\varphi}^2 \cdot \varphi$ und $\varphi^2 \ddot{\varphi}$ weglassen, da sie von höherer Ordnung klein gegenüber den linearen Anteilen sind. Man erhält dann

$$- m\,g\,\mathrm{e}\,\varphi - J_s\,\ddot{\varphi} - m\,\ddot{\varphi}\,(r - \mathrm{e})^2 = 0$$

oder

$$\ddot{\varphi} + \frac{m\,g\,\mathrm{e}}{J_s + m\,(r - \mathrm{e})^2}\,\varphi = 0\,.$$

Dies ist wieder die harmonische Schwingungen beschreibende Differentialgleichung. Die Kreisfrequenz der Rollpendelschwingungen beträgt

$$\omega = \sqrt{\frac{m\,g\,\mathrm{e}}{J_s + \mathrm{m}\,(r - \mathrm{e})^2}}\,.$$

Beispiel 3.4: Zykloidenpendel

Ein Massenpunkt bewegt sich reibungsfrei auf einem in vertikaler Ebene liegenden Zykloidenbogen $\overset{\frown}{OQ}$, der durch Abrollen eines Kreises mit dem Radius r auf der x-Achse entsteht (Bild 3.7). Man untersuche die Bewegung des Massenpunktes.

In Bild 3.7 ist die Masse m in einer ausgelenkten Lage gezeichnet. Auf m wirken die Gewichtskraft F_G und von der Führung her die Normalkraft F_N. Die Rückstellkraft beträgt

$$F_G \sin \psi = m\,g \sin \psi.$$

Aus der Geometrie ist bekannt, dass der Zykloidenbogen $\overset{\frown}{OA}$ die Evolute des zu ihm kongruenten Zykloidenbogens $\overset{\frown}{AG}$ ist: Die Normalen von $\overset{\frown}{AG}$ sind gleichzeitig Tangenten von $\overset{\frown}{OA}$. Außerdem gilt, dass die Länge s des Zykloidenbogens $\overset{\frown}{PA}$ (Auslenkung von m aus der statischen Gleichgewichtslage) übereinstimmt mit der Länge $\overline{PD}$ auf der Tangenten:

$$s = \overset{\frown}{PA} = \overline{PD} = 2\,\overline{PC}.$$

Daraus folgt für $P \rightarrow O$ insbesondere $\overset{\frown}{OA} = \overline{OG} = 4r$.

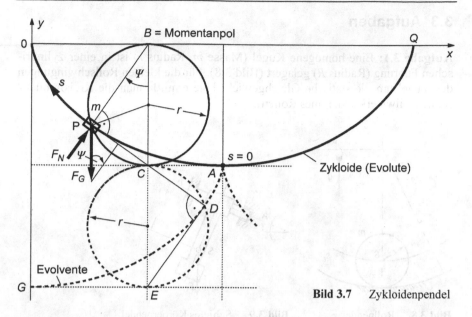

Bild 3.7   Zykloidenpendel

In der beliebigen Lage P gilt

$$\sin \psi = \frac{\overline{PC}}{2r} = \frac{s}{4r}$$

und damit ergibt sich für die Rückstellkraft $m\,g\,\dfrac{s}{4r}$.

Nach Newton gilt

$$-m\,g\,\frac{s}{4r} = m\,a_t = m\,\ddot{s} \quad \Rightarrow \quad \ddot{s} + \frac{g}{4r}\,s = 0.$$

Die Bewegung des Massenpunkts ist eine harmonische Schwingung mit der Schwingungsdauer

$$T = 2\pi\sqrt{\frac{4r}{g}} = 4\pi\sqrt{\frac{r}{g}}.$$

Die lineare Differentialgleichung gilt hier exakt, nicht nur als Näherung für kleine Auslenkungen wie bei der Bewegung auf einem Kreisbogen. Anders als etwa beim mathematischen Pendel bleibt die Schwingungsdauer also auch für große Auslenkungen immer gleich.

3.3 Aufgaben

Aufgabe 3.1: Eine homogene Kugel (Masse m, Radius r) ist in einer zylindrischen Führung (Radius R) gelagert (Bild 3.8). Für die kleinen Rollschwingungen der Kugel um die statische Gleichgewichtslage ermittle man die Kreisfrequenz (ohne Rollwiderstand, reines Rollen).

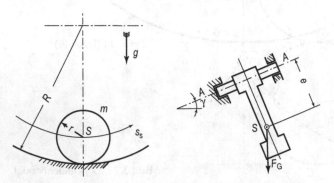

Bild 3.8   Rollpendel   **Bild 3.9**   Schiefes Körperpendel

Aufgabe 3.2: Bei dem in Bild 3.9 dargestellten Körperpendel ist die Drehachse gegenüber der Horizontalen um den Winkel γ geneigt. J_A ist das Massenträgheitsmoment bezogen auf die Drehachse. Wie groß ist die Schwingungsdauer für die kleinen Pendelschwingungen?

Aufgabe 3.3: Ein homogener, vollzylindrischer Körper ist um die Achse $A–A$ frei drehbar gelagert (Bild 3.10). Die Drehachse liegt horizontal und berührt den Grundkreis des Zylinders.

Man berechne die Eigenschwingungsdauer für die kleinen Schwingungen um die statische Gleichgewichtslage.

$$d = 120 \text{ mm}, \; h = 200 \text{ mm}, \; \rho = 7{,}85 \, \frac{\text{kg}}{\text{dm}^3}.$$

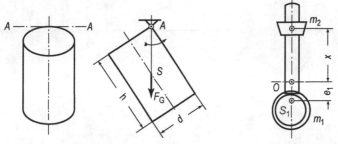

Bild 3.10 Pendelschwingungen eines
Zylinders

Bild 3.11 Metronom

Aufgabe 3.4: Man ermittle die Schwingungsdauer eines Metronoms. Dieses besteht aus dem um 0 drehbaren Pendelkörper 1 (Masse m_1, Schwerpunkt S_1, Massenträgheitsmoment J_{01} bezogen auf die Achse durch 0). Auf dem Pendelkörper sitzt das verschiebbare Zusatzgewicht der Masse m_2, das als Massenpunkt betrachtet werden kann (Bild 3.11).

4 Freie ungedämpfte Schwingungen von Systemen mit einem Freiheitsgrad

4.1 Längsschwingungen

Die grundlegenden schwingungstechnischen Zusammenhänge lassen sich ganz allgemein am einfachen Feder-Masse-System erklären, das oft als „einfacher Schwinger" bezeichnet wird.

Bei diesem *Grundmodell der (translatorischen) Schwingungen* ist eine Masse m geradlinig in horizontaler Richtung geführt und an einer Feder festgemacht (Bild 4.1). In der statischen Gleichgewichtslage ($x = 0$) ist die Feder entspannt. Bei einer Auslenkung x aus dieser Lage übt die Feder auf die Masse eine Rückstellkraft aus. Es wird angenommen, dass die Größe dieser Kraft proportional zur Auslenkung x ist, d. h. es handelt sich um eine *lineare Feder*. Der Proportionalitätsfaktor wird mit k bezeichnet und heißt *Federsteifigkeit* oder *Federkoeffizient* oder auch *Federkonstante*. Die Einheit von k ist N/m.

Die Masse wird nun um x_0 aus der Gleichgewichtslage ausgelenkt und außerdem wird ihr in dieser ausgelenkten Lage eine Anfangsgeschwindigkeit $\dot{x}_0 = \upsilon_0$ erteilt. Anschließend wird das Schwingungssystem sich selbst überlassen. Die entstehende Bewegung in Längsrichtung der Feder („Längsschwingung") wird als *freie Schwingung* oder *Eigenschwingung* bezeichnet.

Im Folgenden wird die Führung als reibungsfrei angenommen und die Federmasse gegenüber der Masse m des Körpers vernachlässigt.

Bild 4.1
Einfacher Schwinger

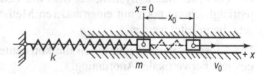

4.1.1 Schwingungsdifferentialgleichung

Da das System reibungsfrei arbeitet, kann der Energie-Erhaltungssatz angewandt werden: Die am Anfang vorhandene gesamte mechanische Energie muss auch zu jedem späteren Zeitpunkt noch vorhanden sein, es gilt also

$$E_{\text{ges}} = \frac{1}{2}k\,x_0^2 + \frac{1}{2}m\upsilon_0^2 = \frac{1}{2}k\,x^2 + \frac{1}{2}m\upsilon^2 \tag{4.1}$$

für die Summe aus potentieller Energie der Feder und kinetischer Energie der Masse. In (4.1) sind $x(t)$ und $\upsilon(t)$ Funktionen der Zeit. Die Differentiation dieser Gleichung nach der Zeit t ergibt

$$\frac{dE_{ges}}{dt} = 0 + 0 = \frac{1}{2}k\,2x\frac{dx}{dt} + \frac{1}{2}m\,2\upsilon\frac{d\upsilon}{dt}$$

oder mit

$$\frac{dx}{dt} = \upsilon, \quad \frac{d\upsilon}{dt} = a = \ddot{x}$$

$$(k\,x + m\ddot{x})\,\upsilon = 0.$$

Diese Gleichung muss für beliebiges υ erfüllt sein, daher muss gelten

$$\ddot{x} + \frac{k}{m}x = 0. \tag{4.2}$$

(4.2) hat die gleiche Form wie (2.10), d. h. die Masse m führt harmonische Schwingungen aus. Für die *Eigenkreisfrequenz* gilt

$$\omega = \sqrt{\frac{k}{m}}\,. \tag{4.3}$$

Die Kreisfrequenz ist unabhängig von der Schwingweite. Dies gilt immer in linearen Systemen.

Als *Eigenfrequenz* ergibt sich $f = \omega/2\pi$ und als *Eigenschwingungsdauer*

$$T = 2\pi\sqrt{\frac{m}{k}}\,. \tag{4.4}$$

Für ein Feder-Masse-System, bei dem die Feder vorgespannt ist, soll die Differentialgleichung noch mit einer anderen Methode, dem Newton'schen Grundgesetz, hergeleitet werden.

Die Feder sei vorgespannt durch die konstante Kraft F_0, z. B. durch das Eigengewicht bei vertikaler Anordnung.

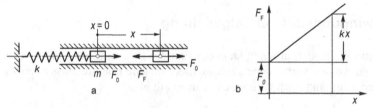

Bild 4.2   a Einfacher Schwinger mit Federvorspannkraft
          b Federkennlinie

In Bild 4.2a sind die auf die freigemachte Masse m in der um x aus der statischen Gleichgewichtslage ausgelenkten Lage einwirkenden Kräfte eingetragen. Die Federrückstellkraft ist dabei $F_F = F_0 + k\,x$, siehe Bild 4.2b. Nach Newton gilt

$$F_0 - F_F = m\,a \qquad \Rightarrow \qquad F_0 - (F_0 + k\,x) = m\,\ddot{x}$$

oder

$$\ddot{x} + \frac{k}{m}x = 0\,.$$

Dies ist dieselbe Gleichung wie (4.2). Daraus kann man folgern: *Der Schwingungsvorgang ist unabhängig von eventuellen Federvorspannungen.* Diese Folgerung gilt nur für lineare Systeme mit – wie hier – linearer Rückstellung. Ein Beispiel nichtlinearer Rückstellung zeigt Beispiel 4.5.

Bei zwei Federn wie in Bild 4.3 ist die Kreisfrequenz in beiden Fällen

$$\omega = \sqrt{\frac{2k}{m}}\,,$$

da die Rückstellkraft im Fall a

$$F = k\,x + k\,x = 2\,k\,x$$

genauso groß ist wie im Fall b:

$$F_F = F_0 + k\,x - (F_0 - k\,x) = 2\,k\,x\,.$$

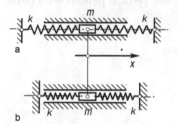

Bild 4.3
a Federn nicht vorgespannt
b Federn vorgespannt mit F_0

Um das Weg-Zeit-Verhalten der Feder-Masse-Schwinger zu erhalten kann die allgemeine Lösung von (4.2) unter Berücksichtigung von (4.3) als

$$x\,(t) = C_1 \cos\,\omega t + C_2 \sin\,\omega t$$

geschrieben werden (vgl. (2.12)). Die Konstanten C_1 und C_2 sollen für die obigen Anfangsbedingungen bestimmt werden:

$$x\,(0) = x_0 = C_1 \cos\,(\omega \cdot 0) + C_2 \sin\,(\omega \cdot 0) = C_1 \cdot 1 + C_2 \cdot 0,$$

$$\dot{x}\,(0) = \upsilon_0 = -\,C_1\,\omega \sin\,(\omega \cdot 0) + C_2\,\omega \cos\,(\omega \cdot 0) = 0 + C_2\,\omega \cdot 1.$$

Daraus folgt $C_1 = x_0$ und $C_2 = \upsilon_0 / \omega$.

Damit lautet das Bewegungsgesetz für die gewählten Anfangsbedingungen

$$x = x_0 \cos \omega t + \frac{\upsilon_0}{\omega} \sin \omega t . \tag{4.5}$$

In die Form der (2.14) gebracht erhält man als Weg-Zeit-Funktion

$$x(t) = \hat{x} \sin(\omega t + \varphi_{0s}) \tag{4.6}$$

mit der Amplitude

$$\hat{x} = \sqrt{x_0^2 + \left(\frac{\upsilon_0}{\omega}\right)^2}$$

und dem Nullphasenwinkel φ_{0s}, der sich aus

$$\tan \varphi_{0s} = \frac{x_0 \, \omega}{\upsilon_0}$$

ergibt.

4.1.2 Beispiele und Anwendungen

Beispiel 4.1: Ermittlung der Stablängssteifigkeit

Am Ende eines vertikal stehenden Stabes (Länge 1, Stabquerschnitt über die ganze Stablänge konstant) ist eine Masse m befestigt, die vertikal geführt wird (Bild 4.4).

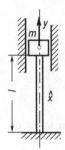

Bild 4.4
Stab mit Einzelmasse

Man ermittle die Eigenkreisfrequenz für die Schwingungen der Masse in y-Richtung. Die Stabmasse kann vernachlässigt werden.

Es handelt sich um ein einfaches Feder-Masse-System. Die Masse führt in y-Richtung harmonische Schwingungen aus. Für die Kreisfrequenz gilt also (4.3) mit der Ersatzsteifigkeit $k = k_{ers}$.

Die Federwirkung des Stabes wird durch seine (Ersatz-)Steifigkeit k_{ers} darge-stellt. Diese lässt sich über das Materialverhalten (Hooke'sches Gesetz) und Spannungs- und Dehnungsdefinition gemäß

$$\frac{F}{A} = \sigma = E \cdot \varepsilon = E \cdot \frac{\Delta l}{l} = E \cdot \frac{y}{l}$$

im Vergleich mit der Federkraft $F = k_{ers} \cdot y$ als Längs- oder Dehnsteifigkeit

$$k_{ers} = \frac{EA}{l} \tag{4.7}$$

ermitteln. Für die Eigenkreisfrequenz ergibt sich

$$\omega = \sqrt{\frac{EA}{lm}} \ .$$

Weitere Ersatzsteifigkeiten für Stäbe und Federn sind in Anhang A3 aufgelistet.

Beispiel 4.2: Näherungsweise Berücksichtigung der Federmasse

Bisher ist die Federmasse unberücksichtigt geblieben. Dies ist bei kleiner Fe-dermasse im Vergleich zur Masse m des schwingenden Körpers angemessen. Zur ersten Abschätzung des Einflusses der Trägheit der *mitschwingenden Fe-dermasse* dienen folgende Ausführungen.

Die homogen verteilte Masse der Feder sei m_F, ihre Länge in der statischen Gleichgewichtslage *l*. In der um *x* ausgelenkten Lage habe die Masse *m* die Ge-schwindigkeit υ. Die Geschwindigkeit eines Federelements unmittelbar bei *m* stimmt mit υ überein, während ein Federelement an der Befestigungsstelle der Feder in Ruhe ist. Es kann angenommen werden, dass die Geschwindigkeitsver-teilung über die Federlänge linear ist (Bild 4.5). Das Federelement an der Stelle $\overline{x}$ hat dann die Geschwindigkeit

$$\upsilon_F = \upsilon \frac{\overline{x}}{l + x} \ .$$

Die kinetische Energie des Federelements der Masse dm_F an der Stelle $\overline{x}$ ist

$$dE_{kinF} = \frac{1}{2} dm_F \upsilon_F^2 = \frac{1}{2} dm_F \upsilon^2 \frac{\overline{x}^2}{(l+x)^2} \qquad \text{worin} \qquad dm_F = \frac{m_F}{l+x} d\overline{x} \ .$$

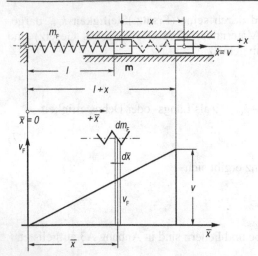

Bild 4.5
Geschwindigkeitsverteilung für
Feder

Die gesamte kinetische Energie der Feder erhält man durch Integration über die Federlänge

$$E_{\text{kinF}} = \int_{\overline{x}=0}^{l+x} \frac{1}{2} \frac{m_F}{l+x} d\overline{x} \, \upsilon^2 \frac{\overline{x}^2}{(l+x)^2} = \frac{1}{2} \frac{m_F}{(l+x)^3} \upsilon^2 \int_0^{l+x} \overline{x}^2 \, d\overline{x}$$

$$= \frac{1}{2} \frac{m_F}{(l+x)^3} \upsilon^2 \frac{\overline{x}^3}{3} \bigg|_0^{l+x} = \frac{1}{2} m_F \cdot \frac{1}{3} \upsilon^2 \,.$$

Der Energiesatz für das System liefert

$$E_{\text{ges}} = \frac{1}{2} k \, x^2 + \frac{1}{2} m \upsilon^2 + \frac{1}{2} \frac{m_F}{3} \upsilon^2 = \frac{1}{2} k \, x^2 + \frac{1}{2} \left(m + \frac{m_F}{3} \right) \upsilon^2 = \text{konst.}$$

Der Vergleich mit (4.1) zeigt, dass zur Masse m noch ein Drittel der Federmasse m_F zugeschlagen werden muss.

Die näherungsweise Berücksichtigung der Federmasse bei Biegefedern wird in Anhang A4 gezeigt.

Mit der Ersatzmasse $m_{\text{ers}} = m + \dfrac{m_F}{3}$ ergibt sich die Eigenkreisfrequenz

$$\omega = \sqrt{\frac{k}{m_{\text{ers}}}} = \sqrt{\frac{k}{m + \dfrac{m_F}{3}}} \,.$$

Diese beiden Beispiele zeigen, dass zur Ermittlung der Eigendynamik eines Schwingungssystems, charakterisiert durch die Eigenkreisfrequenz

$$\omega_0 = \sqrt{\frac{k_{\text{ers}}}{m_{\text{ers}}}}\,, \tag{4.8}$$

die Kenntnis der Ersatzsteifigkeit und der Ersatzmasse im Sinne eines einfachen „Ein-Massen-Schwingers" von größter Bedeutung ist. Weitere Beispiele verdeutlichen dies und zeigen weitere Phänomene.

Beispiel 4.3: Rollschwinger

Ein zylindrischer Körper (Masse m, Drehmasse bezogen auf die Schwerachse J_S) ist durch eine im Schwerpunkt S angreifende Feder gehalten (Bild 4.6). Er kann auf einer horizontalen Ebene hin- und herrollen. Man untersuche die Schwingungen des Systems, wobei insbesondere die Eigenkreisfrequenz bestimmt werden soll. Der Rollwiderstand darf vernachlässigt werden.

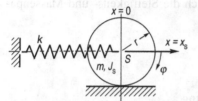

Bild 4.6
Rollschwinger

Die Lösung soll mit dem Newton'schen Grundgesetz in der d'Alembert'schen Fassung (kurz als d'Alembert'sches Prinzip bezeichnet) durchgeführt werden. In Bild 4.7 sind am freigemachten Körper in der beliebigen um x aus der statischen Gleichgewichtslage ausgelenkten Lage außer den äußeren Kräften auch die Trägheitskräfte und die Momente aus Trägheitswirkungen eingetragen ($m\,\ddot{x}_s$, $J_s\,\ddot{\varphi}$). Nach d'Alembert muss dieses Kräftesystem ein Gleichgewichtssystem sein. Es muss also z. B. die Summe aller Momente bezogen auf den Berührpunkt P verschwinden

$$\sum M_{(P)} = -k\,x_s\,r - m\,\ddot{x}_s\,r - J_s\,\ddot{\varphi} = 0\,.$$

Außerdem gilt die Rollbedingung $x_s = r\,\varphi$. Diese Beziehung wird zweimal nach der Zeit differenziert: $\ddot{x}_s = r\,\ddot{\varphi}$.

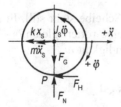

Bild 4.7
Kräfte und Momente an der freigemachten Walze

In die Momentengleichung eingesetzt erhält man

$$-k\,x_\mathrm{S}\,r - m\,\ddot{x}_\mathrm{S}\,r - \mathrm{J}_\mathrm{S}\frac{\ddot{x}_\mathrm{S}}{r} = 0\,,$$

oder etwas umgeformt

$$\ddot{x}_\mathrm{S} + \frac{k\,r^2}{m\,r^2 + \mathrm{J}_\mathrm{S}}x_\mathrm{S} = 0\,.$$

Diese Differentialgleichung ist wieder von der gleichen Form wie (2.10). Die Rollschwingungen verlaufen damit harmonisch. Für die Kreisfrequenz gilt

$$\omega = \sqrt{\frac{k\,r^2}{m\,r^2 + \mathrm{J}_\mathrm{S}}}\,.$$

Im Sinne der Deutung gemäß (4.8) lassen sich die Steifigkeits- und Massenparameter

$$k_\mathrm{ers} = k, \qquad m_\mathrm{ers} = \mathrm{m} + \frac{\mathrm{J}_\mathrm{S}}{r^2}$$

für dieses Schwingungssystem identifizieren.

Beispiel 4.4: Schwingung in radialer Führung

In einer zylindrischen Scheibe befindet sich eine radiale Führung. In der Führung bewegt sich reibungsfrei ein Massenpunkt, der durch eine im Mittelpunkt 0 der Scheibe befestigte Feder gehalten wird (Bild 4.8). Bei entspannter Feder hat die Masse m den Abstand e von 0.

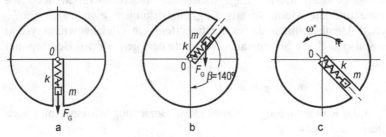

a   b   c

Bild 4.8   Einfacher Schwinger bei ruhender und rotierender Führung

In Bild 4.8a und b ist die Scheibenebene vertikal und die Scheibe steht still. In Bild 4.8c liegt die Scheibenebene horizontal, und die Scheibe rotiert gleichförmig um die vertikale Achse durch 0 mit der Winkelgeschwindigkeit ω^*.

Man berechne in den drei Fällen die Eigenkreisfrequenz ω.

Zahlenwerte: $m = 0{,}45$ kg, $k = 3200$ N/m, e = 12 cm, $\omega^* = 65$ s^{-1}.

Bei Fall a und b ist

$$\omega = \sqrt{\frac{k}{m}} = \sqrt{\frac{3200\,\text{kg}}{0,45\,\text{kg}\,\text{s}^2}} = 84,33\,\frac{1}{\text{s}}\,.$$

In beiden Fällen sind lediglich die Federvorspannkräfte verschieden groß. Diese haben aber keinen Einfluss auf die Kreisfrequenz.

Für den Fall c ist die Masse m in Bild 4.9 zum beliebigen Zeitpunkt t dargestellt. Ihre Lage wird durch den Abstand x von 0 beschrieben. Trägheitswirkungen werden durch die Fliehkraft und die Corioliskraft

$$F_\text{F} = m\,x\,\omega^{*2}\,, \qquad F_\text{C} = m\,2\,\omega^* v$$

sowie die Trägheitskraft $m\ddot{x}$ gemäß Bild 4.9 berücksichtigt.

F_C steht senkrecht auf der Führung. Außerdem wirkt auf m die Federrückstellkraft

$$F = k\,(x - \text{e})\,.$$

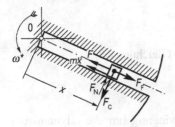

Bild 4.9
Einfacher Schwinger in rotierender Führung

Das dynamische Grundgesetz in x-Richtung liefert

$$-F + F_\text{F} - m\,\ddot{x} = 0 \quad \Rightarrow \quad -k\,(x - \text{e}) + m\,x\,\omega^{*2} - m\ddot{x} = 0$$

oder

$$\ddot{x} + \left(\frac{k}{m} - \omega^{*2}\right) x = \frac{k\,\text{e}}{m}\,.$$

Die Lösung dieser inhomogenen Differentialgleichung 2. Ordnung ergibt sich durch Überlagerung der allgemeinen Lösung der homogenen Gleichung und einer partikulären Lösung der inhomogenen Gleichung. Die homogene Differentialgleichung

$$\ddot{x} + \left(\frac{k}{m} - \omega^{*2}\right) x = 0$$

ist von der gleichen Form wie (2.10). Die Schwingungen sind harmonisch mit der Kreisfrequenz

$$\omega = \sqrt{\frac{k}{m} - \omega^{*2}} = \sqrt{\frac{3200}{0,45} - 65^2} = 53,72 \; \frac{1}{s} \; .$$

Die allgemeine Lösung der homogenen Differentialgleichung ist

$$x = C_1 \cos \omega t + C_2 \sin \omega t \quad \text{mit} \quad \omega = \sqrt{\frac{k}{m} - \omega^{*2}} \; .$$

Für die partikuläre Lösung der inhomogenen Gleichung macht man den Ansatz $x = B = $ konst.

Eingesetzt in die Differentialgleichung erhält man

$$\left(\frac{k}{m} - \omega^{*2}\right) B = \frac{k \, e}{m} \; .$$

Daraus berechnet sich

$$B = \frac{k \, e}{m\left(\dfrac{k}{m} - \omega^{*2}\right)} = \frac{e}{1 - \omega^{*2}\left(\dfrac{m}{k}\right)} \; .$$

Damit ist die allgemeine Lösung der inhomogenen Gleichung

$$x = C_1 \cos \omega t + C_2 \sin \omega t + \frac{e}{1 - \omega^{*2} \, m/k} \; .$$

Es handelt sich also um eine harmonische Schwingung um die „dynamische Gleichgewichtslage"

$$x_G = B = \frac{e}{1 - \omega^{*2} \, m/k} \; .$$

In dieser Lage ist Gleichgewicht zwischen der Fliehkraft und der Federkraft vorhanden.

Schwingungen um diese Gleichgewichtslage sind möglich. So erhält man z. B. mit den Anfangsbedingungen $x(0) = x_0$, $\dot{x}(0) = 0$ aus

$$x(0) = C_1 \cdot 1 + C_2 \cdot 0 + x_G = x_0, \qquad \dot{x}(0) = -C_1 \, \omega \cdot 0 + C_2 \, \omega \cdot 1 = 0.$$

Daraus berechnen sich die beiden Konstanten

$$C_1 = x_0 - x_G, \qquad C_2 = 0.$$

Für die Bewegung gilt also (Bild 4.10)

$$x = \left(x_0 - \frac{e}{1 - \omega^{*2} m/k}\right) \cos \omega t + \frac{e}{1 - \omega^{*2} \, m/k} \; .$$

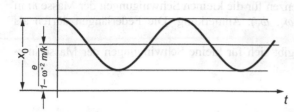

Bild 4.10
x, t-Diagramm für die
Anfangsbedingungen
$x(0) = x_0$, $\dot{x}(0) = 0$.

Aus der Beziehung für die Kreisfrequenz kann man ersehen, dass sich ein reeller Wert für ω nur ergibt, wenn

$$\frac{k}{m} - \omega^{*2} \geqq 0 \text{ gilt.}$$

Es sind folgende drei Fälle zu unterscheiden:

1. $\dfrac{k}{m} - \omega^{*2} > 0$: Stabile Schwingung mit $\omega = \sqrt{\dfrac{k}{m} - \omega^{*2}}$.

2. $\dfrac{k}{m} - \omega^{*2} = 0$: Die Bewegungsdifferentialgleichung ist dann $\ddot{x} = \dfrac{k\,e}{m}$. Die
   Masse entfernt sich gleichförmig beschleunigt von 0. Das System versagt, da nach endlicher Verformung die Feder brechen wird.

3. $\dfrac{k}{m} - \omega^{*2} < 0$: Die Bewegungsdifferentialgleichung lautet

$$\ddot{x} - \left(\omega^{*2} - \frac{k}{m} \right) x = \frac{k\,e}{m} .$$

Als Lösung ergeben sich Exponentialfunktionen. Das System versagt noch schneller als im 2. Fall, da nun die Beschleunigung mit x zunimmt.

Fazit:

Für *stabile* Systeme muss die Eigenkreisfrequenz reelle Werte annehmen. Mechanische Deutung: Die „Rückstellung" darf nicht negativ sein, sonst wirkt sie als „Anfachung". Stabile Systeme erfordern $\omega^2 > 0$.

Beispiel 4.5: Einfluss von Federvorspannkräften auf das Schwingungsverhalten

Eine Masse $m = 5$ kg ist durch 5 Federn gehalten. Die in Bild 4.11 gezeichnete Lage ist die statische Gleichgewichtslage, in der die Länge aller Federn $l = 0,9$ m beträgt. Die vertikal hängende Feder (Federkonstante $k_V = 2000$ N/m) hat die Vorspannung $F_V = F_G$, das Gewicht des Körpers. Die 4 horizontal liegenden Federn haben alle die gleiche Federkonstante $k_H = 1000$ N/m und sind alle mit der gleichen Zugkraft $F_H = 400$ N vorgespannt.

a) Man gebe die Kreisfrequenzen für die kleinen Schwingungen der Masse m in x- bzw. y-Richtung an (ω_x, ω_y). Anmerkung: Die Federlängen dürfen als groß betrachtet werden.

b) Welche Kreisfrequenz ergibt sich für kleine Schwingungen der Masse in z-Richtung (ω_z)?

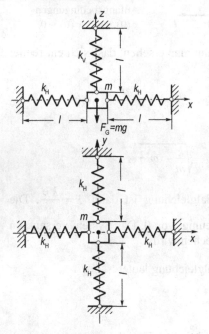

Bild 4.11   Aufhängung einer Masse mit vorgespannten Federn

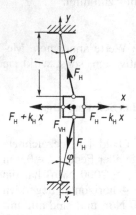

Bild 4.12   Kräfte an der in x-Richtung ausgelenkten Masse

a) Wegen der Symmetrie des Systems und der Voraussetzung kleiner Schwingungen ist $\omega_x = \omega_y$. Es genügt daher, die Schwingungen in x-Richtung zu untersuchen. In Bild 4.12 sind die an der um x ausgelenkten Masse angreifenden Kräfte eingetragen. Bei den in x-Richtung liegenden Federn wird in der linken die Spannkraft um $k_H\, x$ erhöht, in der rechten um $k_H\, x$ vermindert. Die Längenänderung der beiden Federn in y-Richtung kann vernachlässigt werden. Deren Vorspannkräfte bleiben damit unverändert. Das Gleiche gilt für die Feder in z-Richtung. Damit ergibt sich die gesamte Rückstellkraft

$$\sum F_{ix} = -(F_H + k_H\, x) + F_H - k_H\, x - 2\, F_H \sin\varphi - F_{VH}$$

$$= -2\, k_H\, x - 2\, F_H \frac{x}{l} - F_G \frac{x}{l}.$$

Dabei wurde $\sin\varphi = \tan\varphi = \dfrac{x}{l}$ gesetzt.

Nach Newton gilt

$$-2\, k_H\, x - 2\, F_H \frac{x}{l} - F_G \frac{x}{l} = m\, \ddot{x}$$

oder

$$\ddot{x} + \frac{2\, k_H + \dfrac{1}{l}(2\, F_H + F_G)}{m}\, x = 0\,.$$

Der Koeffizient des x-Gliedes stellt ω_x^2 dar, wie der Vergleich mit (2.10) zeigt. Damit ist die Kreisfrequenz

$$\omega_x = \omega_y = \sqrt{\frac{2\, k_H + (2\, F_H + F_G)\,/\,l}{m}} = 24{,}3\ \frac{1}{s}\,.$$

In diesem Fall haben die Federvorspannkräfte also Einfluss auf das Schwingungsverhalten (nichtlineares System)!

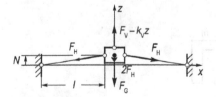

Bild 4.13
Masse m um z ausgelenkt und
freigemacht

b) Bei einer kleinen Auslenkung in z-Richtung ändern sich die Längen der vier horizontal liegenden Federn praktisch nicht (Längenänderung klein von höherer Ordnung!). Die Federrückstellkraft lässt sich in Bild 4.13 ablesen

$$\sum F_{iz} = +F_V - k_V z - F_G - 4 F_H \frac{z}{l} \, .$$

Nach Newton ist wieder

$$- k_V z - 4 F_H \frac{z}{l} = m \ddot{z}$$

oder

$$\ddot{z} + \frac{k_V + \dfrac{4}{l} F_H}{m} z = 0.$$

Damit ergibt sich die Kreisfrequenz

$$\omega_z = \sqrt{\frac{k_V + \dfrac{4}{l} F_H}{m}} = 27{,}5 \, \frac{1}{\mathrm{s}} \, .$$

Auch bei den Schwingungen in z-Richtung sind die Federvorspannungen von erheblichem Einfluss.

Bei allen bisher im 4. Abschnitt behandelten Schwingern werden die Rückstellkräfte von Federn bzw. durch das Gewicht geliefert. Dass dies keineswegs so sein muss, sollen die folgenden Beispiele zeigen.

Beispiel 4.6: Reibschwinger

Zur experimentellen Ermittlung der Gleitreibzahl kann das in Bild 4.14 gezeichnete System verwendet werden. Auf zwei mit der Drehzahl n^* gegensinnig rotierenden Walzen gleichen Durchmessers liegt ein Körper der Masse m in A und B frei auf. Er ist in horizontaler Richtung frei beweglich.

Zwischen den Walzen und dem aufliegenden Körper ist Reibung vorhanden (Reibzahl μ). Der Schwerpunkt S des Körpers liege in der Ebene AB. Er befindet sich zu Beginn der Beobachtung im Abstand x_0 von der Mitte und habe die Geschwindigkeit $v_0 = 0$.

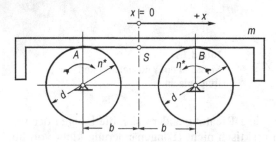

Bild 4.14 Reibschwinger

a) Man untersuche die auftretende Schwingungsbewegung.
b) Wie groß muss bei vorgegebenem x_0 die Drehzahl n^* der Walzen mindestens sein, damit stets Gleitreibung vorhanden ist?
c) Was ändert sich, wenn der Schwerpunkt S um h über der Ebene AB liegt (Bild 4.16)?

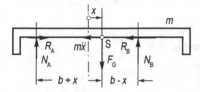

Bild 4.15
Kräfte am freigemachten Körper

a) In Bild 4.15 sind alle auf den Körper in der um x ausgelenkten Lage einwirkenden Kräfte einschließlich der Trägheitskraft eingetragen. Nach d'Alembert muss dann Gleichgewicht herrschen. Die Gleichgewichtsbedingungen für den Körper lauten

$$\sum F_{ix} = +R_A - R_B - m\,\ddot{x} = 0\,,$$

$$\sum M_{(A)} = +N_B\,2b - F_G\,(b+x) = 0\,,$$

$$\sum M_{(B)} = -N_A\,2b + F_G\,(b-x) = 0\,.$$

Außerdem gilt für die Coulomb'schen Gleitreibungskräfte

$$R_A = \mu\,N_A, \qquad\qquad R_B = \mu\,N_B\,.$$

Aus der dritten und zweiten Gleichung erhält man die Normalkräfte

$$N_A = \frac{b-x}{2b}F_G, \quad N_B = \frac{b+x}{2b}F_G\,.$$

Unter Berücksichtigung der Reibungsansätze ergibt die erste Gleichung

$$\mu\frac{b-x}{2b}F_G - \mu\frac{b+x}{2b}F_G = m\,\ddot{x}$$

oder

$$\ddot{x} + \frac{\mu g}{b}x = 0\,.$$

Die Bewegung ist eine harmonische Schwingung mit der Kreisfrequenz

$$\omega = \sqrt{\frac{\mu g}{b}}\,.$$

Wird die Frequenz gemessen, so lässt sich die Reibzahl berechnen: $\mu = b\,\omega^2/g$.

b) Anfangsbedingungen: $x(0) = x_0$, $\dot{x}(0) = 0$.

Damit ist die Bewegung harmonisch mit

$$x = x_0 \cos \omega t, \qquad \dot{x} = -x_0 \, \omega \sin \omega t.$$

Damit zwischen den Walzen und der Masse m stets Schlupf vorhanden ist, muss die Maximalgeschwindigkeit von m kleiner sein als die Umfangsgeschwindigkeit der Walzen

$$\dot{x}_{\max} = x_0 \omega < \upsilon_u = r \omega^* = \pi d \, n^*, \qquad \text{wenn } n^* = \frac{\omega^*}{2\pi} \left[\frac{1}{s} \right].$$

Daraus folgt

$$n^* > \frac{x_0 \, \omega}{\pi d} \, .$$

c) Wie man aus Bild 4.16 ersieht, ändern sich von den bei Frage a) angeschriebenen Gleichungen nur die zweite und die dritte.

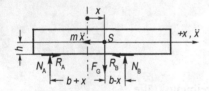

Bild 4.16
Kräftesystem

$$\sum M_{(A)} = + N_B \, 2b + m \, \ddot{x} \, h - F_G \, (b + x) = 0,$$

$$\sum M_{(B)} = - N_A \, 2b + m \, \ddot{x} \, h + F_G \, (b - x) = 0.$$

Daraus erhält man

$$N_B = \frac{1}{2b} \left(m \, g \, (b + x) - m \, \ddot{x} \, h \right), \qquad N_A = \frac{1}{2b} \left(m \, g \, (b - x) + m \, \ddot{x} \, h \right).$$

Eingesetzt in die Gleichgewichtsbedingung $\sum F_{ix} = 0$ bei Frage a) erhält man

$$\frac{\mu}{2b}(m \, g(b - x) + m \, \ddot{x} \, h) - \frac{\mu}{2b}(m \, g(b + x) - m \, \ddot{x} \, h) - m \, \ddot{x} = 0 \, ,$$

oder schließlich nach einfachen Umformungen

$$\ddot{x} + \frac{\mu \, g}{b\left(1 - \mu \dfrac{h}{b}\right)} x = 0 \, .$$

Die Kreisfrequenz der harmonischen Schwingungen wird jetzt

$$\omega = \sqrt{\frac{\mu g}{b\left(1 - \mu \frac{h}{b}\right)}} \ .$$

Beispiel 4.7: Fliehkraftpendel

Für ein Fliehkraftpendel kann das in Bild 4.17 vereinfacht gezeichnete System verwendet werden. Eine Kurbelwelle rotiere mit der Winkelgeschwindigkeit ω^* um 0. In einer kreisförmigen Nut (Mittelpunkt A, Radius l, $OA = e$) ist eine Masse m (als Massenpunkt zu betrachten) frei beweglich. Die Gewichtskraft $F_G = m\,g$ kann gegenüber der rotatorischen Trägheit („Fliehkraft") vernachlässigt werden. Wenn die Drehachse der Kurbelwelle vertikal steht, ist die Gewichtskraft sowieso ohne Einfluss. Für die kleinen Schwingungen der Masse m ermittle man die Kreisfrequenz.

Bild 4.17 zeigt den freigemachten Massenpunkt mit der Normalkraft F_N sowie den d'Alembert'schen Trägheitskräften F_T infolge der Relativbeschleunigung in der Nut, F_Z infolge der Normalbeschleunigung der Relativbewegung in der Nut, F_Z^* infolge der Normalbeschleunigung der Führungsdrehung sowie F_C infolge der Coriolisbeschleunigung.

Das Kräftegleichgewicht in tangentialer Richtung der Nut

$$m\,l\,\ddot{\varphi} + m\,r\,\omega^{*2} \sin(\varphi - \psi) = 0$$

führt für kleine Winkel ($\sin(\varphi - \psi) = \varphi - \psi$) auf

$$m\,l\,\ddot{\varphi} + m\,r\,\omega^{*2}(\varphi - \psi) = 0\ .$$

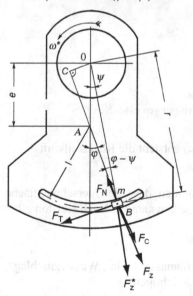

Bild 4.17
Fliehkraftpendel

Aus den Dreiecken BOC bzw. AOC lässt sich entnehmen:

$$\overline{OC} = r \sin (\varphi - \psi) = e \sin \varphi$$

und damit für $\varphi, \psi \ll 1$

$$r (\varphi - \psi) = e \varphi.$$

Eingesetzt in obige Differentialgleichung erhält man nach Division durch ml

$$\ddot{\varphi} + \frac{e\,\omega^{*2}}{l}\varphi = 0.$$

Kleine Schwingungen verlaufen also harmonisch und die gesuchte Kreisfrequenz ist

$$\omega = \omega^* \sqrt{\frac{e}{l}}.$$

Für elastische Kurbelwellen mit Torsionsschwingungsproblemen ist ein solches System als „Tilger" (siehe auch Kap. 9.1) einsetzbar.

Beispiel 4.8: Hubschwingungen eines Schiffs

Bei dem in Bild 4.18 gezeichneten Schiff sei Gleichgewicht vorhanden, wenn der Schwerpunkt in der Höhe $z = 0$ ist ($F_G = F_{Auftrieb}$). Man ermittle die Eigenkreisfrequenz für die kleinen Hubschwingungen in z-Richtung.

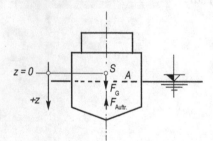

Bild 4.18
Hubschwingungen eines Schiffes

Taucht der Schiffskörper zusätzlich um z ein, so entsteht die Rückstellkraft

$$F = F_{Auftrieb} = \rho g\, \Delta V = \rho g\, A\, z.$$

ρ ist die Dichte des Wassers. Dabei ist angenommen, dass die Querschnittsfläche A des Schiffes in der Umgebung der Wasserlinie konstant ist. Nach Newton gilt

$$-\rho g A z = m \ddot{z} \qquad \text{oder} \qquad \ddot{z} + \frac{\rho g A}{m} z = 0.$$

Daraus folgt für die Kreisfrequenz (m = Schiffsmasse + ein „Wasserzuschlag", um die mitschwingende Wassermasse zu berücksichtigen)

$$\omega = \sqrt{\frac{\rho\, g\, A}{m}}\,.$$

Beispiel 4.9: Flüssigkeitsschwingung in einem U-Rohr

In einem U-Rohr von konstantem Querschnitt befindet sich eine Flüssigkeit der Dichte ρ (Bild 4.19). Die Länge des Flüssigkeitsfadens ist l. Man ermittle die Kreisfrequenz der Schwingungen des Flüssigkeitsfadens unter Vernachlässigung der Reibung (ideale Flüssigkeit).

In der Gleichgewichtslage ($y = 0$) steht die Flüssigkeit in beiden Schenkeln gleich hoch. Bei einer Auslenkung der linken Säule um y nach unten steigt die rechte Säule um y. Die Spiegelhöhendifferenz beträgt damit $2\,y$. Die Rückstellkraft ist $-\rho\, g\, A\, 2\, y$. Die Masse der Flüssigkeit beträgt $\rho\, A\, l$. Das dynamische Grundgesetz liefert

$$-\rho\, g\, A\, 2\, y = \rho\, A\, l\, \ddot{y}$$

oder

$$\ddot{y} + \frac{2g}{l}\, y = 0\,.$$

Damit wird die Kreisfrequenz $\omega = \sqrt{\dfrac{2g}{l}}\,.$

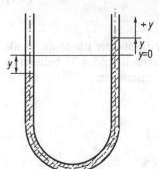

Bild 4.19
Flüssigkeitsschwingung in einem U-Rohr

4.2 Biegeschwingungen von Balken mit Einzelmasse

Der Balken als elastisches Bauteil wird bezüglich seiner Steifigkeit in Längsrichtung im Beispiel 4.1 (als Stab) behandelt. Schwingt ein auf ihm befestigter Massenpunkt in Querrichtung, tritt Balkenbiegung auf.

Zunächst wird der *einseitig eingespannte Balken* betrachtet.

Die Masse m wird als Massenpunkt betrachtet (Drehmasse vernachlässigt). Die Balkenmasse wird gegenüber der Masse m vernachlässigt. Es sollen nur kleine Schwingungen betrachtet werden, so dass sich m praktisch auf der y-Achse bewegt (Bild 4.20) und die Beanspruchungen des Stabes im elastischen Bereich liegen.

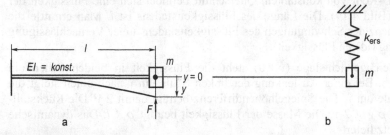

Bild 4.20
a Stab mit Einzelmasse am freien Ende, Rückstellkraft F
b Ersatzmodell

Entsprechend dem Grundmodell des einfachen Schwingers führt die Masse m in y-Richtung harmonische Schwingungen mit der Kreisfrequenz

$$\omega = \sqrt{\frac{k_{\mathrm{ers}}}{m}} \qquad (4.9)$$

aus, siehe (4.3).

Zur Ermittlung der Federkonstanten k_{ers} benutzt man die aus der Elastomechanik bekannte Formel für die statische Durchbiegung des nach Bild 4.21 belasteten Trägers, wenn der Querschnitt über die Trägerlänge konstant ist:

$$y = \frac{l^3}{3\,E\,I}\,F \;.$$

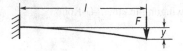

Bild 4.21
Durchbiegung eines einseitig eingespannten Trägers

Darin ist I das axiale Flächenmoment 2.Ordnung des Stabquerschnitts, $E\,I$ wird *Biegesteifigkeit* genannt.

Der Vergleich mit dem Federgesetz $F = k_{\mathrm{ers}} \cdot y$ liefert für die Federkonstante

$$k_{\mathrm{ers}} = \frac{3\,E\,I}{l^3} \;. \qquad (4.10)$$

Damit wird die Kreisfrequenz

$$\omega = \sqrt{\frac{3\,E\,I}{l^3\,m}} = \frac{1}{l}\sqrt{\frac{3\,E\,I}{l\,m}}\;.$$

Weitere Ersatzfederkonstanten (Federsteifigkeiten) sind im Anhang A3 tabellarisch aufgelistet. So z. B. für den wichtigen Fall eines *Trägers auf zwei Stützen* (Bild 4.22)

$$k_{ers} = \frac{3\,E\,I\,l}{l_1^2\,l_2^2} \tag{4.11}$$

oder für das eher seltene Modell eines *beidseitig eingespannten Trägers* (Bild 4.23)

$$k_{ers} = \frac{3\,E\,I\,l^3}{l_1^3\,l_2^3}\;. \tag{4.12}$$

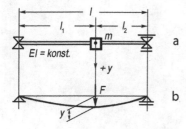

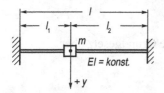

Bild 4.22
a System in der statischen Gleichgewichtslage
b Durchbiegung des Trägers durch Einzellast

Bild 4.23
Beidseitig eingespannter Träger

Anmerkung: Um die Ersatzfederkonstante k_{ers} eines Balkens zu bestimmen kann man auch bei anderen Lagerungsarten vorgehen wie oben beschrieben. Man belastet am Ort der Masse m mit einer Kraft F und bestimmt dort die statische Verschiebung y_{stat} (siehe auch Abschnitt 4.4). Insbesondere kann man als Kraft auch $F = m\,g$ wählen, dann ergibt sich

$$\omega = \sqrt{\frac{k_{ers}}{m}} = \sqrt{\frac{m\,g}{m\,y_{stat}}} = \sqrt{\frac{g}{y_{stat}}}\;.$$

Für die Schwingungszahl erhält man, wenn außerdem $g = 981$ cm/s^2 eingesetzt wird, die in der Praxis häufig verwendete Beziehung

$$n = \frac{30}{\pi}\sqrt{\frac{981}{y_{stat}}} = \frac{300}{\sqrt{y_{stat}}}, \qquad y_{stat} \text{ in cm,} \quad n \text{ in } 1/\text{min} . \tag{4.13}$$

Dabei also ist y_{stat} die statische Verschiebung am Ort der Masse m in Schwingungsrichtung für eine Belastung durch $F = m\,g$ am Ort von m in Schwingungsrichtung.

Der Einfluss der Balkenmasse auf die Frequenz der Schwingung kann näherungsweise bestimmt werden. In Anhang A4 wird die Berechnung für zwei Lagerungsfälle durchgeführt.

4.3 Drehschwingungen

Beim *Grundmodell der Drehschwingungen* dreht ein starrer Körper um eine feste Achse (Drehmasse J_A) und wird durch eine (lineare) Drehfeder (Drehfederkonstante k_D) zurückgestellt (Bild 4.24).

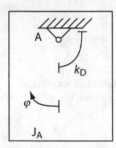

Bild 4.24
Einfacher Drehschwinger

Analog zum Längsschwinger führt das Newton'sche Grundgesetz über

$$-k_D\,\varphi(t) = J_A\,\ddot{\varphi}(t)$$

zur Schwingungsdifferentialgleichung

$$J_A\,\ddot{\varphi}(t) + k_D\,\varphi(t) = 0 \tag{4.14}$$

oder in schwingungstechnischer Form

$$\ddot{\varphi}(t) + \frac{k_D}{J_A}\,\varphi(t) = 0 . \tag{4.15}$$

Gleichung (4.14) hat die gleiche Form wie (4.2), so dass für die Verdrehschwingungen $\varphi(t)$ entsprechende Beziehungen zu (4.5) und (4.6) gelten, wobei die Anfangsbedingungen $\varphi(0) = \varphi_0$ und $\dot{\varphi}(0) = \dot{\varphi}_0$ lauten. Insbesondere für die Anfangs-Winkelgeschwindigkeit $\dot{\varphi}_0$ sei darauf hingewiesen, dass diese mit der Eigenkreisfrequenz ω_0 der Lösung

$$\varphi(t) = \varphi_0 \cos \omega t + \frac{\dot{\varphi}_0}{\omega} \sin \omega t \qquad (4.16)$$

nichts zu tun hat. Für ω gilt in Analogie zu (4.3)

$$\omega = \sqrt{\frac{k_D}{J_A}} \ . \qquad (4.17)$$

4.3.1 Torsionsstab mit Einzelmassen

Beim Torsionsschwinger in Bild 4.25 ist eine Welle an einem Ende fest eingespannt und am anderen Ende mit einer Einzelmasse verbunden.

Das Massenträgheitsmoment der am Ende der Welle sitzenden Masse bezogen
auf die Stabachse ist $J = J_S$. Für $\varphi = 0$ ist das System im Gleichgewicht, die Welle ist nicht tordiert. Wird die starr mit der Welle verbundene Masse um die Stabachse um den Winkel φ gedreht, so wird die Welle um diesen Winkel tordiert.
Wenn der elastische Bereich nicht überschritten wird, so wirkt auf den Starrkörper ein *Rückstellmoment*

$$M = k_D \, \varphi.$$

Dabei ist k_D die Drehfederkonstante in Nm. Hat die Welle konstanten Querschnitt über die ganze Stablänge, so gilt für die Drehfederkonstante die Beziehung

$$k_D = \frac{G \, I_p}{l} \ .$$

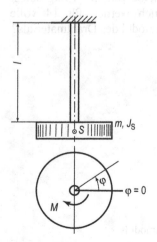

Bild 4.25
Einfacher Torsionsschwinger

Darin ist G der Gleit- oder Schubmodul des Wellenmaterials, I_p das polare Flächenmoment 2. Ordnung des Wellenquerschnitts (z. B. für Vollkreisquerschnitt mit Radius r: $I_p = \pi\, r^4/2$). $G\, I_p$ nennt man die Drillsteifigkeit.

In diesem Fall kann die (Ersatz-) Drehfederkonstante als

$$k_D = \frac{G\, I_p}{l} \tag{4.18}$$

identifiziert werden. Damit ist die Eigenkreisfrequenz

$$\omega = \sqrt{\frac{G\, I_p}{l\, J}}\ . \tag{4.19}$$

Für die Eigenschwingungsdauer gilt

$$T = 2\pi \sqrt{\frac{l\, J}{G\, I_p}}\ . \tag{4.20}$$

Mit diesem Modell des einseitig eingespannten Drehstabes lässt sich das Massenträgheitsmoment durch einen Drehschwingungsversuch ermitteln. Wird die Schwingungsdauer gemessen, so lässt sich Massenträgheitsmoment berechnen, indem (4.20) nach J aufgelöst wird

$$J = \frac{T^2\, G\, I_p}{4\, \pi^2\, l}\ .$$

Alternativ lässt sich mit (4.20) bei bekanntem J auch der Gleitmodul G ermitteln.

Beispiel 4.10: Bestimmung des Gleitmoduls

An einem Draht der Länge l ist eine zylindrische Scheibe von $m = 15$ kg befestigt (Bild 4.26). Bei einem Drehschwingungsversuch werden für 14 volle Schwingungen 131 s gemessen. Wie groß ist der Gleitmodul des Drahtmaterials?

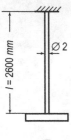

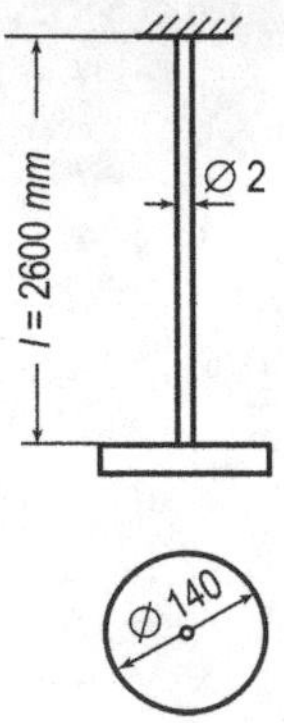

$l = 2600\ mm$ $\varnothing\, 2$

$\varnothing\, 140$

Bild 4.26
Experimentelle Ermittlung des Gleitmoduls

(4.20) nach dem Gleitmodul G aufgelöst ergibt

$$G = \frac{4\pi^2 l\, J}{T^2\, I_p}.$$

Darin ist für die einzelnen Größen einzusetzen

$$T = \frac{131\,\text{s}}{14}, \quad I_p = \frac{\pi}{32} 0{,}2^4\ \text{cm}^4, \quad J = \frac{1}{2}m\,r^2 = \frac{1}{2}15 \cdot 7^2\ \text{kg cm}^2, \quad l = 260\ \text{cm}$$

und man erhält

$$G = 2{,}7427 \cdot 10^8\, \frac{\text{kg}}{\text{s}^2 \cdot \text{cm}} = 2{,}7427 \cdot 10^6\, \frac{\text{N}}{\text{cm}^2}.$$

Beispiel 4.11: Zwei Massen mit Verbindungswelle

Auf einer frei drehbaren Welle (Drehfederkonstante $k_D = GI_p/l$) befinden sich zwei Drehmassen (Massenträgheitsmomente J_1, J_2). Die Wellenenden sind in den Massen starr eingespannt (Bild 4.27). Sind die Drehwinkel der beiden Massen (von einer Ausgangslage $\varphi = 0$ aus gemessen, bei der die Welle nicht tordiert ist) φ_1 bzw. φ_2, so ist die Welle tordiert um den Winkel $\varphi_2 - \varphi_1$. Auf die Massen wirken dann die in Bild 4.27 eingezeichneten Momente, die dem Betrage nach gleich sind. Das dynamische Grundgesetz der Drehung kann für jede Masse angeschrieben werden.

$$M = + k_D\,(\varphi_2 - \varphi_1) = J_1\,\ddot{\varphi}_1\,; \quad M = - k_D\,(\varphi_2 - \varphi_1) = J_2\,\ddot{\varphi}_2\,.$$

Aus diesen beiden Gleichungen folgt

$$- k_D\,(\varphi_2 - \varphi_1)\,(1/J_1 + 1/J_2) = \ddot{\varphi}_2 - \ddot{\varphi}_1\,.$$

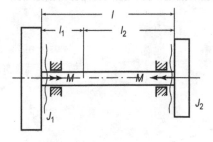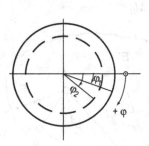

Bild 4.27 Zweimassendrehschwinger

Setzt man $\varphi_2 - \varphi_1 = \psi$, den Relativdrehwinkel, so ergibt sich

$$\ddot{\psi} + k_D\left(\frac{1}{J_1} + \frac{1}{J_2}\right)\psi = 0\,.$$

Die Relativdrehung der beiden Massen gegeneinander ändert sich also harmonisch. Die Kreisfrequenz dieser Schwingungen ist

$$\omega = \sqrt{k_D \left(\frac{1}{J_1} + \frac{1}{J_2} \right)}.$$

Im „Schwingungsknoten" könnte die Welle eingespannt werden, ohne dass sich
das Schwingungsverhalten ändert. Sind die Abstände des Knotens von den Massen l_1 bzw. l_2, so gilt

$$\omega_1 = \omega = \omega_2, \sqrt{\frac{G\,I_p}{l_1\,J_1}} = \sqrt{\frac{G\,I_p}{l_2\,J_2}}$$

und damit

$$l_1\,J_1 = l_2\,J_2 \text{ oder } \frac{l_1}{l_2} = \frac{J_2}{J_1}.$$

4.3.2 Federgefesselter Drehschwinger

Zunächst wird der Fall behandelt, dass die Gewichtskraft keinen Einfluss auf das
Schwingungsverhalten hat, nämlich wenn der Schwerpunkt S des Körpers auf
der Drehachse liegt oder wenn die Drehachse vertikal steht.

Der in Bild 4.28 gezeichnete Körper ist um die vertikal stehende Achse durch 0
drehbar gelagert. Die gezeichnete Lage des Körpers und der Feder ist die statische Gleichgewichtslage ($\varphi = 0$). Es wird angenommen, dass die Feder in dieser
Lage vorgespannt ist, etwa aufgrund eines konstanten auf den Körper wirkenden
Moments M_0.

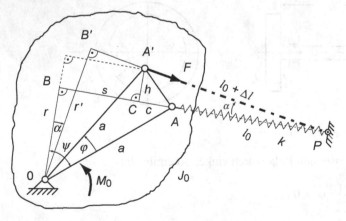

Bild 4.28
Drehschwinger mit
Federvorspannung,
Drehachse vertikal

In der statischen Gleichgewichtslage $\varphi = 0$ gelten folgende Definitionen und Beziehungen (siehe Bild 4.28):

Federvorspannkraft F_0;

(Gesamt-)Länge der vorgespannten Feder $\overline{PA} = l_0$;

Abstand a des Federangriffspunkts A vom Drehpunkt;

Abstand r der Federachse PA vom Drehpunkt 0;

Abstand s des Federangriffspunkts A vom Lotpunkt B;

Winkel ψ zwischen OA und OB, $r = a \cos \psi$, $s = a \sin \psi$;

Momentengleichgewicht $M_0 = F_0 r$.

Bei einer Drehung des Körpers um einen kleinen Winkel φ bewegt sich der Angriffspunkt von A nach A', so dass sich Größe und Hebelarm der Federkraft ändern. Aus Bild 4.27 lassen sich folgende Beziehungen ablesen. Angegeben sind jeweils die exakten Zusammenhänge und die Näherungen für kleine φ ($\sin \varphi \approx \varphi$, $\cos \varphi \approx 1$, $\alpha \ll 1$).

Hilfsgrößen $h = \overline{CA'}$, $c = \overline{CA}$ und Drehwinkel α der Federachse:

$$r + h = a \cos (\psi - \varphi), \qquad h = -r(1 - \cos \varphi) + s \sin \varphi \approx s\varphi,$$

$$s - c = a \sin (\psi - \varphi), \qquad c = r \sin \varphi + s(1 - \cos \varphi) \approx r\varphi,$$

$$\tan \alpha = \frac{h}{l_0 + c}, \qquad \alpha \approx \frac{s}{l_0}\varphi.$$

Federverlängerung Δl:

$$\cos \alpha = \frac{l_0 + c}{l_0 + \Delta l}, \qquad \Delta l = \frac{l_0 + c}{\cos \alpha} - l_0 \approx c \approx r\varphi,$$

Hebelarm r':

$$r' = a \cos (\psi - \varphi - \alpha) = a \cos \psi \cos (\varphi + \alpha) + a \sin \psi \sin (\varphi + \alpha)$$

$$= r \cos (\varphi + \alpha) + s \sin (\varphi + \alpha) \approx r + s(\varphi + \alpha) \approx r + s\left(1 + \frac{s}{l_0}\right)\varphi.$$

Drehmoment:

$$M = M_0 - (F_0 + k \cdot \Delta l)\, r'$$

$$\approx M_0 - (F_0 + k\, r\varphi)\left[r + s\left(1 + \frac{s}{l_0}\right)\varphi\right]$$

$$\approx \underbrace{M_0 - F_0 r}_{=0} - F_0 s\left(1 + \frac{s}{l_0}\right)\varphi - k\, r^2\varphi.$$

Dabei werden von höherer Ordnung kleine Größen vernachlässigt. Das dynamische Grundgesetz der Drehung liefert

$$M = -\left[k\,r^2 + F_0\,s\left(1 + \frac{s}{l_0}\right)\right]\varphi = \mathrm{J}_0\,\ddot{\varphi}$$

oder

$$\ddot{\varphi} + \frac{1}{\mathrm{J}_0}\left[k\,r^2 + F_0\,s\left(1 + \frac{s}{l_0}\right)\right]\varphi = 0. \tag{4.21}$$

Auch hier treten also harmonische Schwingungen auf. Bei vielen Anwendungen wird die Differentialgleichung für kleine Schwingungen die einfachere Form

$$\ddot{\varphi} + \frac{k\,r^2}{\mathrm{J}_0}\,\varphi = 0 \tag{4.22}$$

annehmen. Dies ist der Fall, wenn die Feder in der Gleichgewichtslage ungespannt ist, oder auch dann, wenn Federangriffspunkt und Lotpunkt zusammenfallen. Die harmonischen Schwingungen besitzen dann die Kreisfrequenz

$$\omega = \sqrt{\frac{k\,r^2}{\mathrm{J}_0}}\,. \tag{4.23}$$

Die „Drehfederkonstante" ist in diesem Fall $k_\mathrm{D} = k\,r^2$. Sie entsteht dadurch, dass sich bei einer kleinen Drehung φ die Federkraft in erster Näherung um $k \cdot r\,\varphi$ ändert, der Hebelarm r aber ungefähr gleich bleibt.

Sind mehrere Federn vorhanden, deren Federkonstanten k_i sind und deren Achsen in der Gleichgewichtslage die Abstände r_i vom Drehpunkt haben, so gilt

$$k_\mathrm{D} = \sum k_i\,r_i^2\,, \tag{4.24}$$

$$\omega = \sqrt{\frac{k_\mathrm{D}}{\mathrm{J}_0}} = \sqrt{\frac{\sum k_i\,r_i^2}{\mathrm{J}_0}}\,. \tag{4.25}$$

Im allgemeinen Fall der Differentialgleichung (4.21) ist die Kreisfrequenz kleiner Drehschwingungen

$$\omega = \sqrt{\frac{k_\mathrm{D}}{\mathrm{J}_0}}, \quad k_\mathrm{D} = k\,r^2 + F_0\,s\left(1 + \frac{s}{l_0}\right). \tag{4.26}$$

Wie in Beispiel 4.5 ist die Kreisfrequenz auch für $\varphi \ll 1$ von der Federvorspannkraft F_0 abhängig. Wie dort handelt es sich um eine nichtlineare Schwingung, die um die Gleichgewichtslage linearisiert wird. Anwendungen sind beispielsweise Drehschwingungen, bei denen mehrere Federn angreifen, die in der Gleichgewichtslage gegeneinander verspannt sind.

Beispiel 4.12: Federgefesselter Drehschwinger – nichtlinear

Ein Körper kann sich (Bild 4.29) um eine vertikale Achse drehen. Gezeichnet ist die Gleichgewichtslage, in der die Federn die Vorspannkräfte F_{10} und F_{20} sowie die Längen l_{10} und l_{20} besitzen.

Gesucht ist die Eigenkreisfrequenz kleiner Schwingungen.

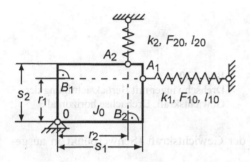

Bild 4.29
Federgefesselter Drehschwinger mit
Vorspannung

Nach (4.26) und mit (4.24) gilt

$$\omega = \sqrt{\frac{k_D}{J_0}}, \quad k_D = k_1 r_1^2 + k_2 r_2^2 + F_{10} s_1 \left(1 + \frac{s_1}{l_{10}}\right) + F_{20} s_2 \left(1 + \frac{s_2}{l_{20}}\right).$$

Die Federvorspannkräfte wirken sich auf die Frequenz kleiner Drehschwingungen dann nicht aus, wenn die Federn nicht bei A_1 und A_2, sondern in den Lotpunkten B_1 bzw. B_2 angreifen.

4.3.3 Drehschwinger mit Einfluss der Gewichtskraft

Bei Drehschwingungen um eine horizontale Achse muss i. Allg. die Gewichtskraft berücksichtigt werden, wie von den Pendelschwingungen (Kap. 3) bekannt ist. Die Schwingungen eines Körpers, an dem zusätzlich Federn angreifen, sollen anhand von Bild 4.30 untersucht werden, in dem das System in der statischen Gleichgewichtslage ($\varphi = 0$) gezeichnet ist. Die Federn sind in dieser Lage vorgespannt, da das Moment der Gewichtskraft ausgeglichen werden muss. Im Folgenden wird angenommen, dass alle Federn für $\varphi = 0$ jeweils in ihrem Fußpunkt B_i befestigt sind. Bei einer kleinen Auslenkung $\varphi \ll 1$ kann dann das Rückstellmoment aufgrund der Federn mit der Drehfederkonstante nach (4.24) berechnet werden:

$$M_F = -\sum k_i r_i^2 \varphi.$$

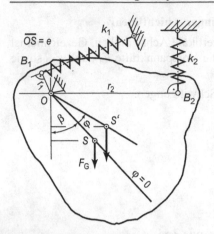

Bild 4.30
Drehschwinger mit Berücksichtigung der
Gewichtskraft, Drehachse horizontal

Zusätzlich ist das Rückstellmoment der Gewichtskraft (Schwerpunkt in ausgelenkter Lage bei S')

$$M_G = -F_G\left(e\sin(\beta+\varphi)-e\sin\beta\right) = -F_G\, e\,(\sin\beta\cos\varphi+\cos\beta\sin\varphi-\sin\beta)$$

zu berücksichtigen. Da φ klein sein soll, kann man wieder $\sin\varphi = \varphi$, $\cos\varphi = 1$ setzen. Damit wird

$$M_G = -F_G\, e\cos\beta\cdot\varphi\,.$$

Ingesamt erhält man

$$M = M_F + M_G = -\left(\sum k_i\, r_i^2 + F_G\, e\cos\beta\right)\varphi = J_0\,\ddot{\varphi}$$

oder

$$\ddot{\varphi} + \frac{\sum k_i\, r_i^2 + F_G\, e\cos\beta}{J_0}\varphi = 0. \tag{4.27}$$

Die Kreisfrequenz ist

$$\omega = \sqrt{\frac{\sum k_i\, r_i^2 + F_G\, e\cos\beta}{J_0}} = \sqrt{\frac{k_D}{J_0}}\,. \tag{4.28}$$

Sind die (sehr langen) Federn nicht in den Lotpunkten B_i befestigt, so hat die Federvorspannung auch für Winkel $\varphi \ll 1$ einen Einfluss auf die Eigenkreisfrequenz. Bei der Berechnung ist entsprechend zu (4.21) bzw. (4.26) vorzugehen.

Beispiel 4.13: Federgefesselter Drehschwinger

Für die kleinen Drehschwingungen des Systems um die in Bild 4.31 gezeichnete Lage ermittle man die Eigenkreisfrequenz.

Zahlenwerte:

$$m_1 = 3,3 \text{ kg}, \quad m_2 = 4,1 \text{ kg}, \quad k_1 = 8 \frac{\text{N}}{\text{cm}} = 800 \frac{\text{kg}}{\text{s}^2}, \quad k_2 = 4 \frac{\text{N}}{\text{cm}} = 400 \frac{\text{kg}}{\text{s}^2},$$

$$\gamma = 68°; \; b = 210 \text{ mm}, \quad h = 260 \text{ mm}.$$

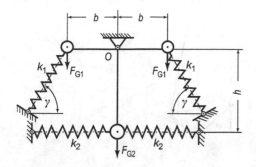

Bild 4.31
Symmetrischer Drehschwinger

Das T-förmige Stabgebilde ist als starr und masselos zu betrachten.

Es gilt $\omega = \sqrt{\dfrac{k_D}{J_0}}$ mit

$$J_0 = 2\, m_1\, b^2 + m_2\, h^2 = 2 \cdot 3,3 \cdot 21^2 + 4,1 \cdot 26^2 = 5682,2 \text{ kg cm}^2,$$

$$k_D = \sum k_i\, r_i^2 + \sum F_{Gi}\, e_i \cos \beta_i = 2\, k_1\, (b \sin \gamma)^2 + 2\, k_2\, h^2 + F_{G2}\, h \cdot 1$$

$$= 2 \cdot 800 \frac{\text{kg}}{\text{s}^2} (21 \sin 68°)^2 \text{ cm}^2 + 2 \cdot 400 \cdot 26^2 + 4,1 \cdot 981 \cdot 26$$

$$= 1\,251\,958 \text{ kg cm}^2/\text{s}^2.$$

Daraus folgt $\omega = 14,84$ 1/s.

Einen ganz anders gearteten Einfluss der Gewichtskraft zeigt das folgende Beispiel.

Beispiel 4.14: Drehschwingung bei Bifilaraufhängung

Zur Ermittlung des Massenträgheitsmoments eines Körpers kann die in Bild 4.32 dargestellte Anordnung verwendet werden. An zwei langen, vertikalen Fäden im Abstand 2 e wird der Körper aufgehängt ($l \gg$ e) und aus seiner Gleichgewichtslage um einen kleinen Winkel φ um die vertikale Achse durch S herausgedreht. Der Körper führt dann kleine Drehschwingungen aus. Die geringe Vertikalbewegung des Körpers kann vernachlässigt werden. In der Gleichgewichtslage ($\varphi = 0$) ist die Fadenspannkraft $F_S = \frac{1}{2} F_G$. In der um φ gedrehten Lage (Bild 4.32) wird die Spannkraft

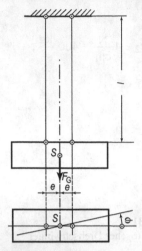

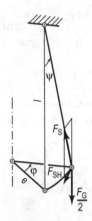

Bild 4.32   Bifilaraufhängung eines
Körpers

Bild 4.33   Ermittlung des Rückstell-
moments

$$F_S = \frac{1}{2} F_G \frac{1}{\cos \psi} = \frac{1}{2} F_G , \qquad \text{da } \psi \ll \varphi \text{ und damit } \cos \psi = 1$$

gesetzt werden kann. Die Komponente der Spannkraft in der Horizontalen ist

$$F_{SH} = F_S \sin \psi = \frac{F_G}{2} \psi .$$

Die beiden auf m wirkenden Komponenten F_{SH} bilden ein Kräftepaar, dessen
Moment

$$M = - F_{SH}\, 2\, e = - \frac{F_G}{2} \psi\, 2\, e$$

als Rückstellmoment wirkt. Das dynamische Grundgesetz der Drehung liefert

$$- m\, g\, e\, \psi = J_S\, \ddot{\varphi} .$$

Aus Bild 4.33 liest man den Zusammenhang zwischen φ und ψ ab: $l\,\psi = e\,\varphi$.
Oben eingesetzt wird

$$\ddot{\varphi} + \frac{m\, g\, e^2}{J_S\, l} \varphi = 0 .$$

Die Drehschwingungen verlaufen harmonisch mit der Kreisfrequenz bzw.
Schwingungsdauer

$$\omega = \sqrt{\frac{m\, g\, e^2}{J_S\, l}} , \qquad T = 2\pi \sqrt{\frac{J_S\, l}{m\, g\, e^2}} .$$

Nach J_S aufgelöst erhält man

$$J_S = \frac{T^2 \, m \, g \, e^2}{4 \pi^2 \, l} \, .$$

4.4 Zusammengesetzte Federn

Während der kennzeichnende Parameter für die Trägheit (Ersatzmasse m_{ers} bzw. Drehmasse J_{ers}) häufig einfach zu ermitteln ist, sind zur Identifikation des Steifigkeitsparameters k_{ers} bzw. k_{Ders} oft weit reichende (statische) Analysen erforderlich. Dieser Abschnitt zeigt einige davon auf.

Die einfachsten Federkombinationen sind die Parallel- und die Hintereinanderschaltung.

Das Kennzeichen der *Parallelschaltung von Federn* ist, dass die *Federendpunkte* die *gleiche Verschiebung* besitzen.

Bei einer Belastung des in Bild 4.34 gezeichneten Systems durch die Kraft F verlängern sich beide Federn um y. Die Federkräfte sind

$$F_1 = k_1 \, y \, , \quad F_2 = k_2 \, y \, .$$

In der ausgelenkten Lage muss Gleichgewicht bestehen

$$F_1 + F_2 = F \, , \quad (k_1 + k_2) \, y = k \, y \, .$$

Damit ist die Gesamtfederkonstante (Ersatzfederkonstante)

$$k = k_1 + k_2 \, . \tag{4.29}$$

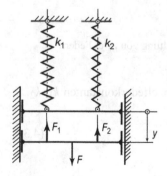

Bild 4.34
Parallelschaltung von zwei Federn

Folgerung: Die zusammengesetzte Feder ist härter.

Allgemein gilt für n parallel geschaltete Federn mit den Federkonstanten $k_1, k_2, \dots$ k_n die Formel

$$k_{ers} = k_1 + k_2 + \dots + k_n = \sum k_i .$$ (4.30)

Das Kennzeichen der *Hintereinanderschaltung von Federn* ist, dass die Federn die *gleiche Kraft übertragen*.

In Bild 4.35 sind die beiden hintereinander geschalteten Federn durch die Kraft F belastet. Die Verlängerung der oberen bzw. unteren Feder beträgt

$$y_1 = F/k_1 , \quad y_2 = F/k_2 .$$

Für die Gesamtverlängerung y gilt

$$y = \frac{F}{k} = \frac{F}{k_1} + \frac{F}{k_2}$$

und daraus folgt für die Ersatzfederkonstante k

$$\frac{1}{k} = \frac{1}{k_1} + \frac{1}{k_2}$$ (4.31)

oder

$$k = \frac{k_1 k_2}{k_1 + k_2} .$$

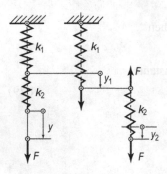

Bild 4.35
Hintereinanderschaltung von zwei Federn

Folgerung: Die zusammengesetzte Feder ist weicher.

Für n hintereinander geschaltete Federn mit den Einzelfederkonstanten $k_1, k_2, \dots$ k_n ergibt sich die Ersatzfederkonstante k_{ers} aus

$$\frac{1}{k_{ers}} = \frac{1}{k_1} + \frac{1}{k_2} + \dots + \frac{1}{k_n} = \sum \frac{1}{k_i} .$$ (4.32)

Beispiel 4.15: Vier Federn mit Parallelführung

Für den in Bild 4.36 gezeichneten einfachen Schwinger ermittle man die Kreisfrequenz.

Es gilt $\omega = \sqrt{k/m}$, wobei die Ersatzfederkonstante

$$k = k_1 + k_2 + k_3 + k_4$$

ist, da alle vier Federn parallel geschaltet sind.

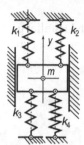

Bild 4.36
Einfacher Schwinger

Beispiel 4.16: Elf Federn mit Parallelführung

Bei dem in Bild 4.37 gezeichneten Schwinger soll die Ersatzfederkonstante k_{ges} und die Kreisfrequenz angegeben werden. Die Federmassen und die Massen der übrigen Teile sind gegenüber m zu vernachlässigen.

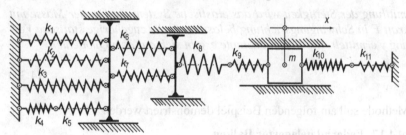

Bild 4.37 Federsystem

Die Ersatzfederkonstante erhält man durch schrittweises Vorgehen. Die Federn 4 und 5 sind hintereinander geschaltet. Sie können ersetzt werden durch eine Feder der Federkonstanten

$$k_{4,5} = \frac{k_4\,k_5}{k_4 + k_5}\,.$$

Diese Feder ist mit den Federn 1, 2 und 3 parallel geschaltet: $k_{1,5} = k_1 + k_2 + k_3 + k_{4,5}$.

Die Federn 6 und 7 sind wieder parallel geschaltet: $k_{6,7} = k_6 + k_7$.

Die links von m liegenden Federn mit den Federkonstanten $k_{1,5}$, $k_{6,7}$, k_8, k_9 sind hintereinander geschaltet. Die Ersatzfederkonstante $k_{1,9}$ ergibt sich aus

$$\frac{1}{k_{1,9}} = \frac{1}{k_{1,5}} + \frac{1}{k_{6,7}} + \frac{1}{k_8} + \frac{1}{k_9}\,.$$

Die beiden rechts von m liegenden Federn sind ebenfalls hintereinander geschaltet. Die Ersatzfederkonstante hierfür ist

$$k_{10,11} = \frac{k_{10}\, k_{11}}{k_{10} + k_{11}}.$$

Die beiden Ersatzfedern mit den Federkonstanten $k_{1,9}$ und $k_{10,11}$ sind parallel geschaltet, so dass sich die Ersatzfederkonstante für das gesamte System ergibt zu

$$k_{ges} = k_{1,9} + k_{10,11}.$$

Die Kreisfrequenz der freien Schwingungen der Masse m ist

$$\omega = \sqrt{\frac{k_{ges}}{m}}.$$

Bei der Parallelschaltung wie bei der Hintereinanderschaltung von Federn ergab sich die Ersatzfederkonstante durch Belastung des Gesamtsystems mit einer Kraft F und die Bestimmung der dadurch verursachten Verschiebung. Diese Vorgehensweise lässt sich übertragen auf Translationsschwingungen mit allgemeineren Systemen von Federn:

Zur Ermittlung der Steifigkeit wird das elastische System am Ort der Masse mit einer Kraft F in Schwingungsrichtung belastet und die zugehörige statische Verschiebung y ermittelt. Die Federkonstante ergibt sich aus dem Quotienten

$$k_{ers} = \frac{F}{y}. \tag{4.33}$$

Diese Methode soll am folgenden Beispiel demonstriert werden.

Beispiel 4.17: Federnd gelagerter Balken

Für einen Träger auf zwei elastischen Lagern (Federkonstanten k_A, k_B) bestimme man die Eigenkreisfrequenz für Schwingungen in y-Richtung (Bild 4.38a).

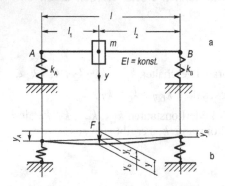

Bild 4.38
a System in statischer Gleichgewichtslage
b Verschiebung y infolge Belastung durch Kraft F

Das System wird am Ort der Masse m durch die Kraft F in y-Richtung belastet (Bild 4.38b). Dadurch entstehen bei A und B die Stützreaktionen

$$F_A = \frac{l_2}{l}F, \quad F_B = \frac{l_1}{l}F$$

und die Lagerpunktverschiebungen

$$y_A = \frac{F_A}{k_A} = \frac{l_2 F}{k_A l}, \quad y_B = \frac{F_B}{k_B} = \frac{l_1 F}{k_B l}.$$

Die gesamte Verschiebung y setzt sich zusammen aus

$$y = y_L + y_b.$$

Dabei entsteht y_L durch Verschiebung der Lagerpunkte

$$y_L = y_B + (y_A - y_B)\frac{l_2}{l} = y_B \frac{l_1}{l} + y_A \frac{l_2}{l} = \frac{l_1^2}{l^2}\frac{F}{k_B} + \frac{l_2^2}{l^2}\frac{F}{k_A} = \frac{F}{l^2}\left(\frac{l_1^2}{k_B} + \frac{l_2^2}{k_A}\right)$$

und y_b durch die Durchbiegung des Trägers AB. Nach (4.11) ist

$$k_b = \frac{3EIl}{l_1^2 l_2^2}.$$

Damit ist

$$y_b = \frac{F}{k_b} = \frac{l_1^2 l_2^2}{3EIl}F \quad \text{und}$$

$$y = \frac{F}{l^2}\left(\frac{l_1^2}{k_B} + \frac{l_2^2}{k_A}\right) + \frac{l_1^2 l_2^2}{3EIl}F = \left[\frac{1}{l^2}\left(\frac{l_1^2}{k_B} + \frac{l_2^2}{k_A}\right) + \frac{l_1^2 l_2^2}{3EIl}\right]F.$$

Für die gesuchte Federkonstante gilt damit

$$k_{ers} = \frac{1}{\frac{1}{l^2}(l_1^2/k_B + l_2^2/k_A) + l_1^2 l_2^2/(3EIl)}.$$

Auf diese Weise kann die Federkonstante auch experimentell ermittelt werden.

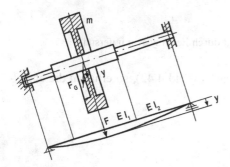

Bild 4.39
Welle mit veränderlicher
Biegesteifigkeit

Bei dem in Bild 4.39 gezeichneten Träger, bei dem die Biegesteifigkeit über die Trägerlänge nicht konstant ist, wird genauso vorgegangen. Die Verschiebung y kann dabei z. B. zeichnerisch mit dem Mohrschen Verfahren ermittelt werden.

Sollen für den in Bild 4.40 gezeichneten Zweigelenkrahmen die Kreisfrequenzen ω_y und ω_z für die Schwingungen der Masse m in y- bzw. z-Richtung angegeben werden, so ermittelt man die entsprechenden Federkonstanten, indem man F in y- bzw. z-Richtung am Ort von m ansetzt und die zugehörigen Verschiebungen y bzw. z berechnet. Dabei ist allerdings vorauszusetzen, dass sich die beiden Bewegungen nicht gegenseitig beeinflussen, also keine Kopplungssteifigkeit vorliegt. Ansonsten sind beide Freiheitsgrade gekoppelt (siehe Kap. 8).

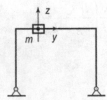

Bild 4.40
Zweigelenkrahmen mit Einzelmasse auf dem Riegel

Beispiel 4.18: Federsystem ohne Parallelführung

Für das in Bild 4.41 gezeichnete System ermittle man die Ersatzfederkonstante für die kleinen Schwingungen in y-Richtung. Die Stäbe AB und CD sind als starr und masselos zu betrachten.

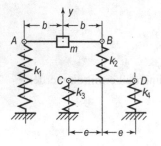

Bild 4.41
Massenpunkt durch Federsystem unterstützt

Wird das System durch eine Kraft F belastet (Bild 4.42), so erhalten die einzelnen Federn folgende Kräfte

$$F_1 = F_2 = \frac{F}{2}; F_3 = F_4 = \frac{F}{4}.$$

Die Federwege sind

$$y_1 = \frac{F}{2\,k_1}, \qquad y_2 = \frac{F}{2\,k_2}; \qquad y_3 = \frac{F}{4\,k_3}, \qquad y_4 = \frac{F}{4\,k_4}.$$

Für die Verschiebung des Kraftangriffspunktes liest man in Bild 4.41 ab

$$y = \frac{1}{2}(y_\mathrm{A} + y_\mathrm{B})$$

mit

$$y_\mathrm{A} = y_1 = \frac{F}{2\,k_1}, \qquad y_\mathrm{B} = \frac{1}{2}(y_3 + y_4) + y_2 = \frac{1}{2}\left(\frac{F}{4\,k_3} + \frac{F}{4\,k_4}\right) + \frac{F}{2\,k_2}.$$

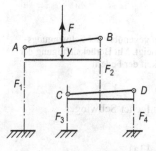

Bild 4.42
Verformung des Systems unter der Kraft F

Oben eingesetzt erhält man

$$y = \frac{1}{2}\left[\frac{1}{2\,k_1} + \frac{1}{2}\left(\frac{1}{4\,k_3} + \frac{1}{4\,k_4}\right) + \frac{1}{2\,k_2}\right]F.$$

Damit ist die Ersatz- oder Gesamtfederkonstante

$$k_\mathrm{ers} = \frac{2}{\dfrac{1}{2\,k_1} + \dfrac{1}{8}\left(\dfrac{1}{k_3} + \dfrac{1}{k_4}\right) + \dfrac{1}{2\,k_2}} = \frac{4}{\dfrac{1}{k_1} + \dfrac{1}{k_2} + \dfrac{1}{4\,k_3} + \dfrac{1}{4\,k_4}}.$$

Beispiel 4.19: Einfacher Schwinger mit schrägen Federn

Eine Maschine der Masse m ist durch vier gleiche Federn abgestützt (Bild 4.43).
Für die kleinen Schwingungen in y-Richtung ermittle man die Kreisfrequenz
(ohne Berücksichtigung evtl. vorhandener Federvorspannungen).

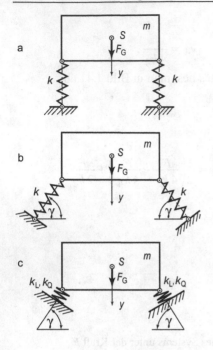

a   Federachsen parallel zur Schwingungs-
    richtung

b   Federachsen gegenüber der Schwingungs-
    richtung geneigt. Ohne Berücksichtigung
    der Quersteifigkeit der Federn

c   Federachsen gegenüber der Schwingungs-
    richtung geneigt. Mit Berücksichtigung der
    Quersteifigkeit der Federn

Bild 4.43   Einfacher Schwinger

a) Die Federachsen sind parallel zur y-Achse (Bild 4.43a).

b) In der Praxis werden die Federn zur Erhöhung der seitlichen Stabilität meist schräg eingebaut. Die Federachsen sind um den Winkel γ gegenüber der Horizontalen geneigt (Bild 4.43b). Die Federn können als lang betrachtet werden.

c) Die häufig verwendeten Metall-Gummi-Federelemente sind extrem kurz (Bild 4.43c). Die Steifigkeit der Federn in Längsrichtung sei k_L, in Querrichtung k_Q.

Bei der Berechnung kann folgendermaßen vorgegangen werden.

a) Die vier Federn sind parallel geschaltet. Die Ersatzfederkonstante ist $k_{ges} = 4\,k$.

b) Bei einer Auslenkung y verkürzt sich die Feder um (Bild 4.44) $y \sin \gamma$.

Die Federkraft wird also $F = k\,y \sin \gamma$.

Als Federrückstellkraft wirkt aber nur die y-Komponente der Federkraft

$$F_y = -F \sin \gamma = -k\,y \sin^2 \gamma = -k \sin^2 \gamma \cdot y$$

Damit ist in diesem Fall die Ersatzfederkonstante $k_{ges} = 4\,k \sin^2 \gamma$.

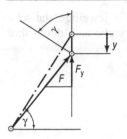

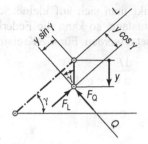

Bild 4.44 Verformung einer langen Feder

Bild 4.45 Verformung und Kräfte bei kurzer Feder

c) In Bild 4.45 liest man für die Verformungen der Feder ab:

in Längsrichtung $y \sin \gamma$, in Querrichtung $y \cos \gamma$.

Die auf m wirkenden Kräfte sind dann

$$F_{\mathrm{L}} = k_{\mathrm{L}}\, y \sin \gamma, \quad F_{\mathrm{Q}} = k_{\mathrm{Q}}\, y \cos \gamma.$$

Die Rückstellkraft einer Feder ist

$$F_{\mathrm{y}} = -F_{\mathrm{L}} \sin \gamma - F_{\mathrm{Q}} \cos \gamma = -(k_{\mathrm{L}} \sin^2 \gamma + k_{\mathrm{Q}} \cos^2 \gamma)\, y.$$

Die Ersatzfederkonstante ist dann $k_{\mathrm{ges}} = 4\,(k_{\mathrm{L}} \sin^2 \gamma + k_{\mathrm{Q}} \cos^2 \gamma)$.

Für die Kreisfrequenz gilt bei a), b) und c) jeweils $\omega = \sqrt{k_{\mathrm{ges}}/m}$.

Beispiel 4.20: Progressive Feder

Bei Fahrzeugen ändert sich je nach dem Beladungszustand die abzufedernde Masse m. Damit die Eigenfrequenz des Systems für jeden Beladungszustand gleich bleibt, muss die Federsteifigkeit mit zunehmender Masse ebenfalls anwachsen. Die Feder muss eine „progressive Federcharakteristik" haben (Bilder 4.46, 4.47).

Wie muss das Federgesetz $F = F(x)$ lauten, damit die Eigenkreisfrequenz kleiner Schwingungen um die Gleichgewichtslage für unterschiedliche Beladungszustände jeweils die gleiche ist?

Die Federkraft bei $x = 0$ sei F_0. Für die Federsteifigkeit beim Auslenkungszustand x gilt

$$k = \frac{\mathrm{d}F}{\mathrm{d}x},$$

wobei x die statische Auslenkung entsprechend dem jeweiligen Belastungszustand angibt, so dass

$$F = F_{\mathrm{G}} = m\,g$$

ist. Beschränkt man sich auf kleine Schwingungen um die jeweilige statische Gleichgewichtslage, so kann die Federkennlinie im Schwingbereich durch ihre Tangente ersetzt werden. Für die Kreisfrequenz ω gilt dann

$$\omega^2 = \frac{k}{m} = \frac{\dfrac{\mathrm{d}F}{\mathrm{d}x}}{\dfrac{F}{g}} = \frac{g}{F}\frac{\mathrm{d}F}{\mathrm{d}x}.$$

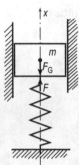

Bild 4.46 Feder-Masse-System   **Bild 4.47** Federkennlinie

Dies ist eine Differentialgleichung zur Bestimmung der Federkennlinie. Durch Trennung der Variablen erhält man

$$\frac{\mathrm{d}F}{F} = \frac{\omega^2}{g}\mathrm{d}x \quad \text{oder} \quad \int_{F_0}^{F}\frac{\mathrm{d}F}{F} = \int_{0}^{x}\frac{\omega^2}{g}\mathrm{d}\xi\,.$$

Die Integration ausgeführt ergibt

$$\ln\frac{F}{F_0} = \frac{\omega^2}{g}x$$

oder schließlich

$$F = F_0\, \mathrm{e}^{\dfrac{\omega^2}{g}x}$$

für das gesuchte Federgesetz.

Beispiel 4.21: Luftfeder

Die in Bild 4.48 gezeichnete Luftfeder soll eine Masse m tragen. Der Luftfederbalg hat Zylinderform (Innendurchmesser d). Im statischen Gleichgewichtszustand ist das vom Federbalg eingeschlossene Luftvolumen V_0 der absolute Druck der Luft p_0. Für die kleinen Schwingungen der Masse m in y-Richtung ermittle man die Eigenkreisfrequenz. Die Eigenelastizität des Federbalgs soll vernachlässigt werden. Außerdem kann angenommen werden, dass sich der Durchmesser d beim Einfedern nicht ändert.

Beim Einfedern um y vermindert sich das eingeschlossene Luftvolumen um

$$\Delta V = \frac{\pi\, d^2}{4}\, y\,.$$

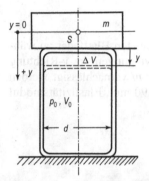

Bild 4.48 Luftfeder

Der Luftdruck erhöht sich dabei um Δp. Die auf m wirkende Rückstellkraft wird

$$F_R = -\Delta p\, \frac{\pi\, d^2}{4}\,.$$

Da die Schwingungen im Allgemeinen so schnell ablaufen, dass kein Energieaustausch mit der Umgebung stattfindet, kann adiabatische Zustandsänderung angenommen werden:

$p\, V^\varkappa$ = konst. mit $\varkappa = 1{,}4$ für Luft.

Für die beiden Zustände kann man also schreiben

$$(p_0 + \Delta p)\,(V_0 - \Delta V)^\varkappa = p_0\, V_0^\varkappa = \text{konst.}$$

Durch Reihenentwicklung der linken Seite erhält man

$$(p_0 + \Delta p)\,(V_0^\varkappa - \varkappa\, V_0^{\varkappa-1}\, \Delta V + \ldots) = p_0\, V_0^\varkappa\,.$$

Die Glieder höherer Ordnung in ΔV können vernachlässigt werden. Ausmultipliziert ergibt sich, wobei auch wieder die Glieder von höherer Ordnung der kleinen Größen weggelassen werden,

$$p_0\, V_0^\varkappa + \Delta p\, V_0^\varkappa - p_0\, \varkappa\, V_0^{\varkappa-1}\, \Delta V + \ldots = p_0\, V_0^\varkappa \quad \text{oder}$$

$$\Delta p = p_0\, \varkappa\, V_0^{-1}\, \Delta V = p_0\, \varkappa\, V_0^{-1}\, \frac{\pi\, d^2}{4}\, y\,.$$

Damit wird die Rückstellkraft

$$F_R = -p_0 \, \varkappa \, V_0^{-1} \frac{\pi d^2}{4} y \frac{\pi d^2}{4} = -k_L \, y \, .$$

Man erhält die Federkonstante der Luftfeder und die Kreisfrequenzen:

$$k_L = \frac{\varkappa \, p_0}{V_0} \left(\frac{\pi d^2}{4} \right)^2 , \quad \omega = \sqrt{\frac{k_L}{m}} = \frac{\pi d^2}{4} \sqrt{\frac{\varkappa \, p_0}{V_0 \, m}} \, .$$

Beispiel 4.22: Blattfeder

Wie dick ist das Federblatt bei der in Bild 4.49 gezeichneten Blattfeder zu wählen, damit die Eigenschwingungszahl für die Schwingungen in y-Richtung $n = 240$ 1/min beträgt? Die Federmasse darf gegenüber m vernachlässigt werden ($m = 150$ kg). Federlänge $l = 800$ mm, Blattbreite $b = 90$ mm, Elastizitätsmodul $E = 2,1 \cdot 10^7$ N/cm^2.

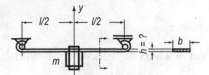

Bild 4.49
Blattfeder mit einem Blatt

Die Eigenkreisfrequenz soll betragen $\omega = \pi n/30 = 25,13$ 1/s.

Daraus berechnet sich die Federkonstante

$$k = m \, \omega^2 = 150 \cdot 25,13^2 = 94\,748,2 \text{ kg/s}^2 .$$

Nach (4.11) gilt

$$k = \frac{3 \, E \, I \, l}{\left(\frac{l}{2} \right)^2 \left(\frac{l}{2} \right)^2} = \frac{48 \, E \, I}{l^3} \, .$$

Für das benötigte Flächenmoment 2. Ordnung errechnet man

$$I = \frac{k \, l^3}{48 \, E} = 0,48126 \text{ cm}^4 \quad \text{mit} \quad I = \frac{b \, h^3}{12}$$

aufgrund des Rechteckquerschnitts. Daraus ergibt sich die erforderliche Blattdicke

$$h = \sqrt[3]{\frac{12 \, I}{b}} = 0,863 \text{ cm} \, .$$

Man wird $h = 9$ mm wählen und dafür die Blattbreite entsprechend kleiner machen $b = 12\ I/h^3 = 7{,}92$ cm.

Beispiel 4.23: Oltersdorfsche Federaufhängung

Für das in Bild 4.50 gezeichnete System ermittle man die Federkonstante k.

Verformungen erleidet nur die Blattfeder BE. Der Wälzhebel CD und der Lenker DE sind als starr zu betrachten. Die abzufedernde Masse ist bei C angeordnet.

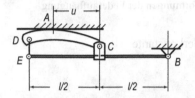

Bild 4.50
Oltersdorfsche Federaufhängung

Für eine Kraft F in Schwingungsrichtung am Ort der Masse ergeben sich die Kräfte (Bild 4.51a)

$$F_A = F\frac{l/2}{l/2+u},\quad F_C = F_A\frac{l/2-u}{l/2} = F\frac{l/2-u}{l/2+u}.$$

Die Blattfeder wird nur belastet durch die Kraft

$$F_F = F - F_C = F\left(1 - \frac{l/2-u}{l/2+u}\right) = F\frac{2u}{l/2+u}.$$

Die Durchbiegung der Blattfeder wird, wenn deren Federkonstante k_b ist (4.11),

$$y_b = \frac{F_F}{k_b} = \frac{F}{k_b}\frac{2u}{l/2+u}.$$

Die Verschiebung y des Kraftangriffspunktes ist jedoch kleiner als y_b, wie aus Bild 4.51b zu ersehen ist. Verschiebt sich nämlich C um y nach oben, so wird über den Wälzhebel der Punkt E um $\dfrac{l/2-u}{u}y$ nach unten bewegt. Es ist also

$$y_b = y + \frac{1}{2}\frac{l/2-u}{u}y = \frac{l/2+u}{2u}y.$$

Damit ergibt sich

$$y = \frac{2u}{l/2+u}y_b = \frac{F}{k_b}\left(\frac{2u}{l/2+u}\right)^2.$$

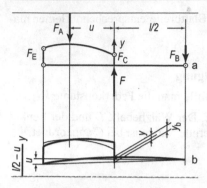

Bild 4.51
a Kräfte in der Federaufhängung
b Verformungen der Federaufhängung

Schließlich erhält man daraus die gesuchte Federkonstante

$$k = \frac{F}{y} = k_b \left(\frac{l/2 + u}{2u} \right)^2.$$

Beim Einfedern wälzt sich der Hebel DC nach rechts ab, so dass u kleiner wird. Die Federkonstante nimmt damit zu. Man spricht in solchen Fällen von progressiver Federkennung. Dieser Effekt ist häufig erwünscht, damit die Eigenkreisfrequenz sich bei Änderung der schwingenden Masse (z. B. durch Zuladung beim Lkw) nicht zu stark ändert. Bei einer veränderten Gleichgewichtslage ist im neuen Betriebspunkt bei höherem Gewicht auch die (linearisierte) Federsteifigkeit größer, vgl. auch Beispiel 4.20.

4.5 Aufgaben

Aufgabe 4.1: Bei dem in Bild 4.52 gezeichneten System (Regler von Hartnell) ist der Winkelhebel ABC in B drehbar gelagert. Bei A trägt er den Massenpunkt m_1, bei C ist er in der Masse m_2 reibungsfrei geführt. Bei einer Drehung des Winkelhebels um B wird m_2 auf seiner Führung vertikal verschoben. Das Gesamtsystem kann sich um die vertikale Achse DE drehen. Bei den folgenden Fragen sei die in Bild 4.52 gezeichnete Lage jeweils die statische Gleichgewichtslage, was durch entsprechende Vorspannung der Feder stets erreicht werden kann. Die Massen aller übrigen Teile sind zu vernachlässigen.

a) Man gebe die Eigenkreisfrequenz des Winkelhebels für kleine Drehschwingungen um B an, wenn die Masse m_2 vernachlässigt wird und das Gesamtsystem sich nicht dreht ($m_2 = 0$, $\omega^* = 0$).
b) Wie lautet die Beziehung für die Eigenkreisfrequenz, wenn m_2 nicht vernachlässigt wird ($m_2 \neq 0$, $\omega^* = 0$)?

c) Welche Beziehung ergibt sich für die Eigenkreisfrequenz, wenn m_2 berücksichtigt wird, und das Gesamtsystem mit der Winkelgeschwindigkeit ω^* um die Achse DE rotiert ($m_2 \neq 0$, $\omega^* \neq 0$)? Wie groß muss die Federvorspannung gewählt werden, damit die in Bild 4.52 gezeichnete Lage die statische Gleichgewichtslage ist? Ab welcher Winkelgeschwindigkeit ω^* wird der Regler instabil?

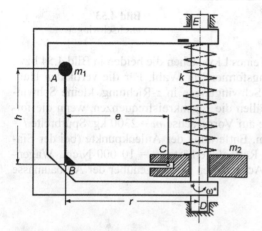

Bild 4.52 Drehzahlregler

Aufgabe 4.2: Das in Bild 4.53 gezeichnete System (vereinfachtes Ersatzsystem zur Untersuchung der Flatterschwingungen der Lenkräder eines PKW) besteht aus der um die Achse durch 0 drehbaren Masse m (Massenträgheitsmoment bezogen auf die Drehachse J_0), die durch den zylindrischen Stab AB (Länge 1, Durchmesser d, Elastizitätsmodul E) mit dem um C drehbaren Winkelhebel BCD, der als starr zu betrachten ist, verbunden ist. In D ist der Winkelhebel durch eine Feder mit der Federkonstanten k_2 abgestützt. Für die kleinen Drehschwingungen der Masse m um 0 ist zu bestimmen (die Massen aller übrigen Teile sind gegenüber m zu vernachlässigen)

a) die Kreisfrequenz, wenn der Winkelhebel in D starr gestützt ist ($k_2 = \infty$).

b) die Kreisfrequenz, wenn der Winkelhebel bei D federnd gestützt ist (wie in Bild 4.53).

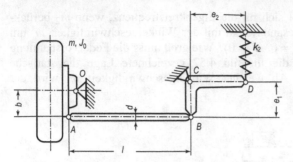

Bild 4.53
Drehschwinger

Aufgabe 4.3: Für die Vorderachse eines Lkw stehen die beiden in Bild 4.54 bzw. Bild 4.55 gezeichneten Ausführungsformen zur Wahl. Für die vertikalen Hubschwingungen der Aufbaumasse (Schwingungen in z-Richtung, kleine Schwingungen) ermittle man in beiden Fällen die Eigenkreisfrequenzen, wenn die folgenden Werte bekannt sind: Masse auf Vorderachse m = 2300 kg, Spurbreite l = 2000 mm, Federspur b = 1600 mm, Entfernung der Anlenkpunkte (bei der Einzelradaufhängung) e = 1000 mm, Reifenfederhärte k_r = 10 000 N/cm, Wagenfederhärte k_w = 2 000 N/cm. Die Achsmassen sind gegenüber der Aufbaumasse zu vernachlässigen.

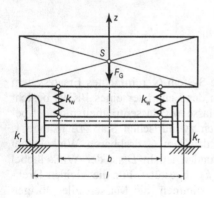

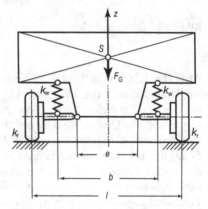

Bild 4.54   Starrachse   **Bild 4.55**   Einzelradaufhängung

Aufgabe 4.4: Bei dem in Bild 4.56 gezeichneten System ist die vertikal geführte Masse durch ein Seil gehalten. Die Feder ist in dieser Lage (y = 0) entspannt. Bei plötzlichem Lösen des Seils beginnt das System zu schwingen. Man stelle das Bewegungsgesetz für den bei dieser „plötzlichen Belastung" entstehenden Schwingungsvorgang auf. Insbesondere ermittle man die maximale Federverformung y_{max}.

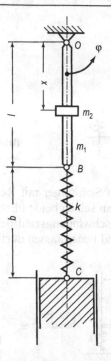

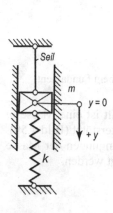

Bild 4.56
Plötzliche Belastung
einer Feder

Bild 4.57
Pendel mit Haltefeder

Aufgabe 4.5: Ein homogener Stab (Länge l, Masse m_1) ist in 0 drehbar aufgehängt (Bild 4.57). Auf dem Stab ist eine Masse m_2 (Massenpunkt) im Abstand x von 0 angebracht. Das untere Stabende B ist durch eine vertikale Feder gehalten (Federkonstante k, Federlänge b ist als groß zu betrachten).

a) Man gebe die Eigenschwingungsdauer der kleinen Pendelschwingungen um die vertikale Gleichgewichtslage an. Die Feder ist dabei nicht vorgespannt.

b) Die Feder wird durch Verschieben des Lagerpunktes C auf die Länge $2b$ gedehnt. Wie groß ist dann die Federvorspannkraft? Welchen Wert hat die Kreisfrequenz der Eigenschwingungen des Systems in diesem Fall?

Aufgabe 4.6: In dem in Bild 4.58 dargestellten System ist eine Masse m federnd auf einem Biegeträger abgestützt, der selbst elastisch gelagert ist. Für die kleinen Schwingungen der Masse m in z-Richtung ermittle man die Eigenschwingungszahl. Die Masse des Trägers und der Federn kann vernachlässigt werden.

$m = 3800$ kg, $k_1 = 3600$ N/cm, $k_2 = 4000$ N/cm, $k_3 = 5500$ N/cm,

$I = 4300$ cm^4, $E = 2{,}1 \cdot 10^7$ N/cm^2.

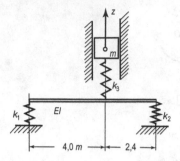

Bild 4.58
Maschine auf elastischem Fundament

Aufgabe 4.7: Auf einem Stahlträger mit Rechteckquerschnitt ist eine Masse m befestigt. Der Träger ist an seinen beiden Enden elastisch unterstützt (Bild 4.59). Man berechne die Eigenschwingungszahl der kleinen Schwingungen der Masse in y-Richtung. Träger- und Federmassen dürfen vernachlässigt werden.

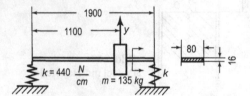

Bild 4.59
Biegeträger auf elastischen Stützen

Aufgabe 4.8: Für die kleinen Schwingungen der Masse m in y-Richtung, Bild 4.60a, b, ermittle man die Eigenschwingungszahlen für beide Lagerungsfälle.

$m = 28$ kg, $E = 2,1 \cdot 10^7$ N/cm², $k = 100$ N/cm.

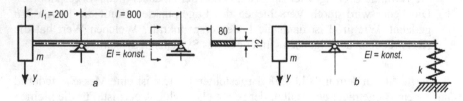

Bild 4.60   Blattfeder   a Starre Lagerung   b Endlager elastisch

Aufgabe 4.9: Der in Bild 4.61 dargestellte Massehebel besteht aus einem starren, homogenen Stab (Länge l, Masse m_{Stab}), der in 0 drehbar gelagert ist und im Abstand e von 0 durch zwei Federn gestützt ist. Am freien Stabende befindet sich der Massenpunkt m. In Bild 4.61 ist der Hebel in drei verschiedenen

Stellungen gezeichnet, die jeweils die statische Gleichgewichtslage darstellen. Man ermittle für die drei Fälle die Kreisfrequenzen der kleinen Drehschwingungen.

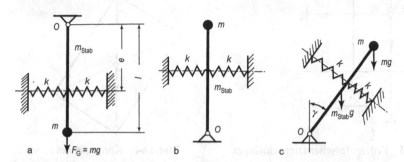

Bild 4.61   Massehebel

Aufgabe 4.10: Das in Bild 4.62 gezeichnete System ist im Gleichgewicht, wenn der Stab AB, der die beiden Massenpunkte m_1, m_2 trägt, horizontal steht (Ersatzsystem für die Untersuchung der Nickschwingungen von Sattelschlepper-Zugmaschinen). Man berechne die Eigenkreisfrequenz für kleine Drehschwingungen um 0.

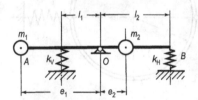

Bild 4.62
Drehschwinger in horizontaler Lage

Aufgabe 4.11:

a) Für den in Bild 4.63 in der statischen Gleichgewichtslage (Feder k_1 vorgespannt $F_{v1} = F_g/2$) gezeichneten Körper, der um 0 drehbar gelagert ist, ermittle man die Eigenkreisfrequenz der kleinen Drehschwingungen.

b) Wie groß wäre die Eigenschwingungsdauer des Körpers für die Pendelschwingungen um 0, wenn die beiden Federn nicht vorhanden wären (Bild 4.64)?

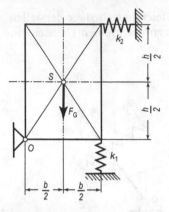 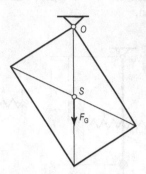

Bild 4.63   Federgefesselter Drehschwinger   **Bild 4.64**   Körperpendel

$b = 0,8$ m, $h = 1,5$ m, $m = 190$ kg, $J_S = 40$ kg m^2,

$k_1 = 100$ N/cm, $k_2 = 50$ N/cm.

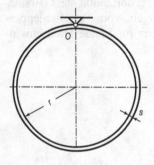 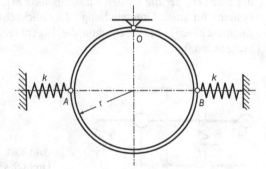

Bild 4.65   Körperpendel   **Bild 4.66**   Federgefesseltes Pendel

Aufgabe 4.12: Ein dünner, homogener Kreisring (Masse m, Radius r, Dicke s vernachlässigbar klein) ist um die horizontale Achse durch 0 (Achse steht senkrecht zur Zeichenebene, Bild 4.65) drehbar gelagert. Gegeben ist $m = 15$ kg, $r = 0,4$ m.

a) Wie groß ist die Schwingungsdauer der kleinen Pendelschwingungen?

b) Wie groß muss die Federkonstante k für die einzubauenden, horizontal liegenden Federn (Bild 4.66) gewählt werden, damit die Frequenz der kleinen Drehschwingungen das Zehnfache des Wertes der Pendelschwingungen (Frage a) annimmt? Die Federn werden ohne Vorspannung eingebaut.

Aufgabe 4.13: Der in Bild 4.67 gezeichnete Radkörper (Masse m, Drehmasse bezogen auf die Radachse $J_0 = J_S$) ist durch die Reifenfeder (Federkonstante k_R) auf der Fahrbahn abgestützt und über die starre Kurbel OA (Länge e) mit der Drehfeder AE (Länge l, Durchmesser d) fest verbunden. Für die kleinen Drehschwingungen um die Achse durch A berechne man die Eigenkreisfrequenz für die beiden Fälle

a) das Rad ist um 0 frei drehbar;
b) das Rad ist blockiert, d. h. relativ zur Kurbel OA kann sich das Rad nicht drehen.

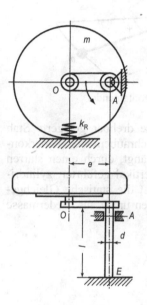

Bild 4.67
Einzelradaufhängung, Kurbelachse

Aufgabe 4.14: Der an drei parallelen, vertikalen Fäden der Länge l = 2,8 m aufgehängte Körper der Masse m = 16 kg wird in kleine Drehschwingungen um seine vertikale Schwerachse versetzt. Die Abstände der Fadenachsen vom Schwerpunkt sind alle gleich (e = 0,2 m, Bild 4.68). Für 8 volle Schwingungen werden 27 s gemessen. Wie groß ist das Massenträgheitsmoment des Körpers?

Aufgabe 4.15: Ein in einem Kugelgelenk 0 gelagerter starrer Stab der Länge b, der an seinem freien Ende die Punktmasse m trägt, wird durch ein Seil in seiner horizontalen Lage gehalten (Bild 4.69). In der statischen Gleichgewichtslage steht das Seil vertikal. Für die kleinen Pendelschwingungen um die statische Gleichgewichtslage, bei denen das Seil immer gespannt bleibt, ermittle man die Schwingungsdauer.

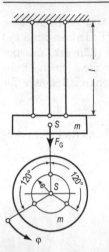

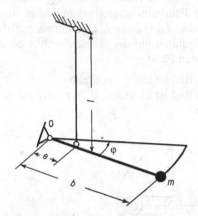

Bild 4.68 Trifilaraufhängung   **Bild 4.69** Horizontalpendel

Aufgabe 4.16: Der bei 0 um eine horizontale Achse drehbar gelagerte Stab (Länge l = 170 mm, m_1 = 230 g) ist bei B durch eine Schraubenfeder (Federkonstante k = 400 N/m) abgestützt (Bild 4.70). Bei A hängt, durch einen starren Zweigelenkstab AC mit dem Hebel verbunden, ein vertikal geführter, zylindrischer Körper (m_2 = 350 g). Die gezeichnete Lage ist die statische Gleichgewichtslage. Das System führt kleine Drehschwingungen um 0 aus. Federmasse und Masse des Lenkers AC sind zu vernachlässigen.

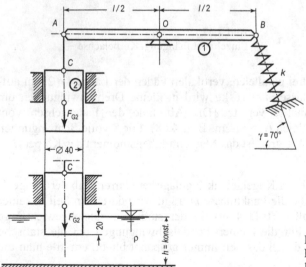

Bild 4.70
Drehschwinger mit geradlinig geführter Zusatzmasse

a) Der Körper (2) wird abgehängt. Wie groß ist die Eigenkreisfrequenz der kleinen Drehschwingungen des Stabs (1) mit der Feder bei B um die horizontale Lage (Federvorspannung $F_V = 0$)?

b) Wie groß muss die Federvorspannung gewählt werden, damit bei angehängtem Körper (2) der Stab in der horizontalen Lage im Gleichgewicht ist? Hat die Federvorspannung Einfluss auf das Schwingungsverhalten? Wie groß ist jetzt die Eigenkreisfrequenz für die Drehschwingungen um 0, wenn die Federlänge sehr groß ist?

c) Wie groß wird die Eigenkreisfrequenz des Systems, wenn der Körper (2) 20 mm in eine Flüssigkeit der Dichte $\rho = 0{,}88$ g/cm³ eintaucht? Der Auftrieb wird durch eine entsprechende Regulierung der Federvorspannung ausgeglichen, so dass in der statischen Gleichgewichtslage der Stab AB ebenfalls horizontal liegt. Die Oberfläche der Flüssigkeit sei so groß, dass keine Spiegelhöhenschwankungen auftreten.

Aufgabe 4.17: In Bild 4.71 ist das vereinfachte Ersatzsystem einer Zugprüfmaschine vom Pendeltyp dargestellt. Es besteht aus dem bei E drehbar gelagerten Winkelhebel DEI, auf dem in I ein Massenpunkt der Masse m sitzt. Die Lenker CD und ABC verbinden den Winkelhebel mit einer Feder der Federkonstanten k. Winkelhebel und Lenker können als starr betrachtet werden. Ihre Masse ist zu vernachlässigen. Die gezeichnete Stellung ist die statische Gleichgewichtslage. Feder und Lenker CD können als lang betrachtet werden.

Für die kleinen Schwingungen des Systems gebe man die Kreisfrequenz an:

$$\omega = \dot\omega\,(m, k, e, l, l_1, l_2, \beta).$$

Aufgabe 4.18: In einer Welle (Radius r) ist bei E ein starrer Stab elastisch eingespannt (Drehfederkonstante der Einspannung k_D, Bild 4.72). Der Stab, dessen Masse vernachlässigt werden kann, trägt die beiden gleich großen Massen m (Massenpunkte). Die kleinen Drehschwingungen des Stabes um E sind zu untersuchen.

a) Wie groß ist die Eigenkreisfrequenz, wenn die Wellenachse horizontal liegt, und der Punkt E senkrecht über 0 liegt? Die Welle steht still ($\omega^* = 0$). Welche Bedingung muss erfüllt sein, damit stabile Schwingungen um die gezeichnete Gleichgewichtslage auftreten?

b) Wie groß wird die Eigenkreisfrequenz der Drehschwingungen um E, wenn die Welle bei vertikal stehender Achse mit der Winkelgeschwindigkeit ω^* rotiert?

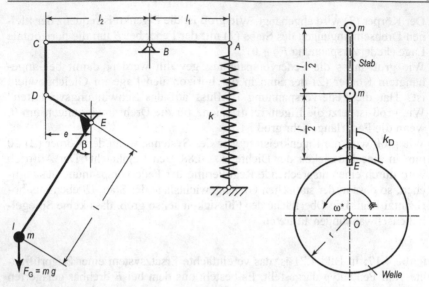

Bild 4.71 Drehschwingersystem   **Bild 4.72** Fliehkraftpendel

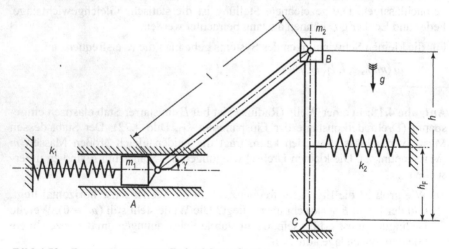

Bild 4.73   Zusammengesetztes Feder-Masse-System

Aufgabe 4.19: Das in Bild 4.73 gezeichnete System besteht aus der horizontal geführten Masse m_1 und dem um C drehbaren Hebel CB, der den Massenpunkt m_2 trägt. Alle übrigen Massen, einschließlich der Federmassen können vernachlässigt werden. Die gezeichnete Lage ist die statische Gleichgewichtslage.

a) Der Stab AB wird ausgebaut, so dass die Masse m_1 und der Hebel CB unabhängig voneinander schwingen können. Man gebe die Kreisfrequenzen der kleinen Schwingungen der beiden Systemteile an.

b) Der als starr zu betrachtende Zweigelenkstab AB wird eingebaut. Wie groß ist die Kreisfrequenz der kleinen Schwingungen des Gesamtsystems? Wie ändert sich diese Beziehung, wenn die Masse m_{AB} des Stabs AB berücksichtigt wird?

Aufgabe 4.20: Zu untersuchen sind die kleinen Schwingungen der Masse m (als Massenpunkt zu betrachten) in y-Richtung (Bild 4.74). Die Masse der Stäbe und Federn ist zu vernachlässigen. Die beiden Lenker BD sind in D durch je zwei Federn gestützt.

a) Man bestimme die Kreisfrequenz, wenn alle Stäbe als starr betrachtet werden.

b) Wie groß wird die Kreisfrequenz, wenn die Biegeelastizität des Stabs (1) und die Drehelastizität des Stabs (2) berücksichtigt werden? Die Lenker BD sollen weiter als starr betrachtet werden. Die Welle (2) ist an ihren Enden in den Lenkern BD starr eingespannt, Welle (1) und (2) sind ebenfalls starr miteinander verbunden.

Aufgabe 4.21:

a) In einer geraden Führung ist eine Masse m reibungsfrei beweglich. Sie ist durch zwei nicht vorgespannte Federn (Federkonstante k_1) gehalten (Bild 4.75a). Die gezeichnete Lage ist die statische Gleichgewichtslage. Wie groß ist die Frequenz der kleinen Schwingungen der Masse m?

b) Es wird noch eine zusätzliche Feder (Federkonstante k_2) eingebaut (Bild 4.75b). Wie groß wird jetzt die Kreisfrequenz, wenn diese zusätzliche Feder keine Vorspannung hat? Welchen Wert hat die Kreisfrequenz, wenn diese Feder mit der Kraft F_V vorgespannt ist? Die Federlänge kann als groß betrachtet werden. Die Scheibe steht still ($\omega^* = 0$).

c) Wie groß wird die Kreisfrequenz bei der Anordnung nach Bild 4.75b, wenn die Kreisscheibe, in der sich die Führung der Masse m befindet, mit der Winkelgeschwindigkeit ω^* um die vertikale Achse durch 0 rotiert? Die Feder 2 ist dabei mit F_V vorgespannt.

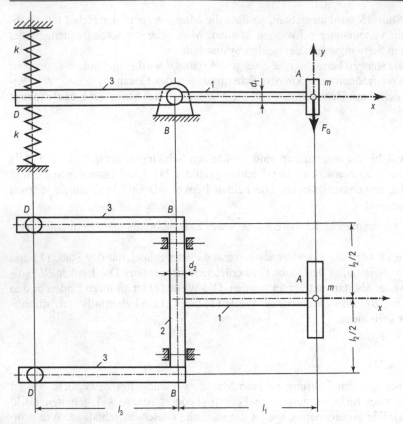

Bild 4.74 Zusammengesetztes Federsystem mit Einzelmasse

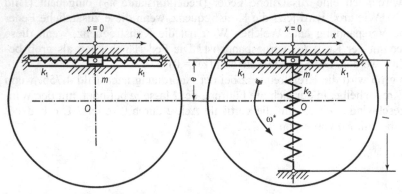

Bild 4.75 Einfacher Schwinger
a Ohne Zusatzfeder   b Mit Zusatzfeder

5 Freie gedämpfte Schwingungen von Systemen mit einem Freiheitsgrad

5.1 Allgemeines zur Dämpfung

Nach den bisherigen Überlegungen bleiben bei einer freien Schwingung eines Systems die Amplituden stets gleich groß. Dies trifft in Wirklichkeit jedoch nicht zu. Die Amplituden nehmen vielmehr im Laufe der Zeit ständig ab, die Schwingung klingt ab, bis das System schließlich zur Ruhe kommt. Der Grund hierfür sind die stets vorhandenen Bewegungswiderstände. Man sagt, die Schwingung ist gedämpft.

Die Gesamtdämpfung eines Systems setzt sich im Allgemeinen aus mehreren Anteilen zusammen. Die wichtigsten sind:

a) *Materialdämpfung*
Innere Dämpfung des Materials. Diese ist abhängig vom verwendeten Baustoff und dessen Bearbeitung.

b) *Systemdämpfung*
Sie ist abhängig von der konstruktiven Gestalt des Systems. Ein Vollwandträger hat z. B. eine andere Dämpfung als ein entsprechender Fachwerkträger. Weiter spielen die verwendeten „Verbindungsmittel" eine Rolle. Z. B. hat eine Nietkonstruktion im allgemeinen eine größere Dämpfung als eine geschweißte Konstruktion.

c) *Lagerdämpfung*
Diese hängt ab von der Form der Lagerung des Systems und evtl. vorhandenen Führungen. Dabei handelt es sich im Wesentlichen um Reibungseinflüsse. Man unterscheidet zwischen „Trockener Reibung" (konstante Reibungskraft), geschwindigkeitsproportionaler Reibungskraft und dem Quadrat der Geschwindigkeit proportionaler Kraft.

d) *Umgebungsdämpfung*
Das System bewegt sich in Luft oder einem anderen Gas oder in einer Flüssigkeit. Je nachdem, ob das umgebende Medium in Ruhe oder selbst in Bewegung ist, spricht man von hydrostatischer bzw. hydrodynamischer Dämpfung.

e) *Dämpfung durch Schwingungsdämpfer*
Es werden häufig besondere Dämpfungsglieder eingebaut, um ein bestimmtes Schwingungsverhalten zu erzielen. Am bekanntesten sind die Schwingungsdämpfer, die im Fahrzeugbau verwendet werden, die dort fälschlicherweise „Stoßdämpfer" genannt werden. In Bild 5.1a ist vereinfacht ein hydraulischer Schwingungsdämpfer in der Zweirohrausführung dargestellt, wie er bei Fahrzeugen am häufigsten verwendet wird.

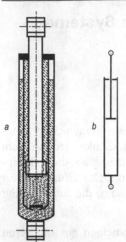

Bild 5.1
a Zweirohr-Schwingungsdämpfer
b Schematische Darstellung

5.2 Geschwindigkeitsproportional gedämpfte Längsschwingungen

Beim hydraulischen Dämpfer gilt in guter Näherung, dass die Dämpferkraft F_d der Geschwindigkeit des Kolben proportional ist, vor allem, wenn die Geschwindigkeiten nicht zu groß sind. Ein solches *lineares Dämpferverhalten* mit

$$F_d = d \cdot v = d\frac{dx}{dt} = d\dot{x} \tag{5.1}$$

wird bei gedämpften Schwingungen häufig als Näherung verwendet. Der Proportionalitätsfaktor d wird als *Dämpfungskoeffizient*, *Dämpfungskonstante* oder auch *Dämpferkonstante* bezeichnet. Die Einheit von d ist $\dfrac{N s}{m} = \dfrac{kg}{s}$.

Die Kraft F_d vom Dämpfer auf einen bewegten Körper ist stets entgegengesetzt zu dessen Geschwindigkeit v gerichtet.

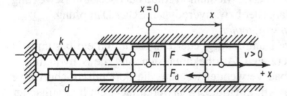

Bild 5.2
Einfacher Schwinger mit Dämpfung

Bei dem in Bild 5.2 gezeichneten Feder-Masse-System, bei dem die Dämpfung berücksichtigt werden soll, sei die Lage $x = 0$ wieder die statische Gleichgewichtslage. Zu irgendeinem Zeitpunkt t sei m um x ausgelenkt und habe in dieser Lage noch eine Geschwindigkeit $v > 0$. Dann wirken auf m die beiden Kräfte

Federrückstellkraft $\quad F = k\,x$,
Dämpfungskraft $\quad F_\mathrm{d} = d\,\dot{x}$.

Nach Newton gilt $\quad -k\,x - d\,\dot{x} = m\,\ddot{x} \quad$ oder

$$m\,\ddot{x} + d\,\dot{x} + k\,x = 0 \tag{5.2}$$

oder in schwingungstechnischer Form

$$\ddot{x} + \frac{d}{m}\dot{x} + \frac{k}{m}x = 0 \,.$$

Mit den Abkürzungen

$$\omega_0^2 = \frac{k}{m} \quad \text{und} \quad \delta = \frac{d}{2\,m}$$

lautet die Bewegungsdifferentialgleichung

$$\ddot{x} + 2\,\delta\,\dot{x} + \omega_0^2 x = 0 \,. \tag{5.3}$$

Neben dem schon bekannten Schwingungsparameter ω_0 (bisher mit ω bezeichnet), der *Eigenkreisfrequenz des ungedämpften Systems*, enthält diese die *Abklingkonstante δ*, deren Einheit 1/s ist (wie die der Eigenkreisfrequenz ω_0).

Die Lösung $x(t)$ dieser Differentialgleichung 2. Ordnung erhält man mit dem Ansatz

$$x(t) = B\,e^{\lambda t} \,. \tag{5.4}$$

Dann ist $\quad \dot{x} = B\,\lambda\,e^{\lambda t}, \quad \ddot{x} = B\,\lambda^2\,e^{\lambda t}$.

Eingesetzt in (5.3) ergibt sich

$$B\,\lambda^2\,e^{\lambda t} + 2\,\delta\,B\,\lambda\,e^{\lambda t} + \omega_0^2\,B\,e^{\lambda t} = 0 \,.$$

B und $e^{\lambda t}$ lassen sich herauskürzen, so dass sich die *charakteristische Gleichung* ergibt

$$\lambda^2 + 2\,\delta\,\lambda + \omega_0^2 = 0 \,. \tag{5.5}$$

Dies ist eine quadratische Gleichung für λ mit den beiden Lösungen

$$\lambda_{1,2} = -\delta \pm \sqrt{\delta^2 - \omega_0^2} \,. \tag{5.6}$$

Offensichtlich führt der Ansatz (5.4) nur für diese beiden Werte von λ, den so genannten *Eigenwerten λ_1 und λ_2*, auf eine Lösung von (5.3).

Es sind nun drei Fälle zu unterscheiden, je nachdem, ob der Radikand $\delta^2 - \omega_0^2$ kleiner, größer oder gleich null ist. In den folgenden Unterabschnitten werden die Fälle in dieser Reihenfolge untersucht. Zur Unterscheidung der drei Fälle und um den Einfluss der Dämpfung bewerten zu können ist die dimensionslose Größe

$$\vartheta = \frac{\delta}{\omega_0} \tag{5.7}$$

von Vorteil. Man bezeichnet ϑ als *Dämpfungsgrad* (oder kurz als *Dämpfung*).

5.2.1 Schwache und starke Dämpfung

Es ist $\delta^2 - \omega_0^2 < 0$,   d. h. $\delta < \omega_0$ oder $0 < \vartheta < 1$.

In der (alten) Norm DIN 1311-2 von 1974 werden Schwingungen bzw. ein schwingungsfähiges System mit $\vartheta < 1$ als „schwach gedämpft" bezeichnet. In der Neufassung der Norm DIN 1311-2 vom August 2002 heißt ein System nur für $\vartheta \ll 1$ *schwach gedämpft*, ansonsten aber bei $\vartheta < 1$ *stark gedämpft*.

Für $\delta^2 - \omega_0^2 < 0$ sind die beiden Eigenwerte (5.6) konjugiert komplex:

$$\lambda_{1,2} = -\delta \pm \sqrt{(\omega_0^2 - \delta^2)(-1)} = -\delta \pm j\sqrt{\omega_0^2 - \delta^2}. \tag{5.8}$$

Man setzt

$$\omega_d = \sqrt{\omega_0^2 - \delta^2} = \omega_0\sqrt{1 - \left(\frac{\delta}{\omega_0}\right)^2} = \omega_0\sqrt{1 - \vartheta^2} \tag{5.9}$$

und bezeichnet ω_d als *Eigenkreisfrequenz des gedämpften Systems*. Offensichtlich ist für $\vartheta < 1$ stets $\omega_d < \omega_0$, d. h. die gedämpfte Schwingung ist „langsamer" als die des entsprechenden ungedämpften Systems. Bei sehr kleinem Dämpfungsgrad $\vartheta \ll 1$ ist $\omega_d \approx \omega_0$, die Eigenkreisfrequenzen unterscheiden sich kaum.

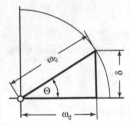

Bild 5.3
Der Dämpfungswinkel θ

Durch Einführung des Dämpfungswinkels θ (Bild 5.3) lassen sich die Zusammenhänge noch veranschaulichen. Man liest in Bild 5.3 ab

$$\delta = \omega_0 \sin\theta, \tag{5.10}$$

$$\omega_d = \omega_0 \cos\theta, \tag{5.11}$$

$$\vartheta = \frac{\delta}{\omega_0} = \sin\theta. \tag{5.12}$$

Die allgemeine Lösung von (5.3) ergibt sich nun durch Überlagerung der beiden gefundenen Lösungsfunktionen als

$$x(t) = B_1 e^{\lambda_1 t} + B_2 e^{\lambda_2 t}.$$

Dabei sind B_1 und B_2 beliebige Integrationskonstanten. Mit (5.8) und (5.9) folgt

$$x(t) = B_1 e^{(-\delta + j \omega_d)t} + B_2 e^{(-\delta - j \omega_d)t} = e^{-\delta t} (B_1 e^{j \omega_d t} + B_2 e^{-j \omega_d t}),$$

was sich mit Hilfe der Euler'schen Formel auf eine rein reelle Form bringen lässt. Zunächst erhält man

$$x = e^{-\delta t} [B_1 (\cos \omega_d t + j \sin \omega_d t) + B_2 (\cos \omega_d t - j \sin \omega_d t)]$$

$$= e^{-\delta t} [(B_1 + B_2) \cos \omega_d t + (B_1 - B_2) j \sin \omega_d t].$$

Setzt man $B_1 = E_1 + j E_2$ und $B_2 = E_1 - j E_2$, wobei E_1 und E_2 reelle Konstante sind, dann ergibt sich

$$x = e^{-\delta t} (2 E_1 \cos \omega_d t + 2 j E_2 j \sin \omega_d t).$$

Nun ist $j^2 = -1$. Setzt man schließlich $2 E_1 = C_1$ und $-2 E_2 = C_2$, so nimmt die allgemeine Lösung die Form

$$x(t) = e^{-\delta t} (C_1 \cos \omega_d t + C_2 \sin \omega_d t) \tag{5.13a}$$

an. (5.13a) stellt die *Bewegungsfunktion* der Masse m dar. Der Ausdruck in der Klammer beschreibt eine harmonische Schwingung mit der Kreisfrequenz ω_d. Der Faktor $e^{-\delta t}$ vor der Klammer nimmt mit wachsender Zeit t ab. Die Amplituden der Schwingung werden laufend kleiner. Verwendet man für den Ausdruck in der Klammer die alternative Darstellung mit Amplitude A und Nullphasenwinkel φ_{0s} (vgl. (4.6)), so lässt sich die Bewegungsfunktion auch schreiben als

$$x(t) = A e^{-\delta t} \sin (\omega_d t + \varphi_{0s}). \tag{5.13b}$$

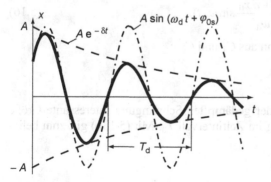

Bild 5.4
Schwach gedämpfte Schwingung
Darstellung nach (5.13b)

Es ergibt sich also ein Schwingungsverhalten, wie es in Bild 5.4 dargestellt ist.

Die Bewegungsfunktion besitzt für beliebige Nullphasenwinkel die Einhüllenden $\pm A\, e^{-\delta t}$. Die Schwingung ist nicht periodisch, aber das Zeitintervall zwischen aufeinander folgenden Nulldurchgängen (und ebenso auch Maximal-Auslenkungen) ist konstant. Man bezeichnet die Eigenschwingung des schwach gedämpften Systems als *quasiperiodische* oder *quasiharmonische Schwingung* und

$$T_d = \frac{2\pi}{\omega_d} = \frac{2\pi}{\omega_0\sqrt{1-\vartheta^2}} \tag{5.14}$$

als *Quasi-Periodendauer*. Oft spricht man aber auch weniger präzise von der Schwingungsdauer T_d des gedämpften Systems.

Die Integrationskonstanten C_1 und C_2 bzw. A und φ_{0s} werden durch die Anfangsbedingungen der Bewegung festgelegt. Für die allgemeinen Anfangsbedingungen

Anfangsauslenkung $\qquad x(0) = x_0,$ $\qquad\qquad\qquad$ (5.15a)

Anfangsgeschwindigkeit $\quad \dot{x}(0) = v_0$ $\qquad\qquad\qquad$ (5.15b)

ergibt sich aus (5.13a)

$$x(0) = e^{-\delta \cdot 0}\,[C_1 \cos(\omega_d \cdot 0) + C_2 \sin(\omega_d \cdot 0)] = 1 \cdot C_1 \cdot 1 = x_0\,.$$

Damit ist $C_1 = x_0$. Für die Geschwindigkeit folgt

$$\dot{x}(t) = -\delta\, e^{-\delta \cdot t}\,(C_1 \cos\omega_d t + C_2 \sin\omega_d t)$$

$$+ e^{-\delta \cdot t}\,(-C_1\,\omega_d \sin\omega_d t + C_2\,\omega_d \cos\omega_d t),$$

$$\dot{x}(0) = -\delta \cdot 1 \cdot (C_1 \cdot 1 + C_2 \cdot 0) + 1 \cdot (-C_1\,\omega_d \cdot 0 + C_2\,\omega_d \cdot 1) = v_0\,.$$

Daraus ergibt sich $C_2 = \dfrac{v_0 + \delta x_0}{\omega_d}$.

Die Bewegungsfunktion lautet dann

$$x(t) = e^{-\delta \cdot t}\,\left(x_0 \cos\omega_d t + \frac{v_0 + \delta x_0}{\omega_d}\sin\omega_d t\right). \tag{5.16}$$

Entsprechend zu (2.16) erhält man aus C_1 und C_2

$$A = \sqrt{C_1^2 + C_2^2},\quad \tan\varphi_{0s} = \frac{C_1}{C_2}\,.$$

Eine für das Abklingverhalten der gedämpften Schwingung interessante Größe ist die Abnahme der Auslenkung im Zeitintervall T_d. Mit (5.13b) gilt zum beliebigen Zeitpunkt t

$$x(t) = A\, e^{-\delta\, t} \sin(\omega_d\, t + \varphi_{0s})$$

und nach einer vollen Schwingung, d. h. nach der Zeit T_d

$$x\,(t + T_d) = A\,e^{-\delta\,(t + T_d)} \sin\,(\omega_d\,(t + T_d) + \varphi_{0s})$$

oder mit $T_d = 2\pi/\omega_d$ nach (5.14)

$$x\,(t + T_d) = A\,e^{-\delta\,t}\,e^{-\delta\,T_d} \sin\,(\omega_d\,t + 2\pi + \varphi_{0s})$$

$$= e^{-\delta\,T_d} \cdot A\,e^{-\delta\,t} \sin\,(\omega_d\,t + \varphi_{0s}) = e^{-\delta\,T_d} \cdot x\,(t).$$

Als Ergebnis erhält man daraus $x\,(t)/x\,(t + T_d) = e^{\delta\,T_d}$. Definiert man nun

$$\Lambda = \ln \frac{x(t)}{x(t + T_d)},$$

das so genannte *logarithmische Dekrement* Λ, so ergibt sich

$$\Lambda = \delta\,T_d. \tag{5.17}$$

Die Beziehung (5.17) gilt für beliebige Auslenkungen im zeitlichen Abstand T_d und nicht nur für die Maxima oder Minima, obwohl sie meist auf diese angewandt wird. Das logarithmische Dekrement lässt sich auch mit dem Dämpfungswinkel θ ausdrücken. Mit (5.14) sowie (5.10) und (5.11) erhält man

$$\Lambda = \delta\,T_d = \delta \frac{2\pi}{\omega_d} = \omega_0 \sin\theta \frac{2\pi}{\omega_0 \cos\theta} = 2\pi \tan\,\theta = 2\pi \frac{\vartheta}{\sqrt{1 - \vartheta^2}} \tag{5.18}$$

oder als Umkehrung

$$\vartheta = \frac{\Lambda}{2\pi} \Big/ \sqrt{1 + \left(\frac{\Lambda}{2\pi}\right)^2}.$$

Oft ist es zweckmäßig, als zeitlichen Abstand zweier Auslenkungen nicht T_d sondern ein Vielfaches davon zu wählen. Mit $k \geq 1$, k ganzzahlig, gilt nun (s.o.)

$$x\,(t + k\,T_d) = e^{-\delta\,k\,T_d} x\,(t) \quad \text{oder} \quad \ln \frac{x(t)}{x(t + k\,T_d)} = k\,\delta\,T_d.$$

Damit wird das logarithmische Dekrement

$$\Lambda = \delta\,T_d = \frac{1}{k} \ln \frac{x(t)}{x(t + k\,T_d)} \quad \text{mit } k = 1, 2, \dots. \tag{5.19}$$

In Tabelle 5.1 sind die Beziehungen zwischen den Kenngrößen der gedämpften Schwingung zusammenfassend dargestellt.

	δ	Θ	$\dfrac{\Lambda}{2\pi}$	d
ϑ	$\vartheta = \dfrac{\delta}{\omega_0}$	$\vartheta = \sin\Theta$	$\vartheta = \dfrac{\dfrac{\Lambda}{2\pi}}{\sqrt{1+\left(\dfrac{\Lambda}{2\pi}\right)^2}}$	$\vartheta = \dfrac{d}{2\sqrt{k\,m}}$
ω_d	$\omega_d = \sqrt{\omega_0^2 - \delta^2}$	$\omega_d = \omega_0 \cos\theta$	$\omega_d = \dfrac{\omega_0}{\sqrt{1+\left(\dfrac{\Lambda}{2\pi}\right)^2}}$	$\omega_d = \sqrt{\dfrac{k}{m} - \left(\dfrac{d}{2\,m}\right)^2}$

Tabelle 5.1   Beziehungen zwischen den Kenngrößen der schwach gedämpften Längsschwingung

Beispiel 5.1: Schwach gedämpfte Schwingung

Von einem Schwinger der Masse $m = 0{,}5$ kg liegt der in Bild 5.5 gezeichnete Messschrieb vor (x, t-Diagramm, x ist die Auslenkung).

a) Um welchen Dämpfungsfall handelt es sich?
b) Man ermittle aus dem Diagramm möglichst genau die Schwingungsdauer T_d. Wie groß ist die Kreisfrequenz ω_d?
c) Welchen Wert hat die Abklingkonstante δ und wie groß ist die Dämpfungskonstante d?
d) Man gebe die Federkonstante k der Federung an, mit der die Masse abgestützt ist.
e) Welche Anfangsbedingungen (Zustand des Schwingers bei $t = 0$, d. h. $x(0)$, $\dot{x}(0)$) kann man dem Diagramm entnehmen? Wie lautet in diesem speziellen Fall das Bewegungsgesetz $x = x(t)$?

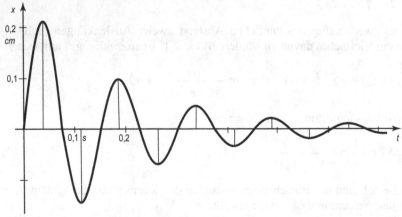

Bild 5.5 x, t-Diagramm eines einfachen Schwingers

a) Es handelt sich um eine schwach oder stark gedämpfte Schwingung, da sie mehr als einen Nulldurchgang hat.

b) Aus den auf den Achsen eingetragenen Werten für die Zeit t und die Auslenkung x kann man den Zeitmaßstab m_t und den Wegmaßstab m_x bestimmen. Für 4 volle Schwingungen liest man ab $t = 4\,T_d = 0,6$ s; damit ist $T_d = 0,15$ s, $\omega_d = 2\pi/T_d = 2\pi/0,15 = 41,9$ 1/s.

c) Das logarithmische Dekrement erhält man durch Betrachtung der ersten Amplitude und der z. B. nach vier vollen Schwingungen vorhandenen Amplitude:

$$\Lambda = \delta\,T_d = \frac{1}{4}\ln\frac{x(t)}{x(t + 4T_d)} = \frac{1}{4}\ln 18,5 = 0,729.$$

Damit ist die Abklingkonstante $\delta = \dfrac{\Lambda}{T_d} = \dfrac{0,729}{0,15} = 4,86\,\dfrac{1}{s}$

und die Dämpfungskonstante $d = \delta\,2\,m = 4,86 \cdot 2 \cdot 0,5 = 4,86\,\dfrac{\text{kg}}{\text{s}}$.

Für den Dämpfungsgrad ergibt sich

$$\vartheta = \frac{\Lambda}{2\pi}\bigg/\sqrt{1 + \left(\frac{\Lambda}{2\pi}\right)^2} = 11,6\,\%,$$

der sich vom Näherungswert $\vartheta \approx \dfrac{\Lambda}{2\pi} = 11,6\,\%$ so gut wie nicht unterscheidet.

d) Es gilt $\omega_d = \sqrt{\omega_0^2 - \delta^2}$ und folglich $\omega_0 = \sqrt{\omega_d^2 + \delta^2} = 42,18\,\dfrac{1}{s} = \sqrt{\dfrac{k}{m}}$.

Damit wird die Federkonstante $k = m\,\omega_0^2 = 889,6\,\dfrac{\text{kg}}{\text{s}^2}$.

e) Aus dem Diagramm liest man ab $x(0) = 0$. Die Geschwindigkeit ergibt sich aus der Steigung der x, t-Linie bei $t = 0$

$$\dot{x}(0) = \frac{m_x}{m_t}\tan\alpha = 10,5 \text{ cm/s}.$$

Das Bewegungsgesetz lautet damit gemäß (5.16)

$$x(t) = \frac{\upsilon_0}{\omega_d}e^{-\delta t}\sin\omega_d t = 0,25\,\text{cm}\,e^{-4,86\frac{1}{s}t}\sin\left(41,9\frac{1}{s}t\right).$$

5.2.2 Sehr starke Dämpfung

Es ist $\delta^2 - \omega_0^2 > 0$, d. h. $\delta > \omega_0$ oder $\vartheta > 1$.

Systeme mit Dämpfungsgrad $\vartheta > 1$ werden in der (alten) Norm DIN 1311-2 von 1974 als „stark gedämpft" bezeichnet. Die neue DIN-Bezeichnung ist *sehr stark gedämpft*.

Die beiden Lösungen λ_1, λ_2 (s. (5.6)) der charakteristischen Gleichung lassen sich nun mit $\delta = \omega_0\,\vartheta$ schreiben als

$$\lambda_{1,2} = -\delta \pm \sqrt{\delta^2 - \omega_0^2} = \omega_0(-\vartheta \pm \sqrt{\vartheta^2 - 1}), \tag{5.20a}$$

oder mit einer Abkürzung κ als

$$\lambda_{1,2} = -\delta \pm \kappa, \quad \kappa = \sqrt{\delta^2 - \omega_0^2} = \omega_0\sqrt{\vartheta^2 - 1} < \delta. \tag{5.20b}$$

Die Eigenwerte λ_1 und λ_2 sind jetzt also reell und negativ. Die allgemeine Lösung der Differentialgleichung und damit die Bewegungsfunktion lautet

$$x(t) = C_1\,e^{\lambda_1 t} + C_2\,e^{\lambda_2 t} = e^{-\delta t}\,(C_1\,e^{\kappa t} + C_2\,e^{-\kappa t}). \tag{5.21}$$

(5.21) stellt keine hin- und herschwingende Bewegung mehr dar, sondern eine so genannte *aperiodische Bewegung* (Kriechvorgang).

Das Anpassen von (5.21) an die Anfangsbedingungen (5.15) führt mit

$$\dot{x}(t) = C_1\,\lambda_1\,e^{\lambda_1 t} + C_2\,\lambda_2\,e^{\lambda_2 t}$$

auf die beiden Gleichungen

$$x(0) = C_1 + C_2 = x_0, \quad \dot{x}(0) = C_1\lambda_1 + C_2\lambda_2 = \upsilon_0$$

für die Konstanten C_1 und C_2. Daraus erhält man

$$C_1 = \frac{\upsilon_0 - \lambda_2 x_0}{\lambda_1 - \lambda_2}, \quad C_2 = \frac{-\upsilon_0 + \lambda_1 x_0}{\lambda_1 - \lambda_2} \tag{5.22a}$$

oder wegen $\lambda_1 - \lambda_2 = 2\kappa$

$$C_1 = \frac{\upsilon_0 + (\delta + \kappa)\,x_0}{2\kappa}, \quad C_2 = \frac{-\upsilon_0 - (\delta - \kappa)\,x_0}{2\kappa} \tag{5.22b}$$

mit $\delta = \omega_0\,\vartheta$ und $\kappa = \omega_0\sqrt{\vartheta^2 - 1}$.

Die Bewegungsfunktion $x(t)$ ist also bestimmt durch (5.21) mit (5.22a) oder (5.22b). Bild 5.6 zeigt zwei Beispiele für Bewegungen bei gleichem Dämpfungsgrad ($\vartheta = 1{,}2$) aber unterschiedlichen Anfangsbedingungen. Bei hoher Anfangsgeschwindigkeit Richtung Gleichgewichtslage (Fall b) kann es passieren, dass sich der Körper über die Gleichgewichtslage hinaus bewegt und erst dann dorthin „zurückkriecht". Wegen $|\lambda_1| < |\lambda_2|$ wird die Bewegung für große Zeiten nur noch durch die Zeitfunktion $C_1\,e^{\lambda_1 t}$ bestimmt, da $C_2\,e^{\lambda_2 t}$ längst abgeklungen ist.

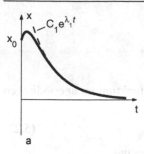 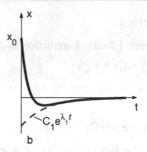

Bild 5.6 Sehr stark gedämpfte Schwingung ($\vartheta = 1{,}2$)
a Fall $v_0 > 0$ und $C_1 > 0$
b Fall $v_0 < 0$ und $C_1 < 0$

5.2.3 Aperiodischer Grenzfall

Es ist $\delta^2 - \omega_0^2 = 0$, d. h. $\delta = \omega_0$ oder $\vartheta = 1$.

Die beiden Lösungen der charakteristischen Gleichung fallen zusammen $\lambda_1 = \lambda_2 = -\delta$. Die Lösung der Differentialgleichung (5.3) ist in diesem Fall

$$x = C\, e^{-\delta t}.$$

Die allgemeine Lösung einer Differentialgleichung 2. Ordnung muss jedoch zwei willkürliche Konstante enthalten. Diese allgemeine Lösung kann aus obiger Lösung mit Hilfe der Methode der „Variation der Konstanten" gefunden werden. Dazu macht man den Ansatz

$$x = C\,(t)\, e^{-\delta t}$$

und bildet die Ableitungen

$$\dot{x}(t) = \dot{C}(t)\, e^{-\delta t} - C\,(t)\, \delta e^{-\delta t},$$

$$\ddot{x}(t) = \ddot{C}(t)\, e^{-\delta t} - 2\dot{C}(t)\, \delta e^{-\delta t} + C\,(t)\, \delta^2\, e^{-\delta t}.$$

Einsetzen in (5.3) liefert

$$\ddot{C}(t)\, e^{-\delta t} - 2\dot{C}(t)\, \delta e^{-\delta t} + C\,(t)\, \delta^2\, e^{-\delta t}$$

$$+ 2\delta\, \dot{C}(t)\, e^{-\delta t} - 2\delta^2\, C\,(t)\, e^{-\delta t} + \omega_0^2\, C\,(t)\, e^{-\delta t} = 0$$

und nach dem Herauskürzen von $e^{-\delta t}$

$$\ddot{C}(t) - \delta^2\, C\,(t) + \omega_0^2\, C\,(t) = 0.$$

Da $\delta = \omega_0$ ist, heben sich die beiden letzten Terme auf, so dass für $C\,(t)$ die Differentialgleichung 2. Ordnung

$$\ddot{C}(t) = 0$$

gilt. Deren Lösung kann sofort angeschrieben werden:

$$C(t) = C_1 + C_2\, t\,.$$

Damit ist die allgemeine Lösung, d. h. die Bewegungsfunktion im aperiodischen Grenzfall

$$x(t) = e^{-\delta t}(C_1 + C_2\, t)\,. \tag{5.23}$$

Auch diese Bewegung ist eine aperiodische Kriechbewegung.

Für die Anfangsbedingungen (5.15) ergibt sich

$$x(t) = e^{-\delta t}\,[x_0 + (v_0 + \delta x_0)\, t]\,. \tag{5.24}$$

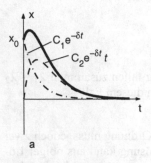   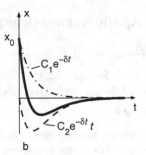

Bild 5.7   Aperiodischer Grenzfall ($\vartheta = 1{,}0$)
a Fall $v_0 > 0$
b Fall $v_0 < 0$

In Bild 5.7a und b ist die Bewegungsfunktion für die gleichen Anfangsbedingungen dargestellt, wie sie beim Fall $\vartheta > 1$ in Bild 5.6 verwendet werden.

Auch hier kann die Bewegung zunächst über die Gleichgewichtslage hinausgehen, aber wie oben höchstens einmal. Bild 5.7 zeigt außerdem die Verläufe für die beiden Teillösungen von (5.23) zu C_1 und C_2.

Für große Zeiten wird das Gesamtverhalten durch $C_2\, e^{-\delta t}\, t$ bestimmt.

5.2.4 Beispiele und Anwendungen

Das Zeitverhalten geschwindigkeitsproportional gedämpfter freier Schwingungen im Überblick ist in Bild 5.8 dargestellt. Gezeichnet sind die x, t-Kurven für $\omega_0 = 1\ 1/\mathrm{s}$ und die Anfangsbedingungen $x_0 = 1$ cm, $\dot{x}_0 = v_0 = 1$ cm/s und zwar für die Dämpfungsgrade $\vartheta = 0;\ 0{,}2;\ 0{,}4;\ \ldots 2{,}0$.

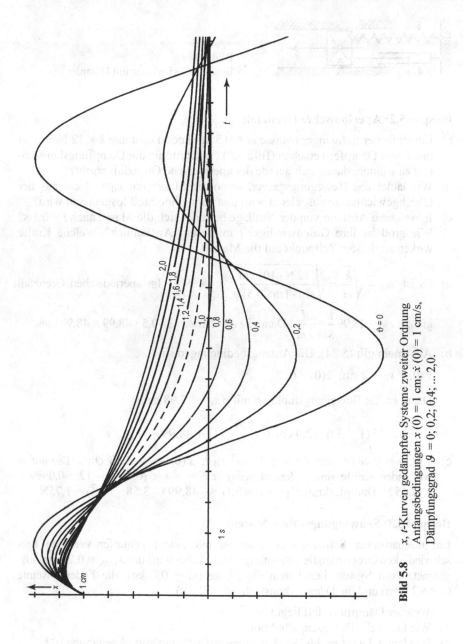

Bild 5.8 x, t-Kurven gedämpfter Systeme zweiter Ordnung
Anfangsbedingungen $x(0) = 1$ cm; $\dot{x}(0) = 1$ cm/s,
Dämpfungsgrad $\vartheta = 0; 0,2; 0,4; ... 2,0$.

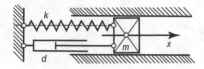

Bild 5.9
Einfacher Schwinger mit Dämpfer

Beispiel 5.2: Aperiodischer Grenzfall

a) Ein einfacher Schwinger (Masse m = 0,5 kg, Federkonstante k = 12 N/cm) ist mit einem Dämpfer versehen (Bild 5.9). Wie groß ist die Dämpfungskonstante d zu wählen, damit sich gerade der aperiodische Grenzfall ergibt?
b) Wie lautet das Bewegungsgesetz, wenn die Masse um x_0 = 2 cm aus der Gleichgewichtslage ausgelenkt wird und dann ohne Stoß losgelassen wird?
c) In welchem Abstand von der Nulllage befindet sich die Masse nach t = 0,1 s? Wie groß ist ihre Geschwindigkeit in diesem Augenblick? Welche Kräfte wirken zu diesem Zeitpunkt auf die Masse?

a) Es ist $\omega_0 = \sqrt{\dfrac{k}{m}} = \sqrt{\dfrac{12\,\mathrm{N} \cdot 10^2\,\mathrm{cm}}{\mathrm{cm} \cdot 1\mathrm{m} \cdot 0,5\mathrm{kg}}} = 48,99\,\dfrac{1}{\mathrm{s}}$. Im aperiodischen Grenzfall

gilt $\delta = \omega_0 = 48,99\,\dfrac{1}{\mathrm{s}} = \dfrac{d}{2\,m}$. Damit ist $d = 2\,m\ \delta = 2 \cdot 0,5 \cdot 48,99 = 48,99$ kg/s.

b) Allgemein gilt (5.24). Die Anfangsbedingungen sind

$x(0) = x_0 = 2$ cm; $\dot{x}(0) = 0$.

Damit ist die Bewegungsfunktion mit δx_0 = 97,98 cm/s

$$x = x_0\,\mathrm{e}^{-\delta t}\,(1 + \delta\,t) = 2,0\ \mathrm{cm}\ \mathrm{e}^{-48,99\frac{1}{\mathrm{s}}t}\,(1 + 48,99\frac{1}{\mathrm{s}}\,t)\,.$$

c) $x(0,1) = 0,0879$ cm; $\dot{x} = -\mathrm{e}^{-\delta t}\,\delta^2 x_0\,t$; $\dot{x}(0,1) = -3,58$ cm/s. Die auf m wirkenden Kräfte sind Federrückstellkraft $F = -k\,x\,(0,1) = -12 \cdot 0,0879 = -1,055$ N, Dämpferkraft $F_\mathrm{d} = -d\,\dot{x}(0,1) = -48,99\,(-3,58 \cdot 10^{-2}) = 1,75$ N.

Beispiel 5.3: Schwingungs-Mess-System

Ein mechanischer Schwingungsmesser ist mit einem Dämpfer versehen (geschwindigkeitsproportionale Dämpfung). Die Masse wird um x_max = 0,24 cm ausgelenkt. Vom System kennt man die Masse (m = 0,6 kg), die Federkonstante (k = 6,2 N/m) und die Dämpferkonstante (d = 5 kg/s).

a) Welcher Dämpfungsfall liegt vor?
b) Wie lautet die Bewegungsfunktion?
c) Wie lange dauert es, bis der Ausschlag auf 10^{-3} cm zurückgegangen ist?

a) Aus $\omega_0 = \sqrt{\dfrac{k}{m}} = \sqrt{\dfrac{6,2\,\text{N}}{0,6\,\text{kg}\,\text{m}}} = 3,215$ 1/s, $\delta = \dfrac{d}{2m} = \dfrac{5\,\text{kg}}{2\,\text{s} \cdot 0,6\,\text{kg}} = 4,167$ 1/s

folgt $\delta > \omega_0$, d. h. es liegt „sehr starke Dämpfung", $\vartheta > 1$, vor.

b) Anfangsbedingungen: $x(0) = x_{max} = 0,24$ cm; $\dot{x}(0) = 0$.

(5.21) stellt das Bewegungsgesetz dar. Aus (5.20b) folgt

$$\kappa = \sqrt{\delta^2 - \omega_0^2} = 2,6511/\text{s},$$

$$\lambda_1 = -\delta + \kappa = -1,5161/\text{s}, \quad \lambda_2 = -\delta - \kappa = -6,8181/\text{s}$$

und aus (5.22b) folgt

$$C_1 = \frac{\delta + \kappa}{2\kappa}x_0 = 0,309 \text{ cm}, C_2 = -\frac{\delta - \kappa}{2\kappa}x_0 = -0,069 \text{ cm}.$$

Damit ist die Bewegungsfunktion

$$x(t) = +0,309 \text{ cm } e^{-1,516\frac{1}{s}t} - 0,0609 \text{ cm } e^{-6,818\frac{1}{s}t}.$$

c) $x \leq 10^{-3}$ cm; der zweite Term im x, t-Gesetz kann vernachlässigt werden. Es muss dann gelten

$0,309 \, e^{-1,516\,t} \leq 10^{-3}$ oder $e^{1,516\,t} \geq 0,309 \cdot 10^3$.

Daraus $t \geq \dfrac{1}{1,516} \ln(0,309 \cdot 10^3) = 3,78$ s.

5.2.5 Aufhängung am Dämpfer – ein Sonderfall

Bei vielen praktischen Fällen rührt die Dämpfung hauptsächlich von der Lagerung des Körpers her. Es ist dabei also so, dass sich das Federelement zwischen Dämpfer und Masse befindet (Bild 5.10a).

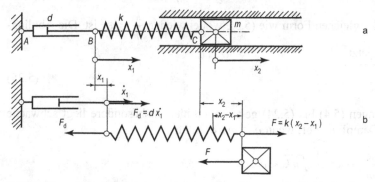

Bild 5.10 a Schwingersystem mit Lagerdämpfung   b Kräfte im System

Man könnte hier von einer Hintereinanderschaltung von Dämpfer und Feder sprechen, während in den bisher behandelten Fällen quasi eine Parallelschaltung beider Elemente vorlag. Der Befestigungspunkt B der Feder ist jetzt nicht mehr in Ruhe. Bewegt er sich mit der Geschwindigkeit $\dot{x}_1$, so ist die bei B wirkende Kraft $F_d = d\,\dot{x}_1$ (Bild 5.10b). Die Federverlängerung beträgt $x_2 - x_1$, so dass am Punkt C für die Federkraft $F = k\,(x_2 - x_1)$ entsteht. Wenn die Federmasse vernachlässigt wird, muss gelten

$$F_d = d\,\dot{x}_1 = F = k\,(x_2 - x_1).$$

Nach Newton ist für die Masse m

$$-k\,(x_2 - x_1) = m\,\ddot{x}_2.$$

Aus den beiden letzten Gleichungen kann man $\dot{x}_1$ eliminieren.

$$d\,\dot{x}_1 = k\,(x_2 - x_1) = -m\,\ddot{x}_2 \quad \text{oder} \quad \dot{x}_1 = -\frac{m}{d}\ddot{x}_2.$$

Diese Beziehung kann über die Zeit integriert werden. Man erhält

$$x_1 = -\frac{m}{d}\dot{x}_2 + E.$$

Setzt man dies oben ein, so erhält man

$$-k\left(x_2 + \frac{m}{d}\dot{x}_2 - E\right) = m\,\ddot{x}_2 \quad \text{oder} \quad m\,\ddot{x}_2 + \frac{km}{d}\dot{x}_2 + k\,x_2 = k\,E.$$

Durch entsprechende Wahl der Anfangsbedingungen

$$x_1(0) = 0, \quad \dot{x}_2(0) = 0$$

wird E null.

Man erhält damit die Differentialgleichung 2. Ordnung

$$m\,\ddot{x}_2 + \frac{km}{d}\dot{x}_2 + k\,x_2 = 0 \quad \text{oder} \quad \ddot{x}_2 + \frac{k}{d}\dot{x}_2 + \frac{k}{m}x_2 = 0.$$

Sie ist von der gleichen Form wie (5.3), wobei wieder $\dfrac{k}{m} = \omega_0^2$ ist. Die Abklingkonstante ist jetzt

$$\delta = \frac{k}{2\,d}. \tag{5.25}$$

Die Gleichungen (5.4) bis (5.24) gelten auch hier. Insbesondere liegt schwache oder starke Dämpfung vor, wenn $\delta < \omega_0$, d. h. für

$$\frac{k}{2\,d} < \sqrt{\frac{k}{m}} \quad \text{oder} \quad \frac{1}{2}\sqrt{m\,k} < d.$$

5.3 Geschwindigkeitsproportional gedämpfte Drehschwingungen

In Abschnitt 4.3.3 hat sich für das gesamte Rückstellmoment eines federgefesselten Drehschwingers bei kleinen Auslenkungswinkeln φ ergeben

$$M = - \left(\Sigma k_i r_i^2 + F_G \, e \cos\beta\right)\varphi \, .$$

Wie in Abschnitt 4.3.3 wird angenommen, dass die Federn in ihren Lotpunkten B_i (Bild 5.11) angreifen, so dass der Einfluss von Federvorspannungen auf das Rückstellmoment bei kleinen Auslenkungen vernachlässigbar ist. Andernfalls müssen bei in der Gleichgewichtslage vorgespannten Federn die Beziehungen in 4.3.2 verwendet werden.

Dreht sich der Körper zum beliebigen Zeitpunkt t mit der Winkelgeschwindigkeit $\dot{\varphi}$, so hat der Anlenkpunkt D des Dämpfers in diesem Augenblick die Geschwindigkeit $\upsilon_D = \overline{OD}\,\dot{\varphi}$ (Bild 5.11). Die Geschwindigkeit, mit der der Dämpfer ausgefahren wird, ist

$$\upsilon_d = \upsilon_D \cos\psi = \overline{OD}\cos\psi \cdot \dot{\varphi} = r_d \cdot \dot{\varphi}\,.$$

Dabei ist r_d der Abstand der Achse des Dämpfers vom Drehpunkt 0. Es ist dabei angenommen, dass das Dämpfungsglied lang ist. Die Dämpfungskraft ist dann

$$F_d = - d\,\upsilon_d = - d\,r_d\,\dot{\varphi}\,.$$

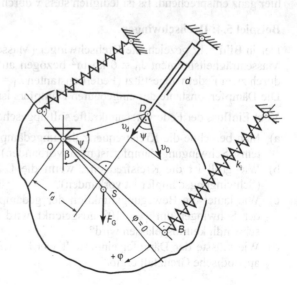

Bild 5.11
Federgefesselter Drehschwinger mit Dämpfung

Das Dämpfungsmoment beträgt

$$M_d = F_d\, r_d = - d\, r_d^2 \dot\varphi .$$

Mit dem dynamischen Grundgesetz der Drehung erhält man

$$M + M_d = - (\sum k_i r_i^2 + F_G\, e \cos \beta)\varphi - d\, r_d^2 \dot\varphi = J_0 \ddot\varphi \quad \text{oder}$$

$$\ddot\varphi + \frac{d\, r_d^2}{J_0}\dot\varphi + \frac{k_D}{J_0}\varphi = 0. \tag{5.26}$$

Dabei ist wieder zur Abkürzung geschrieben

$$k_D = \sum k_i r_i^2 + F_G\, e \cos \beta .$$

Setzt man weiter

$$\omega_0^2 = \frac{k_D}{J_0}, \text{ Kreisfrequenz des zugehörigen ungedämpften Systems,}$$

$$\delta = \frac{d\, r_d^2}{2 J_0}, \text{ Abklingkonstante}$$

bzw. bei mehreren Dämpfern $\delta = \dfrac{\sum d_i\, r_{di}^2}{2 J_0}$, so schreibt sich (5.26) als

$$\ddot\varphi + 2\delta\dot\varphi + \omega_0^2\varphi = 0 . \tag{5.27}$$

Dies ist die analoge Beziehung zu (5.3). Die Gleichungen (5.4) bis (5.24) gelten hier ganz entsprechend. Es ist lediglich stets x durch φ zu ersetzen.

Beispiel 5.4: Drehschwinger

Der in Bild 5.12 gezeichnete Drehschwinger (Masse $m = 30$ kg, Schwerpunkt S, Massenträgheitsmoment $J_0 = 6$ kg m^2 bezogen auf die Drehachse durch 0) ist durch zwei Federn abgestützt (Federkonstanten $k_1 = 200$ N/cm, $k_2 = 1200$ N/cm). Die Dämpferkonstante des eingebauten Dämpfers ist $d = 3000$ kg/s.

Vom Einfluss der Federvorspannkräfte soll abgesehen werden.

a) Man berechne die Kreisfrequenz der ungedämpften Schwingungen des Systems (Schwingungsdämpfer ist nicht vorhanden).

b) Wie groß ist die Kreisfrequenz, wenn die Dämpfung berücksichtigt wird (Schwingungsdämpfer ist vorhanden)?

c) Wie lautet die Bewegungsfunktion der gedämpften Drehschwingung, wenn der Schwinger um $\varphi_0 = 10°$ ausgelenkt wird und dann ohne Anfangsgeschwindigkeit losgelassen wird?

d) Wie müsste der Dämpfer eingestellt werden ($d = ?$), damit sich gerade der aperiodische Grenzfall ergibt?

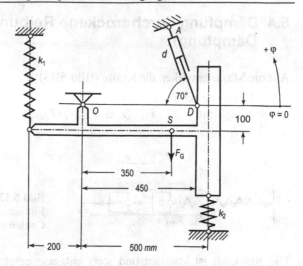

Bild 5.12
Einzelradaufhängung

a) $\omega_0 = \sqrt{\dfrac{k_D}{J_0}} = \sqrt{\dfrac{k_1 r_1^2 + k_2 r_2^2 + F_G\, e\cos\beta}{J_0}}$,

$$\omega_0 = \sqrt{\dfrac{(200\cdot 10^2 \cdot 0{,}2^2 + 1200\cdot 10^2 \cdot 0{,}5^2)\dfrac{N}{m}m^2 + 30\,kg\cdot 9{,}81\dfrac{m}{s^2}\cdot 0{,}1m}{6\,kg\,m^2}}$$

$= 71{,}68\ 1/s$.

b) $\delta = \dfrac{d\, r_d^2}{2 J_0} = \dfrac{d\,(\overline{OD}\sin 70°)^2}{2 J_0} = 44{,}70\ s^{-1} < \omega_0$.

Wegen $\delta < \omega_0$ gilt $\omega_d = \sqrt{\omega_0^2 - \delta^2} = 56{,}0\ s^{-1}$.

c) Die Anfangsbedingungen sind $\varphi(0) = \varphi_0 = 10°$; $\dot\varphi(0) = 0$
Nach (5.16) kann man sofort anschreiben

$$\varphi = e^{-\delta t}\left(\varphi_0 \cos\omega_d t + \frac{\delta\varphi_0}{\omega_d}\sin\omega_d t\right) = \varphi_0\, e^{-\delta t}\left(\cos\omega_d t + \frac{\delta}{\omega_d}\sin\omega_d t\right)$$

$$= 0{,}1745\ e^{-44{,}7\,s^{-1}t}\left[\cos\left(56{,}0\frac{1}{s}t\right) + 0{,}7976\sin\left(56{,}0\frac{1}{s}t\right)\right].$$

d) Im aperiodischen Grenzfall ist $\delta = \omega_0$, d. h.

$$\frac{d\, r_d^2}{2 J_0} = \omega_0\ ;\ \text{daraus}\ \ d = \frac{2 J_0 \omega_0}{r_d^2} = \frac{2\cdot 6\,kg\,m^2 \cdot 71{,}68\,s^{-1}}{(0{,}45\,m\sin 70°)^2} = 4810{,}4\ kg/s .$$

5.4 Dämpfung durch trockene Reibung (Coulomb'sche Dämpfung)

Auf die Masse m wirken die Kräfte (Bild 5.13)

Federrückstellkraft $F = k\,x$,
Reibungskraft F_R (z. B. $F_R = \mu\,F_N$).

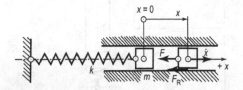

Bild 5.13
Einfacher Schwinger mit
Coulomb'scher Dämpfung

Die Reibkraft ist konstant und stets entgegengesetzt zur Geschwindigkeit der Masse m gerichtet. Man muss für Hin- und Rückbewegung je eine besondere Schwingungsgleichung aufstellen. Das Newton'sche Gesetz liefert:

1. Fall $\dot{x} > 0$: $-k\,x - F_R = m\,\ddot{x}$ oder

$$\ddot{x} + \omega_0^2\,x = -\frac{F_R}{m} \tag{5.28}$$

mit $\omega_0 = \sqrt{\dfrac{k}{m}}$, der Kreisfrequenz der freien ungedämpften Schwingungen.

2. Fall $\dot{x} < 0$: $-k\,x + F_R = m\,\ddot{x}$ oder

$$\ddot{x} + \omega_0^2\,x = +\frac{F_R}{m}. \tag{5.29}$$

Die Gleichungen (5.28) und (5.29) sind inhomogene Differentialgleichungen 2. Ordnung. Die beiden Gleichungen unterscheiden sich nur im Störglied auf der rechten Seite. Die Lösungen der homogenen Gleichungen sind daher identisch

$x_h = C_1 \cos \omega_0 t + C_2 \sin \omega_0 t$.

Die partikulären Lösungen der inhomogenen Gleichungen sind

$$x_p = \mp \frac{F_R}{m\,\omega_0^2} = \mp \frac{F_R}{k}.$$

Damit sind die allgemeinen Lösungen der Gleichungen (5.28) und (5.29)

$$\dot{x} > 0: \quad x = C_1 \cos \omega_0 t + C_2 \sin \omega_0 t - \frac{F_R}{k}, \tag{5.30}$$

$$\dot{x} < 0: \quad x = D_1 \cos \omega_0 t + D_2 \sin \omega_0 t + \frac{F_R}{k}. \tag{5.31}$$

(5.30) entspricht einer harmonischen Schwingung um $x_G = - F_R/k$ als statische Gleichgewichtslage. (5.31) stellt eine harmonische Schwingung um $x_G = + F_R/k$ als statische Gleichgewichtslage dar. Bei jeder Halbschwingung nimmt die Amplitude also um $2F_R/k$ ab. Sobald die Amplitude $|x_{max}| \leqq F_R/k$ geworden ist, bleibt die Masse bei diesem x_{max} stehen.

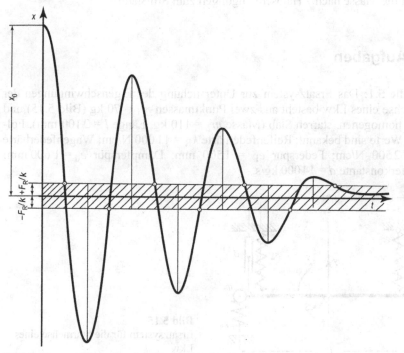

Bild 5.14 x, t-Diagramm bei Coulomb'scher Reibung: lineare Amplitudenabnahme

Beispiel 5.5: Schwinger mit Coulomb'scher Reibung

Ein einfacher Schwinger (Masse m, Federkonstante k), der durch die konstante Reibungskraft F_R gedämpft ist, wird um x_0 ausgelenkt und ohne Anfangsgeschwindigkeit losgelassen. Man zeichne das Weg-Zeit-Diagramm.

Anfangsbedingungen: $x(0) = x_0$; $\dot{x}(0) = 0$. Die Bewegung beginnt mit der Rückbewegung ($\dot{x} < 0$). Es gilt (5.31):

$x\,(0) = D_1 \cdot 1 + D_2 \cdot 0 + F_R/k = x_0,$ daraus $D_1 = x_0 - F_R/k,$

$\dot{x}\,(0) = -D_1\,\omega_0\,0 + D_2\,\omega_0 \cdot 1 = 0;$ daraus ergibt sich $D_2 = 0.$

Damit gilt für die erste Halbschwingung

$$x = \left(x_0 - \frac{F_R}{k} \right)\cos \omega_0 t + \frac{F_R}{k}\,.$$

Die Bewegungsumkehr findet statt nach $t = T_0/2$ bei

$$x\left(\frac{\pi}{\omega_0} \right) = -x_0 + 2\,\frac{F_R}{k}$$

usw. Die x, t-Kurve ist in Bild 5.14 aufgezeichnet. In dem gezeichneten Beispiel kommt die Masse nach 7 Halbschwingungen zum Stillstand.

5.5 Aufgaben

Aufgabe 5.1: Das Ersatzsystem zur Untersuchung der Eigenschwingungen der Starrachse eines Lkw besteht aus zwei Punktmassen $m_1 = 70$ kg (Bild 5.15) und einem homogenen, starren Stab (Masse $m_2 = 110$ kg, Länge $l = 2\,100$ mm). Folgende Werte sind bekannt: Reifenfederhärte $k_R = 11\,000$ N/cm; Wagenfederhärte $k_W = 2\,500$ N/cm; Federspur $e_F = 1\,500$ mm; Dämpferspur $e_d = 1\,600$ mm; Dämpferkonstante $d = 14\,000$ kg/s.

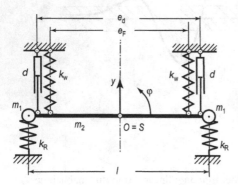

Bild 5.15
Ersatzsystem für die Starrachse eines Lkw

a) Wie groß ist die Kreisfrequenz für die vertikalen Hubschwingungen der Achse (Schwingungen in y-Richtung) ohne und mit Dämpfern?

b) Man ermittle die Eigenkreisfrequenz der Achse für die Drehschwingungen um den Achsmittelpunkt 0 (Trampelschwingungen der Achse) ohne und mit Dämpfern.

Aufgabe 5.2: Bei dem in Bild 5.16 gezeichneten Maschinenfundament kann die Tischplatte einschließlich der Maschine als ein starrer Körper betrachtet werden, dessen Gesamtmasse $m_{ges} = m_{Tisch} + m_{Maschine} = 15$ t beträgt. Die vier gleich ausgeführten Stützen (Querschnittsfläche $A = 90$ cm^2, axiales Flächenmoment 2. Ordnung $I_1 = 4600$ cm^4 für eine Stütze; $E = 2,1 \cdot 10^7$ N/cm^2) sind an beiden Enden (am Boden und in der Tischplatte) starr eingespannt. Die Masse der Stützen kann vernachlässigt werden.

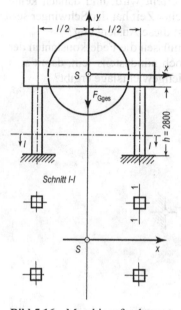

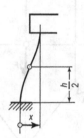

Bild 5.16 Maschinenfundament   **Bild 5.17** Verformung der
                                                                               Stützen

a) Man berechne die Eigenfrequenz f_x für die Schwingungen in x-Richtung. *Anleitung*: Man beachte, dass die Stützen dabei wie Biegefedern wirken, die in der Mitte einen Gelenkpunkt haben (Bild 5.17).

b) Wie groß ist die Eigenfrequenz f_y für die Vertikalschwingungen in y-Richtung?

c) Durch eine Messung stellt man für f_y einen um 2 % kleineren Wert als bei Frage b) berechnet fest. Wie groß ist also der Dämpfungsgrad ϑ für diese Vertikalschwingung?

Aufgabe 5.3: Der in Bild 5.18 gezeichnete Körper ist um die Achse durch 0 drehbar gelagert ($m = 200$ kg; $J_S = 15$ kg m^2). Die gezeichnete Lage ist die statische Gleichgewichtslage. Die Federkonstante ist $k = 5 \cdot 10^4$ N/m.

a) Für die kleinen Drehschwingungen berechne man die Kreisfrequenz ω_0 (ohne Dämpfung).

b) Wie müssen zwei in Höhe des Schwerpunkts anzubringende, horizontal liegende Schwingungsdämpfer eingestellt werden ($d = ?$), damit sich gerade der aperiodische Grenzfall ergibt? Für diesen Fall gebe man das Bewegungsgesetz an, wenn dem Schwinger durch einen Drehstoß in der Gleichgewichtslage die Winkelgeschwindigkeit $\dot\varphi_0 = 3{,}0 \text{ s}^{-1}$ erteilt wird, und danach keine weiteren Störungen mehr auftreten. Nach welcher Zeit hat der Schwinger seine größte Auslenkung erreicht und wie groß ist diese Auslenkung?

c) Da das System weicher gelagert werden soll, müssen die Federkonstanten der Federn kleiner werden. Wie groß muss k jedoch mindestens sein, damit sich eine stabile Schwingung um die vertikale Gleichgewichtslage ergibt?

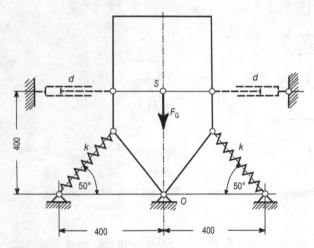

Bild 5.18   Drehschwinger

Aufgabe 5.4: Der in Bild 5.19 gezeichnete Körper (Pendelachse) ist um A drehbar gelagert (Masse m, Schwerpunkt S, Massenträgheitsmoment bezogen auf die Schwerachse parallel zur Drehachse J_S). Er ist durch zwei Federn abgestützt, deren Federkonstanten sind k_R (Reifenfeder) und k_W (Wagenfeder als Schraubenfeder). Für die kleinen Drehschwingungen um A sind die folgenden Fragen zu beantworten.

Die Federvorspannkräfte sollen nicht berücksichtig werden.

a) Wie groß ist die Kreisfrequenz der ungedämpften Eigenschwingungen?

b) In der Achse der Schraubenfeder CD ist ein Schwingungsdämpfer eingebaut (Dämpferkonstante d). Unter welchem Wert muss d liegen, wenn der Dämpfungsgrad kleiner als eins sein soll? Wie groß ist dann die Kreisfrequenz ω_d?

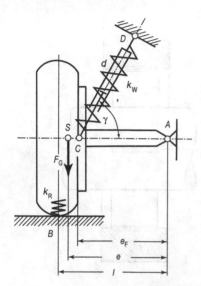

Bild 5.19
Pendelachse

Aufgabe 5.5: Eine Stahlkonstruktion wird durch eine statisch aufgebrachte Kraft von $F = 32\,000$ N belastet. An der Einleitstelle P der Kraft wird dabei eine Verformung von 18 mm in Richtung von F gemessen. Die Kraft wird dann plötzlich entfernt. Die auftretende Schwingung, insbesondere die Bewegung des Punktes P wird gemessen. Man stellt fest, dass der Punkt P in 20 s 58 volle Schwingungen ausführt. Seine Amplitude ist dabei vom Anfangswert 18 mm auf 1,5 mm nach 20 s zurückgegangen. Es kann angenommen werden, dass geschwindigkeitsproportionale Dämpfung vorliegt.

a) Wie groß ist die Schwingungsdauer T_d und die Kreisfrequenz?
b) Welche Werte haben die Abklingkonstante δ und der Dämpfungsgrad ϑ?
c) Wie groß ist die Federkonstante k?
d) Man gebe die Weg-Zeit-Funktion für die Bewegung des Punktes P an.

Aufgabe 5.6: Ein Drehschwingungsgeber besteht aus einem Hohlzylinder (r_i, r_a, b_R, Dichte ρ), der durch vier Blattfedern (b, h, Elastizitätsmodul E) mit der Welle W verbunden ist (Bild 5.20). Die Blattfedern sind in der Welle W eingespannt und mit dem Hohlzylinder K gelenkig verbunden.

a) Für die kleinen Drehschwingungen des Rings K um die Welle W (um die Wellenachse 0–0) berechne man die Eigenkreisfrequenz.

b) Bei einem Versuch, bei dem man den Ring frei schwingen lässt, stellt man fest, dass die Anfangsamplitude φ_0 nach 20 vollen Schwingungen auf $\varphi_0/3$ zurückgegangen ist. Wie groß ist das logarithmische Dekrement Λ?

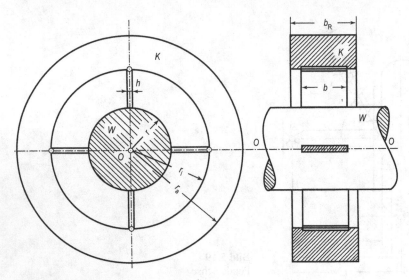

Bild 5.20   Drehschwingungsgeber

Aufgabe 5.7: Bei der in Bild 5.21 gezeichneten Pkw-Hinterachse ist m_1 = Masse eines Längslenkers (stabförmig, homogen), $J_{E,\,Rad}$ = Drehmasse eines Rades bezogen auf die Radachse, m_2 = Masse des Verbundlenkers (stabförmig), m_{Feder} = Masse einer Wagenfeder (Schraubenfeder).

a) Für die kleinen Hubschwingungen der Masse m in y-Richtung gebe man die Eigenkreisfrequenz an (ohne Dämpfung; gegenüber der Aufbaumasse m sind alle übrigen Massen zu vernachlässigen).

b) Für die kleinen Eigenschwingungen der Achse relativ zum Aufbau (Drehschwingungen um A–A) gebe man an

1. die Eigenkreisfrequenz der ungedämpften Schwingungen, wenn die Räder frei drehbar sind (ohne Einfluss von Vorspannkräften),

2. die Eigenkreisfrequenz mit Berücksichtigung der Dämpfung, wenn jeweils ein Dämpfer mit der Dämpfungskonstanten d_W in der Federachse angeordnet ist, und die Reifendämpfung durch die Dämpfungskonstante d_R (für einen Reifen) berücksichtigt wird. Die Räder seien frei drehbar. Wie ändert sich die letzte Beziehung, wenn die Räder blockiert sind? (Das heißt die Räder sind mit dem Lenker AE starr verbunden.)

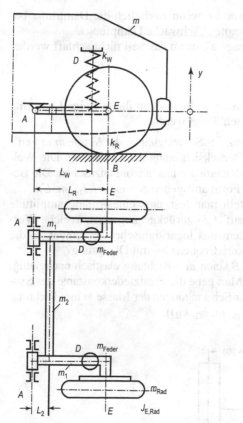

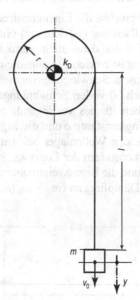

Bild 5.21 Verbundlenkerachse

Bild 5.22 Plötzliche Blockierung

Aufgabe 5.8: Bei der in Bild 5.22 gezeichneten Förderanlage bewegt sich die Masse m mit der Geschwindigkeit v_0 nach unten. Gegenüber m sind alle übrigen Massen zu vernachlässigen. Durch eine Betriebsstörung wird plötzlich die Antriebswelle der Windentrommel blockiert.

a) Man untersuche die Bewegung der Masse m, wenn im Augenblick des Blockierens die freie Seillänge l ist und die Dämpfung unberücksichtigt bleibt. (E_{Seil} = Elastizitätsmodul des Seils; A = Seilquerschnitt, über die Seillänge konstant). Die Elastizität der Welle und der Seiltrommel soll durch die Drehfederkonstante k_D berücksichtigt werden.

Man gebe das Bewegungsgesetz und die Kreisfrequenz der harmonischen Schwingungen von m an.

Welchen Wert darf v_0 nicht überschreiten, wenn m wirklich harmonisch schwingen soll (Seil darf nicht schlaff werden)?

b) Wie lautet das Bewegungsgesetz von m, wenn zusätzlich die Dämpfung berücksichtigt wird (Dämpfungskonstante d, schwache Dämpfung)?
Darf v_0 jetzt größer sein als bei Frage a), wenn das Seil nicht schlaff werden soll?

Aufgabe 5.9: Die in Bild 5.23 gezeichnete Welle trägt an ihrem freien Ende eine Masse m. Die Wellenmasse kann vernachlässigt werden.

a) Man berechne die Eigenkreisfrequenz der Schwingungen der Masse m in vertikaler Richtung (y-Richtung) ohne Berücksichtigung der Dämpfung. Die Wellenlager sind dabei als in vertikaler Richtung unnachgiebig anzusehen. Die Beziehung ist zunächst in allgemeiner Form anzugeben $\omega = \omega(d, l, l_m, m, E)$.
b) Bei einem Schwingungsversuch stellt man fest, dass eine Anfangsamplitude A_0 nach 50 vollen Schwingungen auf $A_0/4$ zurückgegangen ist. Welche Werte haben für das vorliegende System das logarithmische Dekrement Λ, die Abklingkonstante δ und die Eigenkreisfrequenz ω_d mit Dämpfung?
c) Die beiden Wellenlager bei A und B seien in y-Richtung elastisch nachgiebig; Federkonstanten der Lager k_A, k_B. Man gebe die Ersatzfederkonstante des Systems und die Eigenkreisfrequenz der Schwingungen der Masse m in y-Richtung ohne Dämpfung an ($\omega_0 = \omega_0(d, l, l_m, m, k_A, k_B)$).

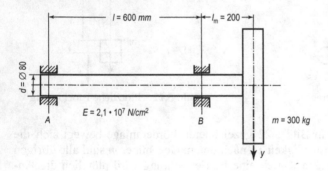

Bild 5.23
Biegeschwinger

6 Erzwungene Schwingungen von Systemen mit einem Freiheitsgrad ohne Dämpfung

6.1 Beliebiger Zeitverlauf der Erregung

In Abschnitt 4.1 wird für einen einfachen Schwinger bei den Anfangsbedingungen $x(0) = x_0$; $\dot{x}(0) = \dot{x}_0 = v_0$ als Bewegungsgesetz Gleichung (4.5) gefunden

$$x = x_0 \cos \omega_0 t + \frac{\dot{x}_0}{\omega_0} \sin \omega_0 t.$$

Statt ω wird jetzt lediglich ω_0 geschrieben. Liegt nun allgemeiner der Beginn des Schwingungsvorgangs bei t_0, so gilt für die Anfangsbedingungen $x(t_0) = x_0$, $\dot{x}(t_0) = \dot{x}_0$, und das Bewegungsgesetz hat die Form

$$x = x_0 \cos [\omega_0(t-t_0)] + \frac{\dot{x}_0}{\omega_0} \sin [\omega_0(t-t_0)] . \qquad (6.1)$$

Wirkt auf die Masse m in ihrer Gleichgewichtslage zum Zeitpunkt t_0, d. h. $x(t_0) = 0$, ein plötzlicher Impuls p, so nimmt die Masse zum Zeitpunkt t_0 die Anfangsgeschwindigkeit $\dot{x}_0 = p/m$ an. Damit sind jetzt die Anfangsbedingungen $x(t_0) = 0$, $\dot{x}(t_0) = p/m$ und die Lösung nach (6.1) lautet

$$x = \frac{\dot{x}_0}{\omega_0} \sin [\omega_0 (t-t_0)] = \frac{p}{m\omega_0} \sin [\omega_0(t-t_0)] , \ t \geq t_0 . \qquad (6.2)$$

Wirkt auf m eine beliebige, zeitlich veränderliche Kraft $F(t)$ mit $F(t) = 0$ für $t < 0$, siehe Bild 6.1, so folgt nach Newton für die um x ausgelenkte Lage (Bild 6.2)

$$m\ddot{x} + kx = F . \qquad (6.3)$$

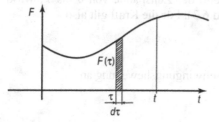

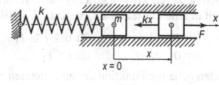

Bild 6.1 Zeitverlauf der äußeren Kraft

Bild 6.2 Schwinger mit Erregerkraft

Zur Herleitung einer allgemeinen Lösungsformel wird zunächst nur ein „kleiner" Kraftimpuls $\mathrm{d}p = F(\tau)\mathrm{d}\tau$ betrachtet (siehe Bild 6.1). Durch diesen kleinen Impuls dp, der zum Zeitpunkt $t_0 = \tau$ auf m einwirkt, wächst die Geschwindigkeit um den Wert

$$d\upsilon = d\,\dot{x} = dp/m = F(\tau)\,d\tau/m.$$

Wenn man dies als „Anfangsgeschwindigkeit" zum Zeitpunkt $t_0 = \tau$ betrachtet, kann man die „Bewegung" der Masse allein durch diesen Impuls nach (6.2) anschreiben

$$dx = \frac{d\dot{x}}{\omega_0} \sin\left[\omega_0(t - \tau)\right] = \frac{F(\tau)d\tau}{m\,\omega_0} \sin\left[\omega_0(t - \tau)\right], \quad t \geq \tau.$$

Da nun während aller Zeiten τ zwischen 0 und t solche Impulse auf m einwirken, muss man, um die durch die Kraft F erzwungene Bewegung zu erhalten, über die Zeit integrieren

$$x_{\mathrm{p}}(t) = \frac{1}{m\,\omega_0} \int\limits_0^t F(\tau)\sin[\omega_0(t - \tau)]d\tau. \tag{6.4}$$

Mit diesem Integral, dem so genannten Faltungsintegral, kann also die partikuläre Lösung $x_{\mathrm{p}}(t)$ von (6.3) für eine (weit gehend) beliebige Zeitfunktion $F(t)$ der Erregung berechnet werden. Zur Lösung $x_{\mathrm{p}}(t)$ muss noch die Lösung der zu (6.3) gehörenden homogenen Differentialgleichung, die Eigenschwingung, addiert werden. Für die Anfangsbedingungen $x(0) = x_0$, $\dot{x}(0) = \dot{x}_0$ lautet die vollständige Lösung

$$x = x_0 \cos \omega_0 t + \frac{\dot{x}_0}{\omega_0} \sin \omega_0 t + \frac{1}{m\,\omega_0} \int\limits_0^t F(\tau)\sin[\omega_0(t - \tau)]d\tau. \tag{6.5}$$

Beispiel 6.1: Kurzzeitig wirkende Schwingungserregung

Für die Bewegung der Masse m eines einfachen Schwingers gelten die Anfangsbedingungen $x(0) = x_0, \dot{x}(0) = \dot{x}_0$. Während der Zeitspanne von 0 bis T_1 wirkt auf m eine konstante äußere Kraft F_1 (Bild 6.3). Für die Kraft gilt also

$F = F_1 = $ konst.   für $0 \leqq t \leqq T_1$,
$F = 0$ für $t > T_1$.

Man gebe die Funktion der auftretenden Schwingungsbewegung an.

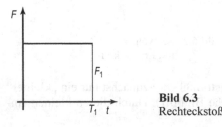

Bild 6.3
Rechteckstoß

(6.5) liefert für $0 \leqq t \leqq T_1$

$$x = x_0 \cos \omega_0 t + \frac{\dot{x}_0}{\omega_0} \sin \omega_0 t + \frac{1}{m\,\omega_0} \int_0^t F_1 \sin[\omega_0(t-\tau)]d\tau \, ,$$

$$x = x_0 \cos \omega_0 t + \frac{\dot{x}_0}{\omega_0} \sin \omega_0 t + \frac{F_1}{m\,\omega_0^2} \cos [\omega_0(t-\tau)]\,\Big|_0^t \, ,$$

$$x = x_0 \cos \omega_0 t + \frac{\dot{x}_0}{\omega_0} \sin \omega_0 t + \frac{F_1}{m\,\omega_0^2} (1 - \cos \omega_0 t) \, .$$

Für $t > T_1$ muss das Integral aufgespalten werden

$$x = x_0 \cos \omega_0 t + \frac{\dot{x}_0}{\omega_0} \sin \omega_0 t + \frac{1}{m\,\omega_0} \int_0^{T_1} F_1 \sin[\omega_0(t-\tau)]d\tau$$

$$+ \frac{1}{m\,\omega_0} \int_{T_1}^t 0 \cdot \sin[\omega_0(t-\tau)]d\tau \, .$$

Der letzte Term fällt weg. Weiter ist

$$\int_0^{T_1} \sin[\omega_0(t-\tau)]d\tau = + \frac{1}{\omega_0} \cos [\omega_0(t-\tau)]\,\Big|_0^{T_1}$$

$$= + \frac{1}{\omega_0} \{\cos [\omega_0(t-T_1)] - \cos \omega_0 t\} \, .$$

Damit gilt für die Lösung in diesem Bereich $t > T_1$

$$x = x_0 \cos \omega_0 t + \frac{\dot{x}_0}{\omega_0} \sin \omega_0 t + \frac{F_1}{m\,\omega_0^2} \{\cos [\omega_0(t-T_1)] - \cos \omega_0 t\} \, .$$

6.2 Harmonische Erregung

In 6.1 wird die Schwingung für einen beliebigen Zeitverlauf der Erregerkraft untersucht. Der weitaus wichtigste Sonderfall ist der einer harmonisch veränderlichen Erregerkraft

$$F(t) = \hat{F} \cos \Omega t \, . \tag{6.6}$$

Darin ist $\hat{F}$ die Amplitude der Erregerkraft,

Ω die Erregerkreisfrequenz.

Eingesetzt in (6.3) folgt

$$m\,\ddot{x} + k\,x = \hat{F}\cos\Omega t \ \text{ oder }\ \ddot{x} + \frac{k}{m}\,x = \frac{\hat{F}}{m}\cos\Omega t.$$

Wird nun $\dfrac{k}{m} = \omega_0^2$ abgekürzt (ω_0 ist die Eigenkreisfrequenz), so lautet die Differentialgleichung (in schwingungstechnischer Form)

$$\ddot{x} + \omega_0^2 x = \frac{\hat{F}}{m}\cos\Omega t. \tag{6.7}$$

Die homogene Differentialgleichung zu (6.7) ist identisch mit Gleichung (2.10), deren Lösung z. B. durch (2.14) gegeben ist.

Eine *partikuläre* Lösung von (6.7) erhält man mit dem Ansatz

$$x_\mathrm{p}\,(t) = \hat{x}\cos\Omega t, \tag{6.8}$$

der von *gleich*frequenten Zeitverläufen von Erregung (6.6) und Antwort (6.8) ausgeht. Mit $\ddot{x}_\mathrm{p} = -\,\Omega^2\,\hat{x}\cos\Omega t$ folgt aus der Differentialgleichung (6.7)

$$-\,\Omega^2\,\hat{x}\cos\Omega t + \omega_0^2\,\hat{x}\cos\Omega t = \frac{\hat{F}}{m}\cos\Omega t$$

durch Koeffizientenvergleich („$\cos\Omega t$ kann gekürzt werden") folgende wichtige Formel für die Amplitude in (6.8)

$$\hat{x} = \frac{\hat{F}/m}{\omega_0^2 - \Omega^2} = \frac{\hat{F}/k}{1 - \left(\dfrac{\Omega}{\omega_0}\right)^2}. \tag{6.9}$$

Damit ist

$$x_\mathrm{p}\,(t) = \hat{x}\cos\Omega t = \frac{\hat{F}/m}{\omega_0^2 - \Omega^2}\cos\Omega t \tag{6.10}$$

eine partikuläre Lösung der Differentialgleichung (6.7). Obwohl bei der allgemeinen Lösung auch die Lösung der zugehörigen homogenen Differentialgleichung, die Eigenschwingung, berücksichtigt werden muss, hat die partikuläre Lösung $x_\mathrm{p}\,(t)$ als *stationärer Schwingungszustand* besondere Bedeutung. Denn bei realen Schwingungen mit Dämpfung klingt die Eigenschwingung ab, weshalb häufig nicht nur die Schwingung $x\,(t)$ insgesamt, sondern auch $x_\mathrm{p}\,(t)$ allein als *erzwungene Schwingung* bezeichnet wird.

Die erzwungene Schwingung (6.10) ist im Takt mit der erregenden Kraft. Für die Amplitude erkennt man aus (6.9) die folgenden Zusammenhänge. Die Amplitude der erzwungenen Schwingung ist der Amplitude der Erregerkraft proportional. $\hat{F}/k$ entspricht der Federverformung, wenn eine konstante Kraft von der Größe der Amplitude der Erregerkraft wirkt. Im Nenner steht die Differenz der

Quadrate von Eigen- und Erregerkreisfrequenz. Ist die Erregerfrequenz Ω stark verschieden von der Eigenfrequenz ω_0, so sind die Amplituden der erzwungenen Schwingung klein. Liegt die Erregerfrequenz jedoch in der Nähe der Eigenfrequenz, so werden die Amplituden entsprechend groß. Für $\Omega \to \omega_0$ geht $\hat{x} \to \infty$. Man spricht dann von *Resonanz*. Der Resonanzfall liegt vor, wenn

$$\Omega_R = \omega_0$$

gilt, die Erregerkreisfrequenz also den Wert des Systemparameters „Eigenkreisfrequenz" annimmt.

In Bild 6.4 ist die Amplitude $\hat{x}$ in Abhängigkeit vom Frequenzverhältnis Ω/ω_0 aufgetragen. Für $\Omega < \omega_0$ (unterkritischer Bereich) ist $\hat{x} > 0$, das bedeutet, Erregerkraft F und erzwungene Schwingung x_p sind in Phase, d. h. beide erreichen gleichzeitig ihre Maxima und Minima (s. Bild 6.5a und b1). Für $\Omega > \omega_0$ (überkritischer Bereich) ist $\hat{x} < 0$, d. h. Erregerkraft F und dadurch erzwungene Schwingung x_p sind in Gegenphase (x_p „hinkt" der erzwungenen Schwingung um $T_p/2$ hinterher, Bild 6.5a und b2). An der Resonanzstelle tritt ein Phasensprung auf.

Die allgemeine Lösung der Differentialgleichung (6.7) erhält man durch Überlagerung der Lösung der homogenen Gleichung (Eigenschwingung) und der partikulären Lösung der inhomogenen Gleichung (erzwungene Schwingung)

$$x = C_1 \cos \omega_0 t + C_2 \sin \omega_0 t + \hat{x} \cos \Omega t . \tag{6.11}$$

Auch hier lassen sich die Konstanten C_1, C_2 aus z. B. Anfangsbedingungen bestimmen. Wählt man z. B. die Anfangsbedingungen $x(0) = 0$ und $\dot{x}(0) = 0$, so ergeben sich die Integrationskonstanten $C_1 = -\hat{x}$ und $C_2 = 0$ und der Zeitverlauf

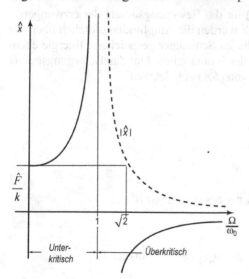

Bild 6.4
Frequenzgang der Amplitude $\hat{x}$

$$x\,(t) = \hat{x}\,(\cos\,\Omega t - \cos\,\omega_0\,t),$$

der für $t \geq 0$ als Antwort auf eine bei $t = 0$ beginnende harmonische Erregung gedeutet werden kann, wenn das System davor ($t < 0$) in Ruhe und nicht ausgelenkt gewesen ist.

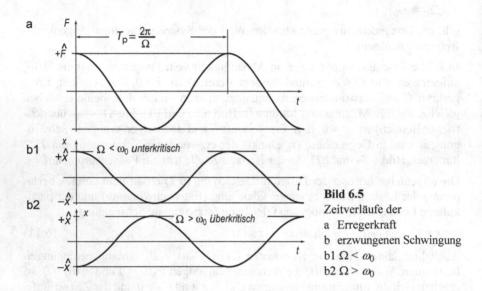

Bild 6.5
Zeitverläufe der
a Erregerkraft
b erzwungenen Schwingung
b1 $\Omega < \omega_0$
b2 $\Omega > \omega_0$

Im Resonanzfall ($\Omega = \omega_0$) gilt (6.10) für das Bewegungsgesetz der erzwungenen Schwingung nicht mehr, denn danach würden die Amplituden plötzlich über alle Grenzen wachsen, und damit wäre die im Schwinger gespeicherte Energie ebenfalls unendlich groß. Dies ist physikalisch unmöglich. Um das Bewegungsgesetz in diesem Fall zu erhalten, geht man von (6.4) aus. Jetzt ist

$$F = \hat{F} \cos\,\omega_0 t \quad \text{für } t > 0.$$

In (6.4) eingesetzt

$$x_\mathrm{p} = \frac{1}{m\,\omega_0} \int_0^t F\,(\tau)\sin[\omega_0\,(t - \tau)]\,\mathrm{d}\tau \quad .$$

$$= \frac{\hat{F}}{m\,\omega_0} \int_0^t \cos\,\omega_0\tau(\sin\,\omega_0 t \cos\,\omega_0\tau - \cos\,\omega_0 t \sin\,\omega_0\tau)\,\mathrm{d}\tau\,,$$

$$= \frac{\hat{F}}{m\,\omega_0}\left(\sin\,\omega_0 t\int_0^t\cos^2\,\omega_0\tau\,\mathrm{d}\tau - \cos\,\omega_0 t\int_0^t\cos\,\omega_0\tau\,\sin\,\omega_0\tau\,\mathrm{d}\tau\right).$$

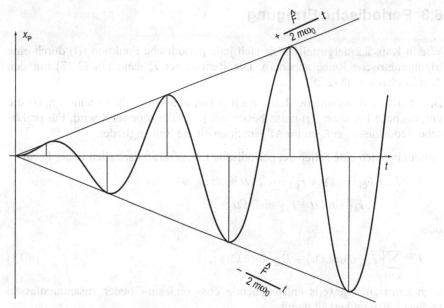

Bild 6.6 x, t-Diagramm im Resonanzfall

Mit

$$\int_0^t \cos^2 \omega_0 \tau \, d\tau = \frac{1}{2\omega_0} \cos \omega_0 \tau \, \sin \omega_0 \tau + \frac{\tau}{2}\bigg|_0^t = \frac{1}{2\omega_0} \cos \omega_0 t \, \sin \omega_0 t + \frac{t}{2},$$

$$\int_0^t \cos \omega_0 \tau \, \sin \omega_0 \tau \, d\tau = \int_0^t \frac{1}{2} \sin 2\omega_0 \tau \, dt = \frac{1}{4\omega_0} (-\cos 2\omega_0 \tau)\bigg|_0^t$$

$$= \frac{1}{4\omega_0} (1 - \cos 2\omega_0 t) = \frac{1}{2\omega_0} \sin^2 \omega_0 t$$

ergibt sich

$$x_p = \frac{\hat{F}}{m\omega_0} \left[\sin \omega_0 t \left(\frac{1}{2\omega_0} \cos \omega_0 t \, \sin \omega_0 t + \frac{t}{2} \right) - \cos \omega_0 t \frac{1}{2\omega_0} \sin^2 \omega_0 t \right],$$

$$x_p = \frac{\hat{F}}{2m\omega_0} t \sin \omega_0 t \,. \tag{6.12}$$

Die Schwingweiten wachsen proportional zur Zeit t an (Bild 6.6).

6.3 Periodische Erregung

Wie in Kap. 2.2 dargestellt, lässt sich jede periodische Funktion $f(t)$ durch eine trigonometrische Reihe annähern. Die Periode sei T, dann gilt (2.27) mit den Amplituden gemäß (2.28).

Bricht man die unendliche Reihe nach n Harmonischen ab, so nähert $f_n(t)$ die vorgegebene Funktion $f(t)$ umso besser an, je größer n gewählt wird. Für praktische Bedürfnisse genügen im Allgemeinen einige Reihenglieder.

Somit lässt sich eine beliebige, periodische Erregerkraft darstellen in der Form

$$F = F_0 + \hat{F}_{c1} \cos \Omega t + \hat{F}_{c2} \cos 2\, \Omega t + \dots$$
$$+ \hat{F}_{s1} \sin \Omega t + \hat{F}_{s2} \sin 2\, \Omega t + \dots$$

oder

$$F = \sum_{k=0}^{\infty} \left[\hat{F}_{ck} \cos(k\, \Omega t) + \hat{F}_{sk} \sin(k\, \Omega t) \right]. \tag{6.13}$$

Man kann auch jeweils entsprechende cos- und sin-Glieder zusammenfassen (siehe (2.30)) und erhält damit

$$F = F_0 + \hat{F}_1 \sin(\Omega t + \varphi_{01}) + \hat{F}_2 \sin(2\, \Omega t + \varphi_{02}) + \dots .$$

Die Schwingungsgleichung (6.7) lautet jetzt

$$\ddot{x} + \omega_0^2 x = \frac{1}{m} \sum_{k=0}^{\infty} \left[\hat{F}_{ck} \cos(k\Omega t) + \hat{F}_{sk} \sin(k\Omega t) \right]. \tag{6.14}$$

Für das k-te Glied der trigonometrischen Reihe (die k-te Harmonische) gilt

$$\ddot{x} + \omega_0^2 x = \frac{1}{m} \{ \hat{F}_{ck} \cos(k\Omega t) + \hat{F}_{sk} \sin(k\Omega t) \}. \tag{6.15}$$

Wegen der Linearität des Systems wird die Partikulärlösung als Überlagerung der Einzelantworten auf die Erregerkraft mit dem cos-Anteil (siehe (6.10)) und dem sin-Anteil

$$x_k(t) = \hat{x}_{ck} \cos(k\, \Omega t) + \hat{x}_{sk} \sin(k\, \Omega t) \tag{6.16}$$

angesetzt. Für beide Amplituden gilt (6.9) entsprechend

$$\hat{x}_{ck} = \frac{\hat{F}_{ck}/m}{\omega_0^2 - (k\Omega)^2}, \qquad \hat{x}_{sk} = \frac{\hat{F}_{sk}/m}{\omega_0^2 - (k\Omega)^2}. \tag{6.17}$$

Damit ist

$$x_k(t) = \frac{\hat{F}_{ck}/m}{\omega_0^2 - (k\Omega)^2} \cos{(k\Omega t)} + \frac{\hat{F}_{sk}/m}{\omega_0^2 - (k\Omega)^2} \sin{(k\,\Omega t)}.$$

Diese Beziehung gilt für $k = 0, 1, 2, ..., n$. Da (6.14) linear ist, kann man die Einzellösungen überlagern und man erhält

$$x(t) = \sum_{k=0}^{\infty} x_k(t) \tag{6.18}$$

mit den harmonischen Lösungen k-ter Ordnung nach (6.16), deren harmonische Amplituden gemäß (6.17) zu ermitteln sind.

Der Eigenschwingungsanteil nach (6.11) muss überlagert werden. Aus (6.17) ersieht man, dass Resonanz auftritt, wenn

$$\omega_0 = k\,\Omega \tag{6.19}$$

wird. Wenn Resonanz vermieden werden muss, darf die Erregerkreisfrequenz Ω oder ein ganzzahliges Vielfaches davon nicht mit dem Wert des Systemparameters „Eigenkreisfrequenz" übereinstimmen.

Nach den bisherigen Überlegungen wachsen die Amplituden bei Resonanz schließlich beliebig stark an. In Wirklichkeit trifft dies nicht zu, d. h. auch im Resonanzfall bleiben die Amplituden begrenzt. Dies hat vor allem zwei Gründe. Erstens wird bei einem Anwachsen der Amplituden schließlich das lineare Federgesetz nicht mehr gelten. Die „Federkonstante" ändert sich. Damit ändert sich auch die „Eigenkreisfrequenz", die dann nicht mehr mit der Erregerkreisfrequenz übereinstimmt. Man spricht von einer „Verstimmung" des Systems. Zweitens ist bei jedem System Dämpfung vorhanden. Im folgenden 7. Abschnitt wird man feststellen, dass die Dämpfung bewirkt, dass nur endliche Amplituden auftreten. Trotzdem spricht man von Resonanz, wenn die Amplituden sehr große Werte annehmen. Von Ausnahmefällen abgesehen (Schwingsiebe und Schwingförderer werden oft im Resonanzbetrieb gefahren) ist der Resonanzfall zu vermeiden.

6.4 Schwingungserregung durch Unwucht

Bei Maschinen mit umlaufenden Massen (Rotor) wird sich auch bei sorgfältigem Auswuchten eine kleine Restunwucht nicht vermeiden lassen. In Bild 6.7 ist eine Maschine dargestellt, die mit ihrem Fundament starr verbunden ist. Die Gesamtmasse von Maschine, Rotor und Fundament sei m_{ges}. Diese Masse ist in y-Richtung geführt und federnd gelagert (Federkonstante k). Der mit der konstanten Maschinendrehzahl n_M umlaufende Rotor besitzt eine Unwucht U, modellierbar als Masse Δm im Abstand a von der Drehachse mit $U = \Delta m\,a$ (Bild 6.7a).

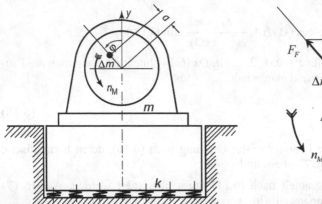

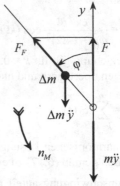

Bild 6.7 a Maschine mit umlaufender Masse   b Trägheitskräfte für m und Δm

Das System kann nur Schwingungen in y-Richtung ausführen. Deren Differentialgleichung kann z. B. mithilfe des Prinzips von Newton in der Fassung von
d'Alembert bestimmt werden. Bei konstanter Drehzahl n_M gilt $\varphi = \Omega t$. Für n_M
(in U/min) bzw. n (in U/s) erhält man $\Omega = 2\,\pi n = \pi n_M/30$ (in 1/s). Aufgrund der
Kreisbewegung von Δm um den in y-Richtung schwingenden Rotormittelpunkt
lassen sich die Trägheitswirkungen auf Δm durch die Fliehkraft F_F und die
Trägheitskraft $\Delta m \ddot{y}$ beschreiben (Bild 6.7 b). In y-Richtung ergibt sich

$$\Sigma F_{iy} = -ky - m\ddot{y} + F - \Delta m \ddot{y} = 0.$$

Mit der Gesamtmasse $m_{ges} = m + \Delta m$ sowie mit $F = F_F \cos \varphi = \Delta m\, a\, \Omega^2 \cos \varphi$
folgt

$$m_{ges} \ddot{y} + ky = \Delta m\, a\, \Omega^2 \cos \Omega t.$$

Die Fliehkraft entspricht also der Kraftamplitude der Erregung

$$\hat{F} = \Delta m\, a\, \Omega^2 = U \Omega^2. \tag{6.20}$$

Analog zu (6.10) berechnet sich die Amplitude der erzwungenen Schwingung
(quasistationäre Antwortamplitude) zu

$$\hat{y} = \frac{\Omega^2}{\omega_0^2 - \Omega^2} \frac{U}{m_{ges}}. \tag{6.21}$$

Resonanz ist vorhanden, wenn $\Omega = \omega_0$ oder $n_M = n_0$, d. h. die Maschinendrehzahl gleich der Eigenschwingungszahl ist.

Beispiel 6.2: Schwingförderrinne

Die in Bild 6.8 gezeichnete Schwingförderrinne der Masse $m = 260$ kg ist durch drei gleiche Blattfedern (Material: Federstahl, $E = 2,1 \cdot 10^5$ N/mm^2) gehalten. Die Federn sind an ihrem unteren Ende starr eingespannt, mit der Rinne oben gelenkig verbunden. Die Rinne ist um $\beta = 18°$ gegenüber der Horizontalen geneigt. Sie kann Translationsschwingungen in x-Richtung ausführen. Die Masse der Federn darf vernachlässigt werden.

a) Wie groß ist die Eigenkreisfrequenz für kleine Schwingungen der Rinne in x-Richtung (ohne Dämpfung)? Welchen Einfluss auf das Schwingungsverhalten, insbesondere die Frequenz, hat der Neigungswinkel β?

b) Die Rinne wird durch zwei gegensinnig umlaufende Unwuchtmassen (Bild 6.9), die als Massenpunkte aufgefasst werden können ($\Delta m = 0,8$ kg), in Schwingungen versetzt. Die Unwuchtmassen rotieren mit der Drehzahl $n = 190$ 1/min. Man berechne die Amplitude der auftretenden Erregerkraft und der erzwungenen Schwingungen. Wird die Rinne unterkritisch oder überkritisch gefahren?

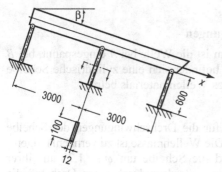

Bild 6.8 Schwingförderrinne

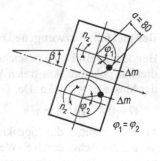

Bild 6.9 Unwuchtmotor

a) Die drei Federn sind parallel geschaltet $k_{ges} = 3k$.

Federkonstante einer Feder $k = 3EI/l^3$, mit $I = bh^3/12$,

$$\omega_0 = \sqrt{\frac{k_{ges}}{m}} = \sqrt{\frac{3 \cdot 3Ebh^3}{l^3 12\,\mathrm{m}}} = \sqrt{\frac{3 \cdot 2,1 \cdot 10^{11}\,\mathrm{kg\,m^{-1}s^{-2}}\,0,1\,\mathrm{m}(0,012)^3\mathrm{m}^3}{0,6^3\mathrm{m}^3\,4 \cdot 260\,\mathrm{kg}}} = 22,01\frac{1}{\mathrm{s}}.$$

Der Neigungswinkel β hat keinen Einfluss auf die Frequenz.

b) $\Omega = \pi\, n/30 = 19,9$ s$^{-1} < \omega_0$, also unterkritischer Betrieb. Erregerkraftamplitude $\hat{F} = 2\Delta m\, a\, \Omega^2 = 50,67$ N,

$$\hat{x} = \frac{\hat{F}/m}{\omega_0^2 - \Omega^2} = 0{,}0022 \text{ m} = 0{,}22 \text{ cm}.$$

Bei den bisherigen Betrachtungen von erzwungenen Schwingungen werden nur Längsschwingungen behandelt. Die analogen Zusammenhänge und Beziehungen gelten natürlich auch bei Drehschwingungen. Dies soll das folgende Beispiel verdeutlichen.

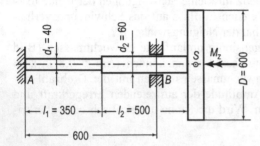

Bild 6.10
Drehschwinger

Beispiel 6.3: Erzwungene Drehschwingungen

Bei dem in Bild 6.10 gezeichneten System ist die Welle bei A eingespannt, bei B drehbar gelagert. Am freien Wellenende befindet sich eine zylindrische Scheibe der Masse $m = 230$ kg. Der Gleitmodul des Wellenmaterials beträgt

$G = 0{,}8 \cdot 10^7$ N/cm^2.

a) Man ermittle die Eigenkreisfrequenz für die Drehschwingungen der Scheibe um die Achse durch S (Wellenachse). Die Wellenmasse ist zu vernachlässigen.

b) Bei einem Schwingungsversuch wird die Scheibe um $\varphi_0 = 1{,}2°$ aus ihrer Gleichgewichtslage ausgelenkt und ihr außerdem durch einen Drehstoß die Winkelgeschwindigkeit $\dot{\varphi}_0 = 0{,}6$ 1/s erteilt. Wie lautet das Bewegungsgesetz für die auftretenden Drehschwingungen? Welche Winkelgeschwindigkeit hat die Scheibe zum Zeitpunkt $t_1 = 0{,}03$ s?

c) Auf die Scheibe wirkt ein periodisches Erregermoment in Richtung der Wellenachse: $M = \hat{M} \sin \Omega t$, mit $\hat{M} = 382$ Nm, $\Omega = 70$ 1/s. Wie groß werden die Amplituden der dadurch erzwungenen Schwingungen (ohne Eigenschwingungen)?

a) Die beiden Wellenabschnitte stellen hintereinander geschaltete Drehfedern dar,

$$k_D = \frac{k_{D1} k_{D2}}{k_{D1} + k_{D2}} \quad \text{mit} \quad k_{D1} = \frac{G I_{p1}}{l_1} \quad k_{D2} = \frac{G I_{p2}}{l_2}.$$

Durch einfache Umformung erhält man

$$k_D = \frac{G\,I_{p1}}{l_2\dfrac{I_{p1}}{I_{p2}}+l_1} = \frac{0{,}8\cdot 10^{11}\,\text{N} / \text{m}^2 \cdot \pi \cdot 0{,}04^4 / 32\,\text{m}^4}{0{,}5\,\text{m}\left(\dfrac{4}{6}\right)^4 + 0{,}35\,\text{m}} = 44803\,\text{Nm} ,$$

$$J_S = \frac{1}{2}m\left(\frac{D}{2}\right)^2 = \frac{1}{8}230\,\text{kg}\,(0{,}6\,\text{m})^2 = 10{,}35\,\text{kg}\,\text{m}^2 ,$$

$$\omega_0 = \sqrt{k_D/J_S} = \sqrt{\frac{44803\,\text{Nm}}{10{,}35\,\text{kg}\,\text{m}^2}} = 65{,}81/\text{s} .$$

b) Die Anfangsbedingungen sind $\varphi\,(0) = \varphi_0 = 0{,}02094$; $\dot\varphi(0) = \dot\varphi_0 = 0{,}6$ 1/s. Das Bewegungsgesetz kann analog zu (4.6) sofort angegeben werden

$$\varphi = \varphi_0 \cos\omega_0 t + \frac{\dot\varphi_0}{\omega_0}\sin\omega_0 t, \qquad \text{oder mit Zahlenwerten}$$

$$\varphi = 0{,}02094 \cos\left(65{,}8\frac{1}{\text{s}}t\right) + 0{,}00912 \sin\left(65{,}8\frac{1}{\text{s}}t\right),$$

$$\dot\varphi = -1{,}3776\frac{1}{\text{s}}\sin\left(65{,}8\frac{1}{\text{s}}t\right) + 0{,}6000\frac{1}{\text{s}}\cos\left(65{,}8\frac{1}{\text{s}}t\right),$$

$$\dot\varphi(t_1) = -1{,}503 \text{ 1/s}.$$

c) Auf die Masse wirken das Rückstellmoment $M_r = -k_D\,\varphi$ und das Erregermoment

$M = \hat{M} \sin \Omega t.$

Das dynamische Grundgesetz der Drehung liefert $-k_D\varphi + M = J_S\,\ddot\varphi$ oder

$$\ddot\varphi + \omega_0^2\varphi = \frac{\hat{M}}{J_S}\sin\Omega t \qquad \text{mit} \qquad \omega_0 = \sqrt{\frac{k_D}{J_S}} .$$

Für die erzwungene Schwingung macht man den Ansatz: $\varphi = \hat\varphi \sin \Omega t$. Durch Einsetzen in die Bewegungsgleichung erhält man (siehe auch (6.9) mit $\hat{F} \to \hat{M}$ und $m \to J_S$)

$$\hat\varphi = \frac{\hat{M}/J_S}{\omega_0^2 - \Omega^2} = -0{,}0646 = -3{,}70° .$$

Das Minus-Zeichen ergibt sich, da überkritisch erregt wird.

6.5 Kritische Drehzahl

Auf einer Welle ist eine Scheibe der Masse m so angebracht, dass deren Schwerpunkt S nicht auf der Wellenachse liegt. Die Exzentrizität sei e (Bild 6.11). Welle und Scheibe rotieren mit der Winkelgeschwindigkeit Ω_W. Wie schon in Kap. 6.4, lässt sich die Trägheitswirkung der Drehung durch die Fliehkraft darstellen. Die Welle erfährt eine quasistationäre Ausbiegung x. Damit ist die Fliehkraft

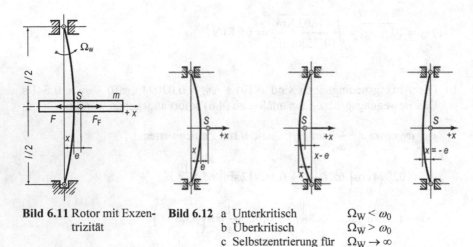

Bild 6.11 Rotor mit Exzentrizität

Bild 6.12 a Unterkritisch $\Omega_W < \omega_0$
                 b Überkritisch $\Omega_W > \omega_0$
                 c Selbstzentrierung für $\Omega_W \to \infty$

$$F_F = m\,(e + x)\,\Omega_W^2\,.$$

Die Rückstellkraft aus der Verbiegung der Welle beträgt

$$F = -\,k\,x\,.$$

Beide Kräfte müssen sich das Gleichgewicht halten. Daraus folgt

$$m\,(e + x)\,\Omega_W^2 = k\,x \quad\text{oder}\quad x\,(k - m\,\Omega_W^2) = m\,e\,\Omega_W^2\,.$$

Daraus ergibt sich die Beziehung

$$x = \frac{m e \Omega_W^2}{k - m\Omega_W^2} = \frac{\Omega_W^2}{\omega_0^2 - \Omega_W^2}\cdot e\,. \tag{6.22}$$

Dabei wäre $\omega_0 = \sqrt{k/m}$ die Eigenkreisfrequenz des Systems für Schwingungen in x-Richtung.

Die formale Ähnlichkeit von (6.22) und (6.21) lässt die Aussage zu, dass die (quasistationäre) umlaufende Auslenkung (konstante Biegung) derselben (formalen) Berechnungsformel genügt wie die Amplitude einer nur in x-Richtung erzwungenen Schwingung (mit wechselnder Biegung). Man stellt auch hier fest, dass für $\Omega_W \to \omega_0$ die Auslenkung über alle Grenzen geht. Man nennt deshalb $\Omega_W = \sqrt{k/m} = \Omega_{krit}$ die *kritische Winkelgeschwindigkeit*.

Bei unterkritischem Betrieb ($\Omega_W < \omega_0$) addieren sich x und e (Bild 6.12a). Der Lauf ist relativ unruhig. Bei überkritischem Betrieb ($\Omega_W > \omega_0$) wird $x < 0$. Der Abstand des Schwerpunkts von der Drehachse wird kleiner (Bild 6.12b). Wird die Drehzahl weiter erhöht, so wandert der Schwerpunkt schließlich in die Drehachse (Bild 6.12c), wobei gilt

$$\lim_{\Omega_W \to \infty} \frac{m e \Omega_W^2}{k - m \Omega_W^2} = \lim_{\Omega_W \to \infty} \frac{m e}{\dfrac{k}{\Omega_W^2} - m} = -e .$$

Der Lauf im überkritischen Betrieb ist relativ ruhig.

Beispiel 6.4: Erregung durch Erschütterungen

Eine Maschine der Masse m ist in y-Richtung elastisch gelagert (Gesamtfederkonstante k, Bild 6.13). Durch in der Nähe befindliche andere Maschinen entstehen Erschütterungen, die praktisch eine periodische Bewegung des Untergrundes in vertikaler Richtung sind. Für die Bewegung des Untergrundes gilt (siehe Kap. 7.3, Fußpunkterregung)

$$u = \hat{u} \sin \Omega t.$$

Man untersuche die hierdurch entstehende Schwingungsbewegung der Masse m in vertikaler Richtung (y-Richtung). Dämpfungseinflüsse dürfen vernachlässigt werden.

a) Man stelle die Schwingungsdifferentialgleichung auf.

b) Geben Sie für die erzwungene Schwingung (stationärer Zustand) Kreisfrequenz und Amplitude an.

c) Wie lautet die Bewegungsfunktion, wenn zum Zeitpunkt $t = 0$ die Masse m in ihrer statischen Gleichgewichtslage in Ruhe ist?

a) Bei der in Bild 6.14 gezeichneten ausgelenkten Lage ist der Federweg $u - y$ und die Federkraft $F_{Fe} = F_v + k\,(u - y) = m\,g + k\,(u - y)$.

Nach Newton gilt $+ F_{Fe} - F_G = m\,\ddot{y}$ oder $k\,(u - y) = m\,\ddot{y}$.

Umgeformt erhält man

$$\ddot{y} + \frac{k}{m}\,y = \frac{k}{m}\,u = \frac{k}{m}\,\hat{u} \sin \Omega t .$$

Dies ist die gesuchte Schwingungsdifferentialgleichung. Man setzt wieder

$$\frac{k}{m} = \omega_0^2 .$$

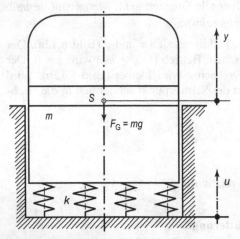

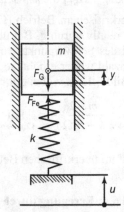

Bild 6.13 Fußpunkterregung   **Bild 6.14** Kräfte am System

b) Die Kreisfrequenz ist Ω. Mit dem Ansatz

$$y = \hat{y} \sin \Omega t$$

erhält man durch Einsetzen in die Differentialgleichung für die Amplitude

$$\hat{y} = \frac{\omega_0^2 \hat{u}}{\omega_0^2 - \Omega^2} = \frac{\hat{u}}{1 - (\Omega / \omega_0)^2} .$$

c) Die tatsächliche Schwingbewegung setzt sich zusammen aus der Eigen-schwingung und der partikulären Lösung

$$y = C_1 \cos \omega_0 t + C_2 \sin \omega_0 t + \hat{y} \sin \Omega t .$$

Die Konstanten ergeben sich aus den Anfangsbedingungen

$$y(0) = 0 = C_1 1 + C_2 0 + \hat{y} 0 \implies C_1 = 0.$$

$$\dot{y}(0) = 0 = -C_1 \omega_0 \cdot 0 + C_2 \omega_0 \cdot 1 + \hat{y} \Omega \cdot 1 \implies C_2 = -\hat{y} \frac{\Omega}{\omega_0} .$$

Damit lautet die Bewegungsfunktion

$$y = -\hat{y} \frac{\Omega}{\omega_0} \sin \omega_0 t + \hat{y} \sin \Omega t = \hat{y} \left(\sin \Omega t - \frac{\Omega}{\omega_0} \sin \omega_0 t \right) .$$

6.6 Aufgaben

Aufgabe 6.1: Die in Bild 6.15 gezeichnete Zentrifuge der Gesamtmasse $m =$ 2400 kg ist in 4 symmetrisch angeordneten Punkten über Stahlbolzen ($l = 400$ mm, $d = 28$ mm) und Schraubenfedern ($d = 30$ mm, $D = 200$ mm, $i = 3,5$) aufgehängt.

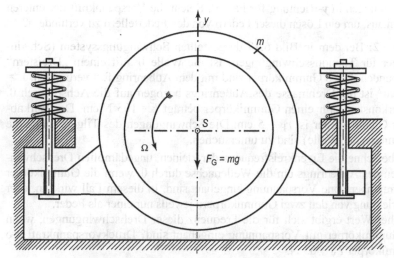

Bild 6.15 Zentrifuge

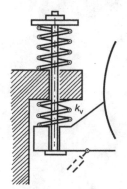

Bild 6.16 Aufhängung mit Zusatzfeder

a) Man berechne die Eigenkreisfrequenz ω_{0y} für die Schwingungen in y-Richtung.

b) Bei der in Bild 6.15 gezeichneten Aufhängung besteht die Gefahr, dass die Maschine „springt", d. h. die Schraubenfedern heben sich von den Federtellern ab. Um dies zu verhindern, wird an jeder Lagerstelle eine zusätzliche

Schraubenfeder eingebaut (Bild 6.16). Diese Schraubenfedern sind mit $F_v =$ 1500 N vorgespannt und haben die Federkonstante $k_v = 1{,}5 \cdot 10^5$ N/m. Wie groß ist jetzt ω_{0y}? Welchen Einfluss hat die Vorspannkraft F_v auf die Eigenfrequenz?

c) Bei der Betriebsdrehzahl $n = 300$ 1/min ist die Unwucht $\Delta m\, a = 4{,}8$ kg m vorhanden. Man berechne die Amplitude der erzwungenen, ungedämpften Schwingungen in y-Richtung für Fall b). Reicht die Vorspannkraft der unteren Federn aus, um ein Lösen dieser Federn von den Federtellern zu verhindern?

Aufgabe 6.2: Bei dem in Bild 6.17 dargestellten Schwingungssystem (Schwingungstilger für Torsionsschwingungen) ist die Welle W mit einem „Dreistern" starr verbunden. Die 6 Gummikörper sind mit dem Außenring fest verbunden. $J_0 =$ 120 kg cm^2 ist die Drehmasse des Außenrings bezogen auf die Achse durch 0. Die Federkonstante für einen Gummikörper beträgt $k = 105$ N/cm. Der Wirkabstand der Gummikörper ist $r_F = 5$ cm. Die Schwingungen des Tilgers (ohne die Schwingungen der Welle) sind zu untersuchen.

a) Man berechne die Eigenkreisfrequenz der kleinen, ungedämpften Drehschwingungen des Außenrings um die Wellenachse durch 0, wenn die Gummikörper spielfrei, aber ohne Vorspannung eingebaut sind. In diesem Fall wirkt in jeder Drehrichtung von den zwei Gummikörpern jeweils nur einer als Feder.

b) Welcher Wert ergibt sich für die Frequenz dieser Drehschwingungen, wenn die Gummikörper mit Vorspannung eingebaut sind? Druckvorspannkraft pro Gummikörper $F_v = 65$ N.

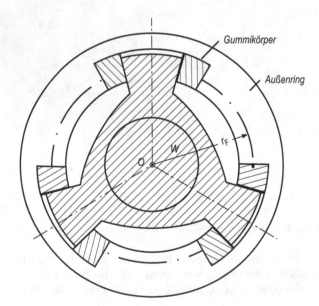

Bild 6.17
Schwingungstilger

c) Welcher Wert ergibt sich für die Eigenkreisfrequenz im Fall b), wenn die Dämpfung der Gummifederelemente berücksichtigt wird? Die Dämpfungskonstante für ein Gummifederelement ist $d = 60$ kg/s.

d) Die Welle W führt harmonische Drehschwingungen um ihre Achse mit der Kreisfrequenz $\Omega = 120$ s^{-1} und der Amplitude $\hat{\phi} = 0,01$ rad aus. Man berechne die Amplitude der erzwungenen Schwingungen des Außenrings, wenn wie bei Frage b) die Gummifedern vorgespannt sind und die Dämpfung nicht berücksichtigt wird. Man kontrolliere, ob die gewählte Vorspannkraft $F_V = 65$ N ausreicht.

Aufgabe 6.3: Ein Messgerät der Masse $m = 20$ kg (Bild 6.18) soll auf einer horizontalen Platte aufgestellt werden, die in vertikaler Richtung (y-Richtung) schwingt. Die Plattenschwingungen werden durch einen mit $n_M = 1800$ l/min umlaufenden Motor erregt. Die Amplitude der Plattenschwingungen ist mit 0,03 mm gemessen worden (Fußpunktanregung).

a) Die Amplitude der vertikalen Schwingungen des Messgeräts soll höchstens 0,003 mm betragen. Wie groß muss die Federkonstante k für eine Feder sein, wenn das Messgerät auf 4 Federn abgestützt ist? Welche größten Federkräfte entstehen?

b) Um das Massenträgheitsmoment des Messgeräts bezogen auf seine Schwerachse zu ermitteln, wird es wie bei Frage a) durch vier Federn mit $k = 12\,000$ N/m unterstützt, zusätzlich aber in 0 drehbar gelagert (Bild 6.19). Für 30 volle Eigenschwingungen um die horizontale Achse durch 0 sind $\Delta t = 3,6$ s gemessen worden. Die Platte ist dabei in Ruhe gewesen.

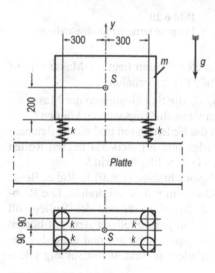

Bild 6.18 Hubschwinger

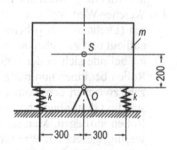

Bild 6.19 Drehschwinger

Aufgabe 6.4: Eine Vollwelle (l_1 = 700 mm, d_1 = 50 mm) ist bei E starr einge-spannt (Bild 6.20). Sie trägt an ihrem freien Ende bei A eine mit ihr starr verbun-dene Platte. Mit dieser Platte ist ebenfalls starr verbunden eine Hohlwelle (l_2 = 420 mm, d_{2i} = 80 mm, d_{2a} = 90 mm), die an ihrem freien Ende einen rotations-symmetrischen Körper vom Massenträgheitsmoment J_S = 6,38 kg m^2 trägt. Die Drehmassen der Wellen und der als starr zu betrachtenden Platte sind zu ver-nachlässigen.

a) Wie groß ist die Eigenkreisfrequenz des Systems für die Drehschwingungen um die Wellenachse (G = 0,8 · 10^{11} N/m^2)?

b) Der Lagerpunkt E führt harmonische Drehschwingungen um die Wellenachse aus. Für seine Bewegung gilt $\varphi_E = \hat{\varphi}_E \cos \Omega t$ mit $\hat{\varphi}_E$ = 0,08 rad, Ω = 100 1/s.

Wie groß sind Amplitude und Frequenz der hierdurch erregten Drehschwin-gungen des Systems? Welches maximale Moment tritt in den Wellen auf? Wie beurteilen Sie die auftretenden Schwingungen? Welche evtl. erforderli-chen Maßnahmen schlagen Sie vor?

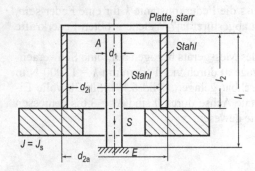

Bild 6.20
Fußpunkterregter Drehschwinger

Aufgabe 6.5: Bei dem in Bild 6.21 gezeichneten System liegt die Masse m_1 auf zwei Rollen auf und ist durch zwei horizontale Federn gehalten.

a) Wie groß ist die Eigenkreisfrequenz ω_{0x} für die Schwingungen der Masse m_1 in x-Richtung, wenn alle übrigen Massen vernachlässigt werden können?

b) Welcher Wert ergibt sich für ω_{0x}, wenn die Federmassen und die Rollenmas-sen (Drehmasse J_{S2}) berücksichtigt werden und m_1 stets auf beiden Rollen aufliegt und zwischen m_1 und den Rollen kein Schlupf auftritt?

c) m_1 befinde sich in der statischen Gleichgewichtslage (x = 0) in Ruhe. Beide Rollen beginnen nun plötzlich sich rechtsherum mit ω^* zu drehen. Die Reib-zahl zwischen den Rollen und m_1 sei μ. Zwischen m_1 und den Rollen soll ständig Gleitreibung herrschen und m_1 soll in jeder Stellung stets auf beiden Rollen aufliegen. Man stelle die Bewegungsgleichung auf und gebe das Be-wegungsgesetz an. Wie groß muss ω^* mindestens sein, damit ständig Gleit-reibung auftritt?

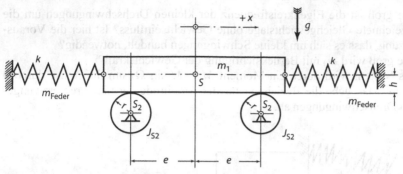

Bild 6.21 Zusammengesetztes Schwingersystem

Aufgabe 6.6: Für den in Bild 6.22 gezeichneten Einachsanhänger sind die kleinen Drehschwingungen um die horizontale Achse durch den Anlenkpunkt 0 zu untersuchen. Die Masse von Rädern, Achse und Federn kann gegenüber m vernachlässigt werden.

a) Man gebe die Eigenkreisfrequenz ohne Dämpfung an
   $$\omega_0 = \omega_0\,(m,\,J_S,\,l_m,\,l,\,k_W,\,k_R).$$

b) Wie groß muss die Dämpfungskonstante des Systems d_{ges} gewählt werden, damit eine Anfangsauslenkung A_0 nach 2 vollen Schwingungen auf $A_0/50$ zurückgeht? Die Dämpfer seien dabei im Abstand l von 0 vertikal angebracht.

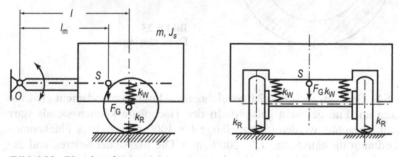

Bild 6.22 Einachsanhänger

c) Beim Fahren des Anhängers über eine „Wellenstraße" (Wellenlänge b) gibt es eine kritische Geschwindigkeit v_{krit}. Man gebe sie für den Fall an, dass die Dämpfung vernachlässigt wird.

Aufgabe 6.7: Das in Bild 6.23 gezeichnete Dynamometer zur Messung des Reibmoments in Kugellagern besteht aus einem Hohlzylinder (m_1, r_i, r_a), einem homogenen Stab (m_2, l) und einer Feder, die so geführt ist, dass sie ihre Kreisform stets beibehält.

a) Wie groß ist die Eigenkreisfrequenz der kleinen Drehschwingungen um die gezeichnete Gleichgewichtslage ohne Gewichtseinfluss? Ist hier die Voraussetzung, dass es sich um kleine Schwingungen handelt, notwendig?

b) Wie groß wird ω_0 mit Berücksichtigung der Gewichtskraft?

c) Das System wird durch ein Moment $M = \hat{M} \sin \Omega t$ um die Achse durch 0 erregt. Man gebe die Beziehung für die Amplitude der hierdurch erzwungenen Drehschwingungen an.

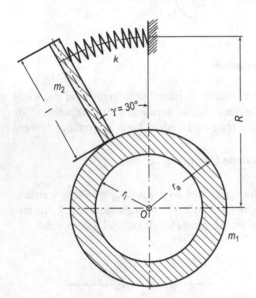

Bild 6.23
Drehschwinger

Aufgabe 6.8: Bei dem in Bild 6.24 gezeichneten Maschinenfundament sind die vier Stützen am Fuß gelenkig gelagert. In der Tischplatte können sie als starr eingespannt betrachtet werden (Stützenlänge $l = 4000$ mm, axiales Flächenmoment 2. Ordnung für eine Stütze $I_x = 2000$ cm^4). Die Masse der Stützen und die Dämpfung sind zu vernachlässigen. Tischplatte und Maschine sind als ein starrer Körper der Masse $m = 6000$ kg zu betrachten.

a) Für die waagerechten Schwingungen der Maschine einschließlich der Tischplatte in y-Richtung ermittle man die Eigenfrequenz f_{0y}.

b) Wie groß sind die Amplituden der erzwungenen Schwingung in y-Richtung, wenn der Schwerpunkt des Rotors um $a = 0,14$ mm neben der Drehachse liegt? Seine Masse ist $m_{Rotor} = 300$ kg, seine Drehzahl $n_M = 90$ min^{-1}.

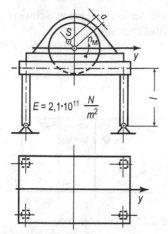

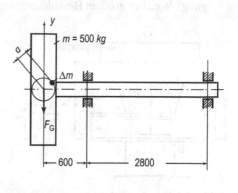

Bild 6.24 Maschinenfundament

Bild 6.25 Biegeschwingungen einer Welle mit Einzelmasse

Aufgabe 6.9: Das in Bild 6.25 gezeichnete System führt Biegeschwingungen in vertikaler Richtung aus.

a) Man berechne die Eigenfrequenz f_0.

b) Auf m befindet sich ein Unwuchtmotor mit einer umlaufenden Masse $\Delta m = 2$ kg im Abstand $a = 6$ cm von der Drehachse, der mit der Drehzahl $n = 2900$ l/min arbeitet. Wie groß ist die Amplitude der erzwungenen Schwingung? Die Masse der Welle ist zu vernachlässigen,

c) Wie groß ist die Eigenkreisfrequenz der gedämpften Schwingung des Systems, wenn die Dämpfung durch innere Reibung durch eine Dämpfungsziffer von $d = 600$ N s/cm erfasst wird? Biegesteifigkeit der Welle $E I = 2,1 \cdot 10^7$ N m^2.

Aufgabe 6.10: Der in Bild 6.26 gezeichnete Schwingtisch ist durch die beiden an ihm eingespannten Blattfedern AB und $\overline{AB}$ auf den beiden, als starr anzusehenden Lenkern BC und $\overline{BC}$ abgestützt, die sich ihrerseits auf den beiden im Fundament starr eingespannten Blattfedern CD und $\overline{CD}$ abstützen. Alle vier Blattfedern haben gleichen Querschnitt und gleiche federnde Länge $l = \overline{AB} = 180$ mm ($E = 2,1 \cdot 10^{11}$ N/m^2). Die Anschlüsse zwischen den Lenkern und den Blattfedern bei $B, C, \overline{B}, \overline{C}$ können als Gelenke betrachtet werden. Die Masse des Schwingtisches beträgt 32 kg, die des auf dem Schwingtisch aufgespannten Prüfkörpers 2,7 kg.

a) Wie groß ist die Eigenfrequenz des Systems für die Vertikalschwingungen (Schwingungen in y-Richtung)?

b) Das System wird erregt durch zwei am Schwingtisch angebrachte Schwungscheiben (Bild 6.27), die im Abstand $a = 40$ mm von ihrer Drehachse die Unwuchtmassen $\Delta m = 0,6$ kg tragen (Drehzahl $n = 320$ l/min). Die Scheibenebene fällt mit der Symmetrieebene des Systems zusammen. Wie groß ist die Amplitude der Erregerkraft? Wie groß wird die Amplitude der erzwungenen Schwingung? Welcher größten Beschleunigung ist der Prüfkörper ausgesetzt?

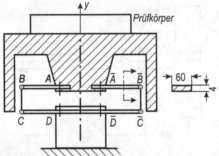

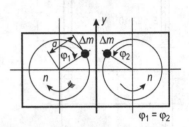

Bild 6.26 Schwingtisch   **Bild 6.27** Unwuchtmotor

Aufgabe 6.11: Eine (starre) Platte der Breite a und der Höhe $2a$ sowie der Masse m ist in A gelenkig gelagert (Bild 6.28). Am rechten unteren Eck ist ein Balken (Elastizitätsmodul E, Länge l, Rechteckquerschnitt mit Höhe h und Breite b) angeschweißt. Der Fußpunkt B am rechten Ende des Balkens wird periodisch mit $u(t) = u_0\big(\cos(\Omega_0 t) - 0{,}5\cos(4\Omega_0 t)\big)$ angeregt.

a) Geben Sie die Balkensteifigkeit k_B in Abhängigkeit von den gegebenen Parametern an.

b) Der Dämpfungsgrad beträgt $\vartheta = 0{,}2$. Wie groß sind die Amplituden der Verdrehung der 1. und 4. Harmonischen?

c) Wie groß ist der Effektivwert der Querkraft (quadratische Überlagerung der Einzeleffektivwerte) im Balken im ungedämpften Fall?

Es gilt: $k_B = 30$ N/cm, $m = 2$ kg, $2a = l = 40$ cm, $u_0 = 20$ mm und $T_0 = 0{,}3$ s.

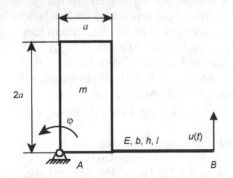

Bild 6.28 Fußpunkterregter Drehschwinger

7 Erzwungene Schwingungen von Systemen mit einem Freiheitsgrad mit Dämpfung

Für lineare Systeme lassen sich die Bewegungsdifferentialgleichungen mit einer verallgemeinerten Koordinate $q\,(t)$ darstellen als

$$a_2\,\ddot{q}(t) + a_1\,\dot{q}(t) + a_0\,q(t) = b_0\,u(t)\ ,\tag{7.1}$$

wobei die Lagekoordinate $q\,(t)$ eine Auslenkung $q\,(t) = x\,(t)$ oder eine Drehung $q\,(t) = \varphi\,(t)$ sein kann. Entsprechend sind die Koeffizienten als Parameter zu identifizieren, z. B. für einen „Ersatz"-Längsschwinger mit einer Erregerkraft (Bild 7.1) über die Differentialgleichung

$$\begin{aligned}&m_{\mathrm{ers}}\,\ddot{x}(t) + d_{\mathrm{ers}}\,\dot{x}(t) + k_{\mathrm{ers}}\,x(t) = F(t),\\ &\Rightarrow a_2 = m_{\mathrm{ers}},\, a_1 = d_{\mathrm{ers}},\, a_0 = k_{\mathrm{ers}}\end{aligned}\tag{7.2}$$

und die inhomogene (rechte) Seite als Erregung

$$b_0\,u(t) = F(t)\ .\tag{7.3}$$

Für einen „Ersatz"-Drehschwinger mit einem Erregermoment (Bild 7.2) gilt

$$\begin{aligned}&J_{\mathrm{ers}}\,\ddot{\varphi}(t) + d_{\mathrm{Ders}}\,\dot{\varphi}(t) + k_{\mathrm{Ders}}\,\varphi(t) = M(t),\\ &\Rightarrow a_2 = J_{\mathrm{ers}},\, a_1 = d_{\mathrm{Ders}},\, a_0 = k_{\mathrm{Ders}},\\ &\Rightarrow b_0\,u(t) = M(t).\end{aligned}\tag{7.4}$$

Für die Schwingungstechnik bietet sich die Normalform

$$\ddot{q}(t) + 2\,\vartheta\,\omega_0\,\dot{q}(t) + \omega_0^2\,q(t) = a(t)\tag{7.5}$$

mit den bekannten Parametern für die Eigenkreisfrequenz (Kap. 4)

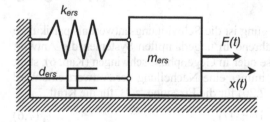

Bild 7.1
Krafterregter Längsschwinger

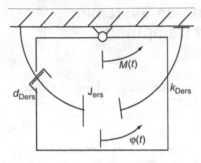

Bild 7.2
Drehschwinger mit
Momentenerregung

$$\omega_0^2 = \frac{a_0}{a_2} \ \text{oder} \ \omega_0^2 = \frac{k_{\text{ers}}}{m_{\text{ers}}} \ \text{oder} \ \omega_0^2 = \frac{k_{\text{Ders}}}{J_{\text{ers}}}$$

und die Dämpfung (Kap. 5)

$$2\delta = 2\vartheta\,\omega_0 = \frac{a_1}{a_2} \ \text{oder} \ 2\delta = 2\vartheta\omega_0 = \frac{d_{\text{ers}}}{m_{\text{ers}}} \ \text{oder} \ 2\delta = 2\vartheta\,\omega_0 = \frac{d_{\text{Ders}}}{J_{\text{ers}}}$$

an. Je nach Problemstellung ist die eine oder andere Form vorteilhafter.

Die auftretende Schwingungsbewegung wird durch die Lösung von (7.5) bzw. (7.1) beschrieben. Sie setzt sich zusammen aus der gedämpften Eigenschwingung (Lösung der zugehörigen homogenen Gleichung, vgl. Kap. 5) und einer partikulären Lösung der inhomogenen Gleichung. Die Eigenschwingung klingt mit der Zeit ab, so dass schließlich nur die partikuläre Lösung übrig bleibt.

Wenn man sich für den „Einschwingvorgang" nicht interessiert, wenn also nur der nach einiger Zeit sich einstellende „stationäre Schwingungszustand" untersucht werden soll, braucht man nur die partikuläre Lösung zu betrachten, die entsprechend zu Kap. 6 wieder als *erzwungene Schwingung* bezeichnet wird.

7.1 Harmonische Erregerkraft – Komplexer Frequenzgang

Bei einer harmonischen Fremderregung ist die Schwingungsantwort als partikuläre Lösung ebenfalls harmonisch. Während in ungedämpften Systemen die Antwort und die Erregung entweder in Phase oder in Gegenphase schwingen (Kap. 6), stellt sich bei Systemen mit Dämpfung immer eine Nacheilung der Antwort ein. Wird die komplexe Erweiterung (analog 2.20) für die Erregung, z. B. für die Kraft

$$\underline{F}(t) = \hat{F}\,e^{j\Omega t} = \hat{F}(\cos\Omega\,t + j\sin\Omega t), \qquad (7.6)$$

gewählt, so wird die Schwingungsantwort

$$\underline{x}(t) = \hat{\underline{x}}\,e^{j\Omega t} \qquad (7.7)$$

ebenfalls komplex angesetzt und enthält in der komplexen Amplitude

$$\hat{\underline{x}} = \hat{x}e^{-j\zeta} \tag{7.8}$$

sowohl die Amplitude als Betrag wie auch die Nacheilung als Phasenwinkel ζ, der immer positiv sein muss. Entsprechendes gilt für eine Erregung mit Sinus- oder Kosinus-Verlauf, zusammenfassend

$$\begin{aligned}
\underline{x}(t) &= \hat{x}e^{\,j(\Omega t - \zeta)} \text{ bei } \underline{F}(t) = \hat{F}e^{j\Omega t}, \\
x(t) &= \hat{x}\sin(\Omega t - \zeta) \text{ bei } F(t) = \hat{F}\sin\Omega t, \\
x(t) &= \hat{x}\cos(\Omega t - \zeta) \text{ bei } F(t) = \hat{F}\cos\Omega t.
\end{aligned} \tag{7.9}$$

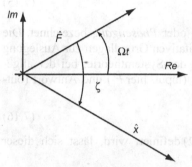

Bild 7.3
Erzwungene Schwingungen –
komplexe Zeiger

Für die komplexen Schwingungen illustriert das Zeigerdiagramm die entsprechenden Zeitverläufe als rotierende Zeiger, siehe Bild 7.3.

Um den Zusammenhang zwischen der Erregung und der Antwort zu finden, wird der Schwingungsansatz (7.7) mit seinen Ableitungen

$$\underline{x}(t) = \hat{\underline{x}}\,e^{j\Omega t},\ \dot{\underline{x}}(t) = \hat{\underline{x}}\,(j\Omega)e^{j\Omega t},\ \ddot{\underline{x}}(t) = \hat{\underline{x}}\,(j\Omega)^2\,e^{j\Omega t} = -\hat{\underline{x}}\,\Omega^2\,e^{j\Omega t}\,(7.10)$$

in die Differentialgleichung (7.2) eingesetzt

$$m_{\text{ers}}\,\hat{\underline{x}}\,(-\Omega^2)e^{j\Omega t} + d_{\text{ers}}\,\hat{\underline{x}}(j\Omega)e^{j\Omega t} + k_{\text{ers}}\,\hat{\underline{x}}\,e^{j\Omega t} = \hat{F}e^{j\Omega t}. \tag{7.11}$$

Nach dem Ausklammern der Zeitfunktion folgt durch Koeffizientenvergleich

$$\begin{aligned}
(-\Omega^2 m_{\text{ers}} + d_{\text{ers}}\,(j\Omega) + k_{\text{ers}})\hat{\underline{x}} &= \hat{F} \\
\left[(-\Omega^2 m_{\text{ers}} + k_{\text{ers}}) + j\,(d_{\text{ers}}\,\Omega)\right]\hat{\underline{x}} &= \hat{F}
\end{aligned} \tag{7.12}$$

und damit ein einfacher algebraischer Zusammenhang zwischen der Amplitude $\hat{F}$ der Erregerkraft und der komplexen Amplitude $\hat{\underline{x}}$ der Schwingungsantwort:

$$\hat{\underline{x}}(j\Omega) = \left[\frac{1}{(-\Omega^2 m_{\text{ers}} + k_{\text{ers}}) + j(d_{\text{ers}}\,\Omega)}\right]\hat{F}. \tag{7.13}$$

Man erhält $\hat{\underline{x}}$ also durch Multiplikation von $\hat{\underline{F}}$ mit einem komplexen Faktor, der sowohl von den Systemparametern als auch von der Erregerkreisfrequenz abhängt. Der Betrag dieses Faktors beschreibt den Zusammenhang zwischen den Amplituden $\hat{F}$ und $\hat{x}$

$$\hat{x}(\Omega) = \left[\frac{1}{\sqrt{(-\Omega^2 m_{\mathrm{ers}} + k_{\mathrm{ers}})^2 + (d_{\mathrm{ers}}\,\Omega)^2}} \right] \hat{F} \tag{7.14}$$

und wird, aufgefasst als Funktion von Ω, als Amplitudenfrequenzgang oder *Amplitudengang* (kurz: Frequenzgang) bezeichnet. Der Winkel des komplexen Faktors stellt den Phasenwinkel ζ aus (7.8) dar

$$\zeta(\Omega) = \arctan\left(\frac{d_{\mathrm{ers}}\,\Omega}{-\Omega^2 m_{\mathrm{ers}} + k_{\mathrm{ers}}} \right) \geq 0 \,. \tag{7.15}$$

Diese Funktion wird als Phasenfrequenzgang oder *Phasengang* bezeichnet. Die beiden Funktionen sind die wichtigsten quantitativen Grundlagen zur Auslegung periodisch fremderregter Systeme. Im Sinne der Systemtheorie, bei der allgemein der Zusammenhang zwischen Erregung (input, hier $\hat{F}$) und Antwort (output, hier $\hat{\underline{x}}$) über die Beziehung

$$\underline{x} = \underline{H}_{\mathrm{xF}}(\mathrm{j}\Omega)\underline{F} \tag{7.16}$$

mit dem komplexen Frequenzgang $\underline{H}_{\mathrm{xF}}(\mathrm{j}\Omega)$ definiert wird, lässt sich dieser durch den Vergleich mit (7.13) direkt angeben

$$\underline{H}_{\mathrm{xF}}(\mathrm{j}\Omega) = \frac{1}{(-\Omega^2 m_{\mathrm{ers}} + k_{\mathrm{ers}}) + \mathrm{j}\,(d_{\mathrm{ers}}\,\Omega)} \tag{7.17}$$

und im Zeigerdiagramm für $t = 0$ über $\left| \underline{H}_{\mathrm{xF}}(\mathrm{j}\Omega) \right| = \hat{x}/\hat{F}$ identifizieren, siehe Bild 7.4.

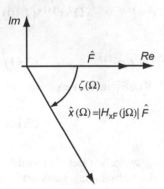

Bild 7.4
Zeiger der Erregung und Schwingungsantwort

Neben dem Amplitudengang nach (7.14) und dem Phasengang nach (7.15) sind weitere Darstellungen üblich, so z. B. die normierte Form

$$\hat{x}(\Omega) = \frac{1}{\sqrt{\left[1 - \left(\dfrac{\Omega}{\omega_0}\right)^2\right]^2 + \left[2\,\vartheta\left(\dfrac{\Omega}{\omega_0}\right)\right]^2}} \frac{\hat{F}}{k_{\text{ers}}}, \qquad (7.18)$$

bei der die dynamische Vergrößerung einer quasistatischen Auslenkung $x_{\text{stat}} = \hat{F}/k_{\text{ers}}$ über die *Vergrößerungsfunktion*

$$V_1 = \frac{1}{\sqrt{(1 - \eta^2)^2 + (2\,\vartheta\,\eta)^2}}, \quad \eta = \frac{\Omega}{\omega_0} \qquad (7.19)$$

dimensionslos ausgedrückt wird. Entsprechend gilt mit der dimensionslosen, normierten Erregerfrequenz $\eta = \Omega/\omega_0$ für die *Phasenfunktion*

$$\zeta(\Omega) = \arctan\left(\frac{2\,\vartheta\,\eta}{1 - \eta^2}\right) \geq 0, \quad \eta = \frac{\Omega}{\omega_0}. \qquad (7.20)$$

Die Vergrößerungsfunktion V_1 ist auch darstellbar als der Betrag des normierten komplexen Frequenzganges, als dessen Input die quasistatische Auslenkung $x_{\text{stat}} = \hat{F}/k_{\text{ers}}$ definiert wird

$$\left|H_{xx_s}(j\Omega)\right| = \left|\frac{\hat{x}}{\hat{F}/k_{\text{ers}}}\right| = V_1. \qquad (7.21)$$

Eine letzte Form ist ebenso gebräuchlich, die insbesondere die Frequenzen zur Beurteilung der Schwingungen direkt enthält. Wird der Amplitudengang nach (7.14) und der Phasengang nach (7.15) mit $1/m_{\text{ers}}$ erweitert, ergibt sich

$$\hat{x}(\Omega) = \left[\frac{1}{\sqrt{(\omega_0{}^2 - \Omega^2)^2 + (2\,\delta\,\Omega)^2}}\right]\hat{a}, \qquad \hat{a} = \frac{\hat{F}}{m_{\text{ers}}} \qquad (7.22)$$

und

$$\zeta(\Omega) = \arctan\left(\frac{2\delta\Omega}{\omega_0{}^2 - \Omega^2}\right) \geq 0. \qquad (7.23)$$

Die Vergrößerungsfunktion $V_1(\eta; \vartheta)$ als normierter Frequenzgang ist in Bild 7.5 dargestellt. Die normierte Erregerfrequenz $\eta = \Omega/\omega_0$ ist die Abszisse, die Vergrößerungsfunktion V_1 die Ordinate, Parameter ist der Dämpfungsgrad ϑ.

Der Phasengang ist in Bild 7.6 dargestellt. Im überkritischen Bereich, bei dem die Erregerfrequenz größer als die Eigenkreisfrequenz ist ($\eta > 1$), ist der Phasenwinkel ζ größer als 90°. Im unterkritischen Bereich ist dieser kleiner als 90°.

Schließlich ist die Darstellung des Übertragungsverhaltens in der komplexen Ebene als *Ortskurve* üblich. In Anlehnung an Bild 7.3 können die beiden Bilder 7.5 und 7.6 mit der Erregerfrequenz als laufendem Parameter aufgetragen werden. Dabei werden die Werte des komplexen Frequenzganges, also nur die Endpunkte der Zeiger, eingezeichnet (Bild 7.7). Für kleine Dämpfungen hat die

Ortskurve näherungsweise die Form eines Kreises mit Durchmesser $1/(2\vartheta)$. Dies wird in der Schwingungsmesstechnik unter dem Namen „Circle-fit"-Verfahren zur Bestimmung von Systemparametern ausgenutzt, sofern die Systemdämpfung genügend klein ist.

Vergrößerungsfunktion (Amplitudengang)

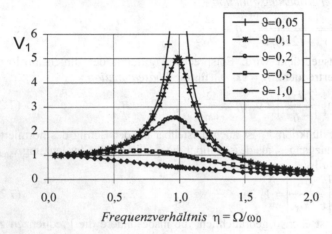

Bild 7.5 Vergrößerungsfunktion $V_1 = \hat{x}/(\hat{F}/k_{ers})$

Phasenfunktion (Phasengang)

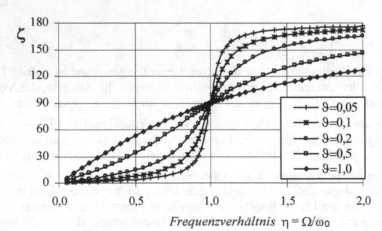

Bild 7.6 Phasenfunktion

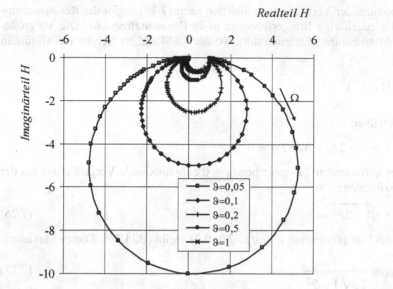

Bild 7.7 Ortskurven des normierten komplexen Frequenzganges

Den Zeitverlauf einer erzwungenen Schwingung zusammen mit der Erregerkraft zeigt Bild 7.8. Die Schwingbewegung $x(t)$ hat die gleiche Frequenz wie die Erregerkraft, hinkt dieser aber um eine Zeitspanne hinterher:

$$\Delta t = \frac{\zeta}{\Omega}. \tag{7.24}$$

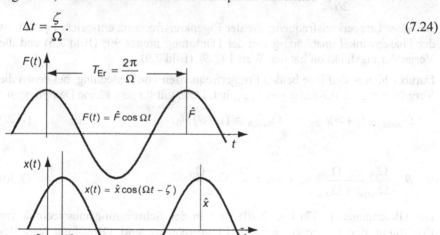

Bild 7.8 Zeitverlauf der Erregerkraft und der erzwungenen Schwingung

Das Maximum der Vergrößerungsfunktion nach (7.19) ergibt die Resonanzamplitude, die zugehörige Erregerfrequenz heißt Resonanzfrequenz. Die Vergrößerungsfunktion hat ihr Maximum dort, wo der Radikand im Nenner ein Minimum hat. Aus

$$\frac{d}{d\eta}\left[\left(1-\eta^2\right)^2 + \left(2\vartheta\eta\right)^2\right] = 0 \tag{7.25}$$

ergibt sich über

$$2(1-\eta^2)(-2\eta) + 4\vartheta^2 2\eta = 0$$

außer der horizontalen Tangente bei $\eta_1 = 0$ eine maximale Vergrößerung bei der Resonanzfrequenz

$$\Omega_R = \sqrt{1 - 2\vartheta^2}\ \omega_0, \tag{7.26}$$

solange das Dämpfungsmaß $\vartheta \leq \sqrt{2}/2 \approx 0{,}71$ bleibt (Bild 7.9). Dieses Maximum

$$V_{1\max} = \frac{1}{2\vartheta\sqrt{1-\vartheta^2}} \tag{7.27}$$

tritt für größere Dämpfungen nicht mehr auf.

Für $\eta = 1$ gilt insbesondere

$$V_1(\eta = 1) = \frac{1}{2\vartheta}; \quad \zeta(\eta = 1) = 90°. \tag{7.28}$$

Bei einer Erregerkreisfrequenz, die der Eigenkreisfrequenz entspricht ($\eta = 1$), ist der Phasenwinkel unabhängig von der Dämpfung immer 90° (Bild 7.6) und die Vergrößerungsfunktion hat den Wert $1/(2\vartheta)$, (Bild 7.9).

Darüber hinaus sind jene beiden Erregerfrequenzen von Bedeutung, bei denen die Vergrößerung das 0,7-fache von $V_{1\max}$ hat. Dann gilt für sehr kleine Dämpfungen

$$\Omega_{oben} \cong (1 + \vartheta)\omega_0, \qquad \Omega_{unten} \cong (1 - \vartheta)\,\omega_0 \tag{7.29}$$

bzw.

$$\vartheta \cong \frac{\Omega_{oben} - \Omega_{unten}}{\Omega_{oben} + \Omega_{unten}}, \qquad \omega_0 \cong \frac{\Omega_{oben} + \Omega_{unten}}{2}. \tag{7.30}$$

Die Gleichungen (7.27) bis (7.30) sind in der Schwingungsmesstechnik zur Ermittlung der Systemkenngrößen Eigenfrequenz und Dämpfung von Bedeutung.

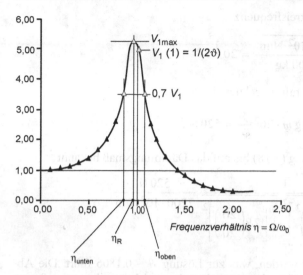

Bild 7.9 Ausgezeichnete Punkte der Vergrößerungsfunktion

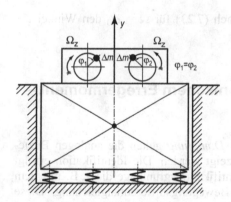

Bild 7.10
Ermittlung der Dämpfung durch Weg-
messung bei Unwuchterregung

Ein erstes Beispiel zeigt die Anwendung des Frequenzganges zur Ermittlung der Dämpfung. An die Schwingermasse nach Bild 7.10 wird ein Unwuchtmotor montiert. Die gesamte Unwucht beträgt $2\Delta m\,a$ =130 kg cm. Die Gesamtmasse des Systems ist m_{ers} = 1800 kg, die Federkonstante in y-Richtung k_{ers} = 7200 N/cm. Die beiden Unwuchtmassen Δm rotieren gegensinnig mit Ω = 20 1/s. Die Amplitude der erzwungenen Schwingungen wird mit $\hat{y} = 0{,}2\,$cm gemessen.

Wie groß ist der Dämpfungsgrad ϑ, die Abklingkonstante δ und die Dämpferkonstante d? Wie groß ist die Phasennacheilung ζ?

Zunächst gilt für die Eigenkreisfrequenz

$$\omega_0 = \sqrt{\frac{k_{\text{ers}}}{m_{\text{ers}}}} = \sqrt{\frac{7200 \cdot 10^2 \text{ N/m}}{1800 \text{ kg}}} = 20 \, \frac{1}{\text{s}} \, .$$

Die Amplitude der Erregerkraft berechnet sich zu

$$\hat{F} = 2\Delta m \, a \, \Omega^2 = 1{,}30 \, \text{kg} \, m \cdot 20^2 \frac{1}{\text{s}^2} = 520 \, \text{N} \, .$$

Somit ist der Amplitudengang (7.18) bis auf das Dämpfungsmaß bekannt

$$0{,}002 \, m = \frac{1}{\sqrt{\left[1 - \left(\dfrac{20}{20}\right)^2\right]^2 + \left[2\vartheta\left(\dfrac{20}{20}\right)\right]^2}} \frac{520 \, \text{N}}{7200 \cdot 10^2 \, \text{N/m}}$$

und kann nach ϑ aufgelöst werden, was zur Lösung $\vartheta = 0{,}1806$ führt. Die Ab-klingkonstante und die Dämpfungskonstante berechnen sich jeweils zu $\delta = \vartheta \, \omega_0 = 3{,}61 \, 1/\text{s}$ und $d = 2 m_{\text{ers}} \, \delta = 13000 \, \text{kg/s}$.

Für die Phasennacheilung erhält man nach (7.23) für $\Omega = \omega_0$ den Winkel $\zeta = 90°$.

7.2 Frequenzgang bei harmonischem Erregermoment – Drehschwingungen

Für *erzwungene Drehschwingungen mit Dämpfung* gelten die analogen Beziehungen, wie sie in Abschnitt 7.1 aufgezeigt werden. Die Identifikation erfolgt gemäß (7.4), d. h. auch hier ist die Identifikationsgrundlage die z. B. mit dem dynamischen Grundgesetz aufgestellte Bewegungsdifferentialgleichung. Diese lautet für das *Beispiel* der Drehschwingungen gemäß Bild 7.11

$$m(l_1^2 + l_2^2)\ddot{\psi} + dl_1^2 \, \dot{\psi} + kl_2^2 \, \psi - mgl_1 \sin \psi + mgl_2 \sin \psi - M_0 \sin(\Omega t) = 0. \quad (7.31)$$

Sie wird für die kleinen Drehbewegungen $\psi(t)$ linearisiert ($\sin \psi \cong \psi$) und geordnet

$$m(l_1^2 + l_2^2)\ddot{\psi} + dl_1^2 \dot{\psi} + \left[kl_2^2 - mg(l_1 - l_2)\right]\psi = M_0 \sin(\Omega t). \quad (7.32)$$

Sowohl die mechanischen Systemparameter

$$\text{J}_{\text{ers}} = m(l_1^2 + l_2^2), \quad d_{\text{Ders}} = dl_1^2, \quad k_{\text{Ders}} = kl_2^2 - mg(l_1 - l_2) \quad (7.33)$$

als auch die Schwingungsparameter

$$\omega_0^2 = \frac{k_{\mathrm{Ders}}}{J_{\mathrm{ers}}} = \frac{kl_2^2 - mg(l_1 - l_2)}{m(l_1^2 + l_2^2)}, \quad 2\delta = 2\vartheta\omega_0 = \frac{dl_1^2}{m(l_1^2 + l_2^2)} \tag{7.34}$$

sind als Koeffizienten direkt abzulesen. Die Drehschwingungsamplitude wird in Analogie zu (7.13) bzw. zu (7.18) gemäß

$$\hat{\psi}(\Omega) = V_1(\Omega)\frac{\hat{M}}{k_{\mathrm{Ders}}} = V_1(\Omega)\frac{M_0}{kl_2^2 - mg(l_1 - l_2)} \tag{7.35}$$

mit der Vergrößerungsfunktion V_1 nach (7.19) berechnet.

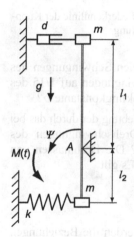

Bild 7.11
Beispiel - Drehschwinger mit masseloser Stange und zwei Endmassen

Beispiel 7.1: Drehschwingungen in einem Antriebsstrang.

Bei dem in Bild 7.12 gezeichneten System (Dieselmotor-Generator) sind zwei Drehmassen durch zwei Wellenabschnitte und eine zwischengeschaltete drehelastische Kupplung miteinander verbunden. Die Kupplung hat eine nichtlineare Federcharakteristik. Ihre Federkennlinie ist in Bild 7.13 dargestellt.

a) Wie groß ist die Eigenkreisfrequenz ω_0 für die kleinen Drehschwingungen des Systems, wenn die Anlage mit Volllast gefahren wird und die Dämpfung vernachlässigt wird? Das durch die Welle übertragene Moment beträgt in diesem Betriebszustand $M_a = 5 \cdot 10^4$ Nm. Wie verändert sich die Eigenkreisfrequenz ω_0, wenn Teillast gefahren wird?

b) Dem Antriebsmoment M_a ist ein periodisch schwankendes Moment $M = \hat{M} \cos \Omega t$ mit $\hat{M} = 0{,}2 \cdot 10^4$ Nm, $\Omega = 185 \cdot s^{-1}$ überlagert. Man berechne die Amplitude der hierdurch angeregten ungedämpften Drehschwingungen des Systems.

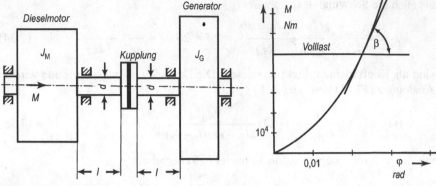

Bild 7.12 Drehschwingersystem

Bild 7.13 Federkennlinie der Kupplung

c) Bei einem Versuch wird festgestellt, dass bei den freien Schwingungen des Systems eine Anfangsamplitude nach 10 vollen Schwingungen auf 1/15 des Anfangswerts zurückgegangen ist. Wie groß ist die Abklingkonstante δ?

Welche Werte haben jetzt Amplitude und Phasenverschiebung der durch das bei b) angegebene Moment erzwungenen stationären Drehschwingungen des Systems, wenn diese Dämpfung berücksichtigt wird? Die Drehmassen von Kupplung und Wellen können vernachlässigt werden. Es gilt

$J_M = 110$ kgm^2, $J_G = 160$ kgm^2,

$l = 600$ mm, $d = 150$ mm, $G = 0,81 \cdot 10^{11}$ Nm^{-2}.

Für die Untersuchung der Schwingungen des Systems werden die Beziehungen hergeleitet. In Bild 7.14 sind die an den beiden freigemachten Drehmassen angreifenden Momente eingetragen. Zu beachten ist, dass das Erregermoment M an der Motordrehmasse angreift. Das Moment aus der Verdrehung der beiden Drehmassen ist $k_D(\varphi_M - \varphi_G)$. k_D ist darin die Gesamtfederkonstante der drei hintereinander geschalteten Drehfedern

$$\frac{1}{k_D} = \frac{1}{k_{DWelle}} + \frac{1}{k_{DKupplung}} + \frac{1}{k_{DWelle}} = \frac{2}{k_{DWelle}} + \frac{1}{k_{DKupplung}},$$

$$k_{DWelle} = \frac{G\,I_p}{l} = \frac{0,81 \cdot 10^{11}\,\text{N} \cdot 0,15^4\text{m}^4 \cdot \pi}{0,6\,\text{m} \cdot \text{m}^2 \cdot 32} = 6,71 \cdot 10^6\,\text{Nm/rad}.$$

Die Kupplung hat eine progressive Kennlinie. Mit dem Lastmoment nimmt deren Steifigkeit zu. Da jedoch nur kleine Schwingungen zu untersuchen sind, kann man die Federkennlinie durch ihre Tangente ersetzen. Die jeweilige Drehfeder-steifigkeit ist der Steigung proportional. Es gilt

$$k_{\text{DKupplung}} = \frac{m_M}{m_\varphi} \tan \beta = \frac{m_M}{m_\varphi} \tan 66° = 4,49 \cdot 10^6 \,\text{Nm/rad}.$$

Der Winkel $\beta = 66°$ wird Bild 7.13 entnommen. m_M ist der Momentenmaßstab in Nm/cm), m_φ der Drehwinkelmaßstab in rad/cm.

Damit berechnet sich die Gesamtdrehfederkonstante

$$k_D = \frac{k_{\text{DKupplung}} \, k_{\text{DWelle}}}{2 k_{\text{DKupplung}} + k_{\text{DWelle}}} = 1,92 \cdot 10^6 \,\text{Nm/rad}.$$

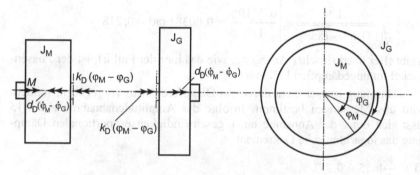

Bild 7.14   Freikörperbild der beiden Drehmassen

Das Dämpfungsmoment ist $d_D(\dot{\varphi}_M - \dot{\varphi}_G)$. Das dynamische Grundgesetz für die Drehung liefert für die beiden Drehmassen die Gleichungen

$$- k_D(\varphi_M - \varphi_G) - d_D(\dot{\varphi}_M - \dot{\varphi}_G) + M = J_M \ddot{\varphi}_M,$$
$$+ k_D(\varphi_M - \varphi_G) + d_D(\dot{\varphi}_M - \dot{\varphi}_G) = J_G \ddot{\varphi}_M.$$

Wird die erste Gleichung mit $1/J_M$, die zweite mit $1/J_G$ multipliziert, und dann die Differenz der beiden Gleichungen gebildet, so erhält man

$$- k_D \left(\frac{1}{J_M} + \frac{1}{J_G} \right) (\varphi_M - \varphi_G) - d_D \left(\frac{1}{J_M} + \frac{1}{J_G} \right) (\dot{\varphi}_M - \dot{\varphi}_G) + \frac{M}{J_M} = \ddot{\varphi}_M - \ddot{\varphi}_G.$$

Mit dem Relativwinkel $\psi = \varphi_M - \varphi_G$ ergibt sich die Differentialgleichung

$$\ddot{\psi} + d_D \left(\frac{1}{J_M} + \frac{1}{J_G} \right) \dot{\psi} + k_D \left(\frac{1}{J_M} + \frac{1}{J_G} \right) \psi = \frac{\hat{M}}{J_M} \cos(\Omega t)$$

für die die Torsionsbeanspruchung der Wellenabschnitte bestimmenden Schwingungen.

a) Die Eigenkreisfrequenz kann direkt angegeben werden

$$\omega_0 = \sqrt{k_D \left(\frac{1}{J_M} + \frac{1}{J_G} \right)} = \sqrt{k_D \frac{J_M + J_G}{J_M J_G}} = 171,6 \, \frac{1}{s} \,.$$

Bei Teillast wird $k_{DKupplung}$ und somit auch ω_0 kleiner.

b) Die Amplitude der Relativbewegung $\psi(t) = \hat{\psi} \cos(\Omega t - \zeta)$ ist analog (7.22)

$$\hat{\psi}(\Omega) = \left[\frac{1}{\sqrt{(\omega_0^2 - \Omega^2)^2 + (2 \delta \Omega)^2}} \right] \hat{\alpha}, \quad \hat{\alpha} = \frac{\hat{M}}{J_M} \tag{7.36}$$

zu berechnen, woraus sich ohne Dämpfung der Wert

$$\hat{\psi} = \left[\frac{1}{\sqrt{(171,6^2 - 185^2)^2}} \right] \frac{0,2 \cdot 10^4}{110} = 0,00381 \text{ rad} \stackrel{\triangle}{=} 0,218°$$

ergibt. Bei überkritischer Anregung, wie das hier der Fall ist, ist der Phasenwinkel im ungedämpften Fall immer $\zeta = + \pi$.

c) Die Dämpfung ist hier nicht durch ein Dämpferelement vorgegeben, sondern wird aus Messungen bestimmt. Infolge der Amplitudenabnahme auf 1/15 lässt sich unter der Annahme einer geschwindigkeitsproportionalen Dämpfung das logarithmische Dekrement

$$\Lambda = \frac{1}{10} \ln 15 = 0,271$$

und die Abklingkonstante mit

$$\delta = \vartheta \omega_0 = \frac{\Lambda}{\sqrt{(2\pi)^2 + \Lambda^2}} \omega_0 = \frac{0,271}{\sqrt{(2\pi)^2 + 0,271^2}} 171,6 \, \frac{1}{s} = 7,394 \, \frac{1}{s}$$

berechnen. Mit dem Amplitudengang (7.36) ergibt sich die Amplitude

$$\hat{\psi} = \left[\frac{1}{\sqrt{(171,6^2 - 185^2)^2 + (2 \cdot 7,394 \cdot 185)^2}} \right] \frac{0,2 \cdot 10^4}{110} = 0,0033 \text{ rad} \stackrel{\triangle}{=} 0,189°$$

und mit dem Phasengang (7.23) die Nacheilung

$$\zeta(\Omega) = \arctan\left(\frac{2\delta\Omega}{\omega_0^2 - \Omega^2} \right) \geq 0 \Rightarrow \zeta = \arctan\left(\frac{2 \cdot 7,394 \cdot 185}{171,6^2 - 185^2} \right) = -29,8° + 180° = 150,2° \,.$$

Im überkritischen Bereich ist der rechnerische Wert der Nacheilung negativ ($\zeta_{re} = -29,8°$). Da der Winkel der Nacheilung aber positiv sein muss (kausales System), ist wegen der Periodizität der Tangens-Funktion 180° zu addieren.

Ein Vergleich der quasistatischen Verdrehung von $\dfrac{\hat{M}}{k_D} = \dfrac{0,2 \cdot 10^4}{6,71 \cdot 10^6} = 0,0003$

mit dem dynamischen Maximalwert $\hat{\psi} = 0,0033$ rad zeigt, dass der dynamische Lastfaktor (Vergrößerungsfunktion) hier also den Wert 11,1 hat.

7.3 Harmonische Fußpunkterregung

Den Fall der Belastung eines Systems über eine Feder zeigt Bild 7.15. Der Fußpunkt der Feder bewege sich harmonisch mit

$x_F = \hat{x}_F \cos \Omega t$.

Zum beliebigen Zeitpunkt t sei m um $x < x_F$ ausgelenkt. Die Federkraft ist dann

$F_F = k\,(x_F - x)$.

Mit dem dynamischen Grundgesetz folgt

$+\,k\,(x_F - x) - d\,\dot{x} = m\,\ddot{x}$.

Durch Einsetzen von x_F und unter Verwendung der schwingungstechnischen Parameter erhält man die Schwingungsgleichung

$\ddot{x} + 2\,\delta\,\dot{x} + \omega_0^2 x = \omega_0^2 \hat{x}_F \cos \Omega t$.

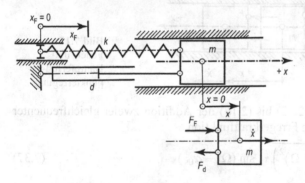

Bild 7.15
Federfußpunkterregung

Wird der Lagerpunkt des Dämpfers harmonisch mit

$x_d = \hat{x}_d \sin \Omega t$

bewegt, so ist die Dämpfungskraft (siehe Bild 7.16)

$F_d = d\,(\dot{x}_d - \dot{x}) = d\,(\hat{x}_d\,\Omega \cos \Omega t - \dot{x})$.

Damit lautet die Schwingungsgleichung

$-\,kx + d\,(\hat{x}_d\,\Omega \cos \Omega t - \dot{x}) = m\,\ddot{x}$

oder nach entsprechender Umformung

$$\ddot{x} + 2\,\delta\,\dot{x} + \omega_0^2 x = \frac{d\,\hat{x}_d\,\Omega}{m}\cos\Omega t\,.$$

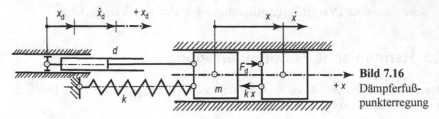

Bild 7.16
Dämpferfuß-
punkterregung

Werden sowohl der Federfußpunkt als auch der Dämpferfußpunkt harmonisch bewegt (Bild 7.17)

$$x_u = \hat{x}_u \cos\Omega\,t,$$

so ergibt sich aus dem Grundgesetz über

$$+\,k\,(x_u - x) + d\,(\dot{x}_u - \dot{x}) = m\,\ddot{x}$$

die Schwingungsdifferentialgleichung

$$\ddot{x} + 2\,\delta\,\dot{x} + \omega_0^2 x = \omega_0^2 \hat{x}_u \cos\Omega t - 2\,\delta\Omega\,\hat{x}_u \sin\Omega t\,.$$

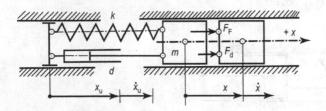

Bild 7.17
Feder- und
Dämpferfuß-
punkterregung

Gemäß den Gleichungen (2.12) bis (2.16) der Addition zweier gleichfrequenter Schwingungen folgt für die Erregerkraftfunktion

$$\frac{F(t)}{m} = \sqrt{\left((\omega_0^2)^2 + (2\,\delta\,\Omega)^2\right)}\,\hat{x}_u \sin\,(\Omega t - \alpha_{0s}) \tag{7.37}$$

und somit auch die Erregerkraftamplitude

$$\hat{F} = m\sqrt{\left[(\omega_0^2)^2 + (2\,\delta\,\Omega)^2\right]}\,\hat{x}_u\,, \tag{7.38}$$

so dass mit (7.22) die Schwingungsamplitude der erzwungenen Schwingung als

$$\hat{x}(\Omega) = \left[\frac{\sqrt{\left((\omega_0^2)^2 + (2\,\delta\,\Omega)^2\right)}}{\sqrt{(\omega_0^2 - \Omega^2)^2 + (2\,\delta\,\Omega)^2}}\right]\hat{x}_u \tag{7.39}$$

ermittelt werden kann. Mit der Definition einer Eingangs-Ausgangsrelation $\hat{x} = V_T \hat{x}_u$ wird die Vergrößerungsfunktion

$$V_T = \left[\frac{\sqrt{1 + (2\vartheta\eta)^2}}{\sqrt{(1 - \eta^2)^2 + (2\vartheta\eta)^2}} \right]; \quad \eta = \frac{\Omega}{\omega_0} \qquad (7.40)$$

als sogenannte *Durchlässigkeit* (*transmissibility*) berechnet, die in der mechanischen Isolierung (Emission und/oder Immission von Erschütterungen) eine entscheidende Rolle spielt. Das Diagramm 7.18 zeigt, dass eine Isolierwirkung $V_T < 1$ erst für $\Omega > \sqrt{2}\,\omega_0$ eintritt, d. h. nur für tief abgestimmte Systeme (mit möglichst kleinen Federraten und großen Fundamentmassen) ist eine Abschirmung mechanischer Schwingungen wirksam. Eine viskose Dämpfung verschlechtert hierbei die Isolierwirkung!

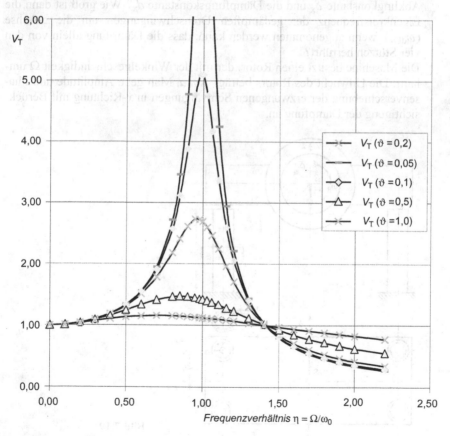

Bild 7.18 Durchlässigkeitsfrequenzgang

7.4 Aufgaben

Aufgabe 7.1: Bei der in Bild 7.19 gezeichneten Anlage kann die Maschine mit ihrem Rahmen als ein starrer Körper der Masse m (einschließlich der Unwuchtmasse Δm) betrachtet werden. Der Rahmen ist auf vier Rohrstützen gelagert, die unten starr eingespannt und mit dem Maschinenrahmen gelenkig verbunden sind.

a) Man ermittle die Eigenkreisfrequenz für die kleinen Schwingungen von m in z-Richtung (ω_{0z}), x- und y-Richtung (ω_{0x}, ω_{0y}) sowie für die Drehschwingungen um die z-Achse (ω_{0Dz}), wenn J_{Sz} das Massenträgheitsmoment bezogen auf die z-Achse ist, zunächst ohne Dämpfung.

b) Um die Dämpfung des Systems zu ermitteln, wird m um 6 mm in x-Richtung ausgelenkt und losgelassen. In 1,2 s werden 40 volle Schwingungen gezählt; die Amplitude hat in dieser Zeit auf 0,9 mm abgenommen. Wie groß ist die Abklingkonstante δ_x und die Dämpfungskonstante d_x? Wie groß ist dann die Eigenkreisfrequenz der gedämpften Drehschwingungen um die z-Achse (ω_{dDz}), wenn angenommen werden kann, dass die Dämpfung allein von den vier Stützen herrührt?

c) Die Maschine besitzt einen Rotor, der mit der Winkelgeschwindigkeit Ω umläuft. Die Unwucht des Rotors beträgt $\Delta m \, a$. Man gebe Amplitude und Phasenverschiebung der erzwungenen Schwingungen in x-Richtung mit Berücksichtigung der Dämpfung an.

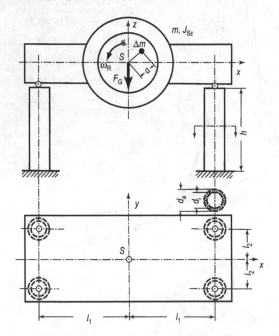

Bild 7.19
Maschinenfundament

Aufgabe 7.2: Bei dem in Bild 7.20 gezeichneten Prüfstand zur Ermittlung der Dauerfestigkeit von Gelenkwellen kann das Teil AB Drehschwingungen um die horizontale Achse CD ausführen.

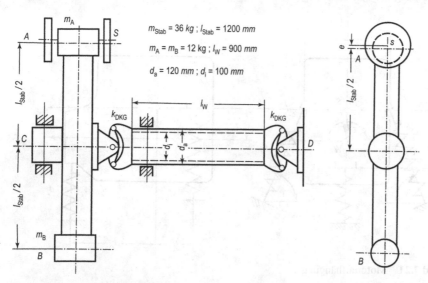

$m_{Stab} = 36\ kg$; $l_{Stab} = 1200\ mm$

$m_A = m_B = 12\ kg$; $l_W = 900\ mm$

$d_a = 120\ mm$; $d_i = 100\ mm$

Bild 7.20   Gelenkwellenprüfstand

a) Man berechne das Massenträgheitsmoment des Teils AB bezogen auf die Achse CD (homogener Stab mit zwei Massenpunkten an den Stabenden).

b) Wie groß ist die Drehfederkonstante der Gelenkwelle, die bei D starr eingespannt ist und mit dem Teil AB torsionssteif verbunden ist, wenn die Drehfederkonstante für ein Kardangelenk $k_{DKG} = 1,8 \cdot 10^6$ Nm beträgt, und die Welle selbst als Hohlwelle ausgeführt ist? Gleitmodul $G = 0,8 \cdot 10^{11}$ N/m².

c) Man ermittle die Eigenkreisfrequenz ω_{0D} für die ungedämpften Drehschwingungen des Teils AB, wenn alle übrigen Massen vernachlässigt werden dürfen.

d) Bei den freien Schwingungen des Systems geht eine Anfangsauslenkung φ_0 nach 20 vollen Schwingungen auf $\varphi_0/4$ zurück. Welchen Wert hat die Abklingkonstante δ?

e) Wie groß wird die Eigenkreisfrequenz ω_{dD} der gedämpften Drehschwingungen?

f) Bei A befinden sich zwei Exzenterscheiben von je $\Delta m = 4$ kg Masse (in m_A enthalten) mit einem Schwerpunktsabstand $a = 6$ mm, die sich mit $\Omega = 188$ s⁻¹ um eine zu CD parallele Achse drehen (Achsabstand $= l_{Stab}/2$). Für die erzwungene Schwingung berechne man die Amplitude und die Phasenverschiebung.

Aufgabe 7.3: Eine Kolbenmaschine (Masse m, Massenträgheitsmoment bezogen auf die x-Achse J_{Sx}) ist durch drei Federn (Metall-Gummi-Elemente) elastisch gelagert (Bild 7.21). Die Federn dürfen als lang betrachtet werden, die Federvorspannung sei vernachlässigbar.

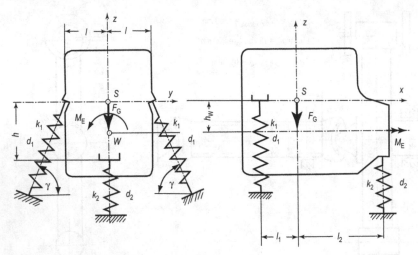

Bild 7.21 Motoraufhängung

a) Man berechne die Eigenkreisfrequenz ω_{0z} für die kleinen Schwingungen des Motors in z-Richtung ohne Dämpfung. Welcher Wert ergibt sich für die Eigenkreisfrequenz ω_{dz}, der Schwingungen in z-Richtung, wenn die Eigendämpfung der Federn (Dämpfungskonstante d_1, d_2) berücksichtigt wird und schwache Dämpfung vorliegt?
   Anmerkung: Die Dämpfung der Federelemente wirkt wie ein in der Federachse angeordneter Dämpfer.

b) Wie groß wird die Eigenkreisfrequenz für die kleinen Drehschwingungen der Maschine um die x-Achse ohne Dämpfung und mit Dämpfung (ω_{0Dx}, ω_{dDx})?

c) Auf die Maschine wirkt um die Wellenachse W (parallel zur x-Achse) ein periodisches Erregermoment $M_E = M_0 \sin \Omega t$ mit der Erregerfrequenz Ω. Man gebe für die hierdurch erregten Drehschwingungen um die x-Achse mit Berücksichtigung der Dämpfung die Zeitfunktion der Bewegung sowie die Beziehungen für die Amplitude und die Phasenverschiebung an.

Aufgabe 7.4: Bei dem in Bild 7.22 gezeichneten Bodenverdichter ist die Masse $m_1 = 80$ kg durch zwei Federn mit der Federkonstanten $k = 38\,000$ kg/s² pro Feder auf der Bodenplatte mit der Masse m_2 abgefedert.

a) Man berechne die Eigenkreisfrequenz ω_{0y} für die ungedämpften Schwingungen der Masse m_1 in y-Richtung, wenn die Bodenplatte (2) sich nicht bewegt.

b) m_1 wird durch zwei gegensinnig mit der Winkelgeschwindigkeit $\Omega = 31$ s^{-1} umlaufende Unwuchtmassen Δm (Δm in m_1 enthalten, Unwucht $\Delta m\,a = 0{,}2$ kgm) in Schwingungen versetzt. Man berechne die Amplitude der auftretenden erzwungenen Schwingungen der Masse m_1.

c) Zwischen welchen Grenzwerten schwankt die von den Federn auf die Bodenplatte (2) übertragene Kraft? Wie groß müsste die Masse m_2 der Bodenplatte mindestens sein, damit sie nicht von ihrer Auflage abhebt? Welche Änderungen am System sind zu empfehlen, damit m_2 erheblich kleiner werden kann als oben berechnet und trotzdem nicht vom Boden abhebt?

d) Man berechne Amplitude und Phasenverschiebung der erzwungenen Schwingungen des Systems, wenn die Dämpfungskonstante $d_y = 300$ kg/s beträgt.

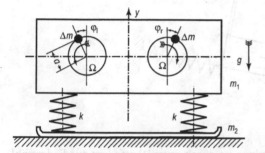

Bild 7.22
Bodenverdichter

Anmerkung: Der in Aufgabe 7.4 vorhandene Unwuchtmotor erzeugt eine reine Krafterregung in y-Richtung. Durch Verstellen der Unwuchten bzw. Ändern der Drehrichtung lassen sich andere periodische Erregungen erzeugen. Sind die Unwuchten um 180° gegeneinander verdreht und laufen sie außerdem gleichsinnig um (Bild 7.23a), so entsteht eine reine Momentenerregung, bei gegensinnigem Umlaufsinn (Bild 7.23b) eine Kraft- und Momentenerregung.

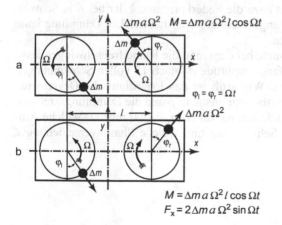

$M = \Delta m\,a\,\Omega^2\,l\cos\Omega t$
$F_x = 2\Delta m\,a\,\Omega^2\sin\Omega t$

Bild 7.23
Unwuchtmotor
a Momentenerregung
b Kraft- und Momentenerregung

Aufgabe 7.5: Eine Masse $m = 8$ kg ist federnd gelagert (Federkonstante $k = 30$ N/cm). Die Dämpfungskonstante des Systems ist $d = 100$ kg/s. Auf die Masse wirkt eine periodische Kraft, für die gilt $F = \hat{F} \cos \Omega t$, mit der Erregerfrequenz $\Omega = 15$ s^{-1}. Die Amplituden der erzwungenen Schwingung werden gemessen, $\hat{x} = 0{,}4$ cm.

a) Wie groß ist die Phasenverschiebung ζ?
b) Welchen Wert hat die Amplitude $\hat{F}$ der Erregerkraft?

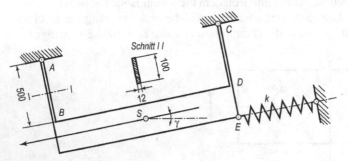

Bild 7.24   Schwingförderrinne

Aufgabe 7.6: Eine Schwingförderrinne ist durch zwei Blattfedern aus Federstahl gehalten, die bei B und D starr eingespannt und bei A und C gelenkig gelagert sind (Bild 7.24). Die Masse der Rinne beträgt $m = 60$ kg. Die Federmassen dürfen vernachlässigt werden. Die Rinne ist um $\gamma = 10°$ gegenüber der Horizontalen geneigt.

a) Für die Erregung steht ein Antriebsmotor zur Verfügung, der eine Erregerschwingzahl $n_z = 500$ min^{-1} hat. Die Rinne soll im Resonanzbetrieb gefahren werden. Welchen Wert muss dazu die Federkonstante k der bei E in Schwingungsrichtung (x-Richtung) angebrachten Feder haben? Die Dämpfung kann hierbei vernachlässigt werden.
b) Bei einem Schwingungsversuch, bei dem man die Rinne frei schwingen lässt, stellt man fest, dass die Anfangsamplitude A_0 nach 15 vollen Schwingungen auf 0,5 A_0 abgenommen hat. Wie groß ist das logarithmische Dekrement? Man berechne außerdem die Abklingkonstante δ und die Dämpfungskonstante d. Die Erregerkraftamplitude betrage 80 N ($n_z = 500$ min^{-1}). Welche Amplitude $\hat{x}$ der erzwungenen Schwingung und welche Phasenverschiebung ζ ergeben sich?

8 Freie ungedämpfte Schwingungen von Systemen mit mehreren Freiheitsgraden

Die wesentlichen Methoden und Analysen von Systemen mit mehreren Freiheitsgraden lassen sich zunächst noch übersichtlich am System mit zwei Freiheitsgraden aufzeigen. Für mehrere Freiheitsgrade ist die Darstellung in Matrix-Schreibweise unverzichtbar. Im Weiteren wird aus Gründen der Anschaulichkeit und der einfachen Handhabung bei der Analyse des Eigenverhaltens solcher Systeme auf Dämpfungen verzichtet. Anstelle komplexer Betrachtungsweise bei gedämpften Systemen wird die Betrachtung auf die ungedämpften Eigenschwingungen mit ihren Eigenkreisfrequenzen und Eigenschwingungsformen fokussiert.

8.1 Schwingerkette mit zwei Freiheitsgraden

Schwingungen von Systemen mit mehreren Freiheitsgraden nennt man auch *gekoppelte Schwingungen*. So kann man sich bei der Federkopplung vorstellen, dass einzelne Massen des Systems durch Federelemente miteinander verbunden sind. In Bild 8.1 ist eine Schwingerkette dargestellt, bei der die beiden geradlinig geführten Massen m_1 und m_2 durch eine Koppelfeder mit der Federkonstanten k_2 miteinander verbunden sind. In Bild 8.1b sind die auf die freigemachten Massen einwirkenden Kräfte eingetragen. Es ist dabei (willkürlich) angenommen, dass $x_1 > x_2$ ist. Für jede Masse kann nun das dynamische Grundgesetz ausgewertet werden, was auf

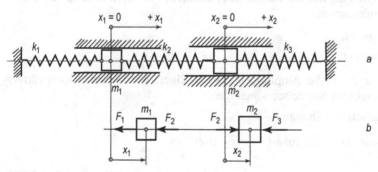

Bild 8.1 Schwingerkette mit zwei Freiheitsgraden
a System in der statischen Gleichgewichtslage
b Massen in positiv ausgelenkter Lage freigemacht

$$-k_1 x_1 - k_2 (x_1 - x_2) = m_1 \ddot{x}_1 \, ,$$

$$+ k_2 (x_1 - x_2) - k_3 x_2 = m_2 \ddot{x}_2$$

oder umgestellt auf

$$m_1 \ddot{x}_1 + (k_1 + k_2)\, x_1 - k_2\, x_2 = 0 \tag{8.1a}$$

$$m_2 \ddot{x}_2 + (k_2 + k_3)\, x_2 - k_2\, x_1 = 0 \tag{8.1b}$$

führt. Die Multiplikation von (8.1) mit $1/m_1$ bzw. $1/m_2$ liefert

$$\ddot{x}_1 + \frac{k_1 + k_2}{m_1} x_1 - \frac{k_2}{m_1} x_2 = 0,$$

$$\ddot{x}_2 + \frac{k_2 + k_3}{m_2} x_2 - \frac{k_2}{m_2} x_1 = 0.$$

Man setzt $\dfrac{k_1 + k_2}{m_1} = v_1^2$, $\dfrac{k_2 + k_3}{m_2} = v_2^2$.

Dabei ist v_1 die Eigenkreisfrequenz für die Schwingungen der Masse m_1 bei festgehaltenem m_2 und v_2 die Eigenkreisfrequenz für die Schwingungen der Masse m_2 bei festgehaltenem m_1. Damit lauten die obigen Gleichungen

$$\ddot{x}_1 + v_1^2 x_1 - \frac{k_2}{m_1} x_2 = 0 \, , \tag{8.2a}$$

$$\ddot{x}_2 + v_2^2 x_2 - \frac{k_2}{m_2} x_1 = 0 \, . \tag{8.2b}$$

Dies ist ein System von zwei gekoppelten, linearen, homogenen Differentialgleichungen 2. Ordnung mit konstanten Koeffizienten. Für deren Lösung macht man den Schwingungsansatz

$$x_1 = \hat{x}_1 \cos \omega t,$$

$$x_2 = \hat{x}_2 \cos \omega t.$$

Darin sind $\hat{x}_1$, $\hat{x}_2$ die Amplituden, ω die Eigenkreisfrequenz (Koppelkreisfrequenz) möglicher Koppelschwingungen.

In (8.2) eingesetzt erhält man

$$-\hat{x}_1 \omega^2 \cos \omega t + v_1^2 \hat{x}_1 \cos \omega t - \frac{k_2}{m_1} \hat{x}_2 \cos \omega t = 0 \, ,$$

$$-\hat{x}_2 \omega^2 \cos \omega t + v_2^2 \hat{x}_2 \cos \omega t - \frac{k_2}{m_2} \hat{x}_1 \cos \omega t = 0 \, .$$

Nach „Herauskürzen" von $\cos \omega t$ ergibt sich

$$(v_1^2 - \omega^2)\hat{x}_1 - \frac{k_2}{m_1}\hat{x}_2 = 0, \tag{8.3a}$$

$$-\frac{k_2}{m_2}\hat{x}_1 + (v_2^2 - \omega^2)\hat{x}_2 = 0. \tag{8.3b}$$

Dieses lineare, homogene Gleichungssystem für $\hat{x}_1, \hat{x}_2$ hat nur dann eine von der trivialen Lösung $\hat{x}_1 = \hat{x}_2 = 0$ (dies entspricht der statischen Gleichgewichtslage) verschiedene Lösung, wenn die Koeffizientendeterminante gleich null ist

$$\Delta = \begin{vmatrix} v_1^2 - \omega^2 & -\dfrac{k_2}{m_1} \\[2ex] -\dfrac{k_2}{m_2} & v_2^2 - \omega^2 \end{vmatrix} = 0. \tag{8.4}$$

Die Auswertung führt über

$$(v_1^2 - \omega^2)(v_2^2 - \omega^2) - \frac{k_2^2}{m_1 m_2} = 0$$

auf ein Polynom 2-ten Grades in (ω^2)

$$\omega^4 - (v_1^2 + v_2^2)\omega^2 + v_1^2 v_2^2 - \frac{k_2^2}{m_1 m_2} = 0. \tag{8.5}$$

Dies ist die so genannte *Frequenzgleichung*, allgemeiner *Eigenwertgleichung* genannt, aus der die *Koppelkreisfrequenzen* (*Eigenkreisfrequenzen* des Systems) berechnet werden. Es handelt sich um eine biquadratische Gleichung, deren Lösungen (Nullstellen des Polynoms)

$$\omega_{1,2}^2 = \frac{v_1^2 + v_2^2}{2} \mp \sqrt{\frac{(v_1^2 + v_2^2)^2}{4} - v_1^2 v_2^2 + \frac{k_2^2}{m_1 m_2}}$$

die Eigenkreisfrequenzen

$$\omega_{1,2} = \sqrt{\frac{v_1^2 + v_2^2}{2} \mp \frac{1}{2}\sqrt{(v_1^2 - v_2^2)^2 + 4\frac{k_2^2}{m_1 m_2}}} \tag{8.6}$$

ergeben.

Man stellt leicht fest, dass $\omega_1 < \omega_2$ und außerdem $\omega_1 < v_1, v_2$ und $v_1, v_2 < \omega_2$ ist.

Die Bedingung (8.4) für von null verschiedene Lösungen (Amplituden) der beiden Gleichungen (8.3) bedeutet auch, dass die beiden Gleichungen linear abhängig sind (sonst gäbe es nur die triviale Nulllösung). Das heißt auch, dass als Lösung des homogenen Gleichungssystems (8.3) nur ein *Amplitudenverhältnis* angegeben werden kann, das auch als *Eigenschwingungsform* bezeichnet wird. Setzt man die erste Eigenkreisfrequenz $\omega = \omega_1$ nach (8.6) in eine der beiden Gleichungen, z. B. in die erste (8.3a) ein, ergibt sich die erste Eigenschwingungsform (als Amplitudenverhältnis)

$$\frac{\hat{x}_{21}}{\hat{x}_{11}} = \frac{v_1^2 - \omega_1^2}{k_2/m_1} > 0 \tag{8.7a}$$

als positiver Wert (wegen $\omega_1 < v_1$, s. o.). Die Amplituden haben das gleiche Vorzeichen, d. h. die beiden Massen schwingen in der 1. Eigenform gleichsinnig.

Setzt man die zweite Eigenkreisfrequenz in (8.3a) ein, ergibt sich die zweite Eigenschwingungsform

$$\frac{\hat{x}_{22}}{\hat{x}_{12}} = \frac{v_1^2 - \omega_2^2}{k_2/m_1} < 0 \tag{8.7b}$$

als negativer Wert (wegen $\omega_2 > v_1$). Die beiden Massen schwingen in der 2. Eigenform gegensinnig. Bei der Darstellung der Eigenschwingungsform kann eine Amplitude willkürlich gewählt werden.

In Bild 8.2 sind diese beiden Eigenschwingungsformen dargestellt.

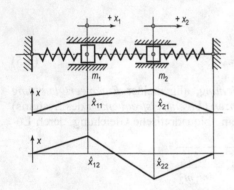

Bild 8.2
Eigenschwingungsformen eines Systems mit zwei Freiheitsgraden

Die tatsächliche Bewegung der beiden Massen hängt von den Anfangsbedingungen ab. Sie entsteht durch Überlagerung (Linearkombination) der beiden Eigenschwingungsformen. Die allgemeinen Lösungsansätze

$$x_1 = C_1 \cos \omega_1 t + C_2 \cos \omega_2 t + C_3 \sin \omega_1 t + C_4 \sin \omega_2 t$$
$$x_2 = D_1 \cos \omega_1 t + D_2 \cos \omega_2 t + D_3 \sin \omega_1 t + D_4 \sin \omega_2 t$$

führen mit den Amplitudenverhältnissen für ω_1

$$\frac{C_1}{D_1} = \frac{C_3}{D_3} = \frac{k_2/m_1}{v_1^2 - \omega_1^2} = \varkappa_1 > 0 \tag{8.8a}$$

und für ω_2

$$\frac{C_2}{D_2} = \frac{C_4}{D_4} = \frac{k_2/m_1}{v_1^2 - \omega_2^2} = \varkappa_2 < 0 \tag{8.8b}$$

auf die *freien Schwingungen*

$$x_1(t) = \varkappa_1 D_1 \cos \omega_1 t + \varkappa_2 D_2 \cos \omega_2 t + \varkappa_1 D_3 \sin \omega_1 t + \varkappa_2 D_4 \sin \omega_2 t, \quad (8.9a)$$

$$x_2(t) = D_1 \cos \omega_1 t + D_2 \cos \omega_2 t + D_3 \sin \omega_1 t + D_4 \sin \omega_2 t. \quad (8.9b)$$

Die vier Integrationskonstanten D_i bestimmt man aus den Anfangsbedingungen

$$x_1(0) = x_{10} = \varkappa_1 D_1 + \varkappa_2 D_2,$$

$$x_2(0) = x_{20} = D_1 + D_2,$$

$$\dot{x}_1(0) = \dot{x}_{10} = \varkappa_1 \omega_1 D_3 + \varkappa_2 \omega_2 D_4,$$

$$\dot{x}_2(0) = \dot{x}_{20} = \omega_1 D_3 + \omega_2 D_4.$$

Daraus erhält man

$$D_1 = \frac{x_{10} - \varkappa_2 x_{20}}{\varkappa_1 - \varkappa_2}, \qquad D_2 = \frac{\varkappa_1 x_{20} - x_{10}}{\varkappa_1 - \varkappa_2}, \qquad (8.10a, b)$$

$$D_3 = \frac{\dot{x}_{10} - \varkappa_2 \dot{x}_{20}}{(\varkappa_1 - \varkappa_2)\omega_1}, \qquad D_4 = \frac{\varkappa_1 \dot{x}_{20} - \dot{x}_{10}}{(\varkappa_1 - \varkappa_2)\omega_2}. \qquad (8.10c, d)$$

Die entstehenden Bewegungen sind im Allgemeinen nicht mehr periodisch, da die beiden Eigenkreisfrequenzen meist in einem irrationalen Verhältnis stehen.

Anmerkung: Für den Sonderfall $k_1 = k_3 = 0$ (siehe Bild 8.3) liefert (8.6) die Eigenkreisfrequenz $\omega_1 = 0$. Dies entspricht der Starrkörperbewegung des Systems, d. h. die Feder verändert nicht ihre Form.

Die Eigenkreisfrequenz

$$\omega_2 = \sqrt{k_2\left(\frac{1}{m_1} + \frac{1}{m_2}\right)}$$

gegensinniger Eigenschwingungen entspricht jener des Drehschwingersystems im Beispiel 4.11 (Bild 4.27).

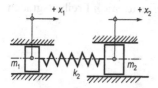

Bild 8.3
Zweimassensystem nur mit Koppelfeder

8.2 System mit endlich vielen Freiheitsgraden

Der in Abschnitt 8.1 behandelte Fall lässt sich ohne Schwierigkeit auf beliebig viele Massen erweitern. In Bild 8.4 sind eine Schwingerkette mit n Massen in der statischen Gleichgewichtslage und darunter die freigemachten Massen in ausgelenkter Lage dargestellt. Dabei ist (willkürlich) angenommen, dass $x_i > x_{i+1}$ ist.

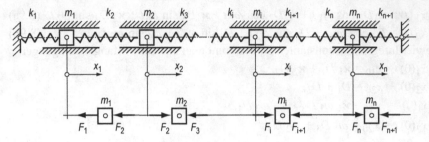

Bild 8.4 Schwingerkette mit n Massen

Die Vorgehensweise zur Ermittlung der Eigenkreisfrequenzen und der Eigenschwingungsformen ist die gleiche wie in Kap. 8.1 beschrieben, aber sehr umfänglich. Sehr viel kompakter ist die Darstellung in Matrixform. Die n Koordinaten $x_i\,(t)$, $i = 1, 2, ..., n$ werden in einer einspaltigen Matrix

$$x = \begin{bmatrix} x_1(t) \\ x_2(t) \\ ... \\ x_n(t) \end{bmatrix} = \left[x_1(t), x_2(t), ..., x_n(t) \right]^T \tag{8.11}$$

zusammengefasst. Das Zeichen T bedeutet die Transposition, die Vertauschung von Spalten und Zeilen. Der Vektor x wird auch als *„Verschiebungs-Vektor"* bezeichnet. Die Differentialgleichungen für die Bewegungen lassen sich damit im ungedämpften Fall in der Matrix-Schreibweise

$$M\,\ddot{x} + K\,x = 0 \tag{8.12}$$

mit der *Massenmatrix* M und der *Steifigkeitsmatrix* K darstellen, jeweils mit n Spalten und n Zeilen. Für das Beispiel der Schwingerkette mit n Freiheitsgraden nach Bild 8.4 gilt

$$M = \begin{bmatrix} m_1 & 0 & ... & 0 \\ 0 & m_2 & ... & 0 \\ ... & ... & ... & 0 \\ 0 & 0 & ... & m_n \end{bmatrix},$$

$$K = \begin{bmatrix} k_1 + k_2 & -k_2 & ... & 0 \\ -k_2 & k_2 + k_3 & ... & 0 \\ ... & ... & ... & -k_n \\ 0 & 0 & ... & k_n + k_{n+1} \end{bmatrix}.$$

Ist die Massenmatrix nur in der Diagonale besetzt ($m_{ij} = 0$ für $i \neq j$) und besitzt die Steifigkeitsmatrix auch Nebendiagonalelemente k_{ij}, spricht man von *Federkopplung*. Sind umgekehrt alle Nebendiagonal-Steifigkeiten null und enthält die Massenmatrix Nebendiagonalelemente handelt es sich um *Massenkopplung*. Eine strenge Unterscheidung ist nicht möglich, da die Form der Kopplung von der Wahl der die Bewegung beschreibenden Koordinate abhängt (siehe Beispiel Kap. 8.4).

Zur Lösung des homogenen Dgl.-Systems (8.12) wird der harmonische Schwingungsansatz

$$x(t) = \hat{x} \sin \omega t \qquad (8.13)$$

mit dem Amplituden-Vektor

$$\hat{x} = [\hat{x}_1, \hat{x}_2, ..., \hat{x}_n]^T \qquad (8.14)$$

gemacht. Einsetzen von (8.13) und der entsprechenden Beschleunigungsgrößen in (8.12) führt auf

$$M(-\omega^2 \hat{x} \sin \omega t) + K \hat{x} \sin \omega t = 0 \qquad (8.15)$$

und (da t beliebig) zu einem linearen, homogenen Gleichungssystem

$$(-\omega^2 M + K) \hat{x} = 0 \qquad (8.16)$$

für die Amplituden $\hat{x}_1, \hat{x}_2, ..., \hat{x}_n$. Für die zweigliedrige Schwingerkette nach Kap. 8.1 lauten die zwei Gleichungen (vgl. (8.3))

$$(k_1 + k_2 - \omega^2 m_1)\hat{x}_1 + (-k_2)\hat{x}_2 = 0 \, ,$$

$$-k_2 \hat{x}_1 + (k_2 + k_3 - \omega^2 m_2)\hat{x}_2 = 0 \, .$$

Dieses Gleichungssystem hat nur dann Lösungen (außer der trivialen Nulllösung), falls für die Koeffizienten-Determinante

$$\det(-\omega^2 M + K) = 0 \qquad (8.17)$$

gilt. Diese sogenannte „Frequenzgleichung" ist im Falle eines ungedämpften Systems ein Polynom n-ten Grades in ω^2

$$a_n(\omega^2)^n + a_{n-1}(\omega^2)^{n-1} + ... + a_1(\omega^2) + a_0 = 0 \qquad (8.18)$$

(siehe Beispiel im Kap. 8.1, (8.5) und weitere Beispiele in den folgenden Kapiteln), dessen Nullstellen die Eigenkreisfrequenzen

$$\omega_1, \omega_2, ..., \omega_n \qquad (8.19)$$

sind. Für $n > 2$ werden diese meist numerisch ermittelt.

Für das Beispiel in Kap. 8.1 berechnen sich diese im Falle gleicher Steifigkeiten $k_1 = k_2 = k_3 = k$ und gleicher Massen $m_1 = m_2 = m$ als

$$\omega_1 = \sqrt{\frac{k}{m}}, \quad \omega_2 = \sqrt{\frac{3k}{m}} \, . \qquad (8.20)$$

Die zu jeder Eigenkreisfrequenz ω_i gehörenden Eigenschwingungen, so z. B.

$$x_i(t) = \hat{x}_i \sin\omega_i t, \quad i = 1, 2, ..., n$$

sind durch Amplituden gekennzeichnet, die in einem bestimmten Verhältnis zueinander stehen. Diese Verhältnisse können durch den *„Eigenvektor"* $\hat{x}_i$ ausgedrückt werden, dessen Werte durch Einsetzen der jeweiligen Eigenkreisfrequenz in die Amplitudengleichungen (8.16) ermittelt werden, wobei eine Amplitude willkürlich z. B. auf 1 (meist $\hat{x}_1 = 1$) gesetzt wird. Sie sind als *Eigenschwingungsformen* anschaulich deutbar. Für das Beispiel in Kap. 8.1 ergeben sich die Eigenvektoren gemäß (8.7) für $k_1 = k_2 = k_3 = k$, $m_1 = m_2 = m$ zu

$$\hat{x}_1 = \begin{bmatrix} 1 \\ 1 \end{bmatrix}, \; \hat{x}_2 = \begin{bmatrix} 1 \\ -1 \end{bmatrix}. \tag{8.21}$$

8.3 Gekoppelte Drehschwingungen

Bei dem in Bild 8.5 dargestellten System ist J_i das Massenträgheitsmoment der *i*-ten Masse bezogen auf die Drehachse (Wellenachse). k_{Di} ist die Drehfederkonstante des Wellenabschnitts links der *i*-ten Drehmasse. Die Lage der Drehmassen ist durch die Winkel φ_i gegeben. Die Verdrehung des *i*-ten Wellenabschnitts ist $\varphi_i - \varphi_{i-1}$. Das in diesem Abschnitt dadurch entstehende Torsionsmoment beträgt

$$M_i = k_{Di}(\varphi_i - \varphi_{i-1}).$$

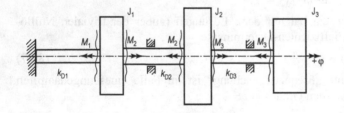

Bild 8.5
Einseitig eingespannte Welle mit drei Drehmassen

In Bild 8.5 sind diese Momente eingetragen, so wie sie auf die einzelnen Massen wirken. Es ist dabei angenommen, dass $\varphi_{i+1} > \varphi_i$ ist. Das dynamische Grundgesetz der Drehung liefert für die einzelnen Massen

$$-k_{D1}\,\varphi_1 + k_{D2}(\varphi_2 - \varphi_1) \qquad\qquad = J_1\,\ddot{\varphi}_1,$$
$$-k_{D2}(\varphi_2 - \varphi_1) + k_{D3}(\varphi_3 - \varphi_2) = J_2\,\ddot{\varphi}_2,$$
$$-k_{D3}(\varphi_3 - \varphi_2) = J_3\,\ddot{\varphi}_3.$$

Umgestellt lautet dieses System aus drei gekoppelten linearen, homogenen Differentialgleichungen 2. Ordnung mit konstanten Koeffizienten

$$J_1 \ddot{\varphi}_1 + (k_{D1} + k_{D2})\varphi_1 - k_{D2}\,\varphi_2 = 0,$$
$$J_2 \ddot{\varphi}_2 + (k_{D2} + k_{D3})\varphi_2 - k_{D2}\,\varphi_1 - k_{D3}\,\varphi_3 = 0, \tag{8.22}$$
$$J_3 \ddot{\varphi}_3 + k_{D3}\,\varphi_3 - k_{D3}\,\varphi_2 = 0$$

und in Matrizenschreibweise

$$\underbrace{\begin{bmatrix} J_1 & 0 & 0 \\ 0 & J_2 & 0 \\ 0 & 0 & J_3 \end{bmatrix}}_{\text{Drehmassenmatrix}} \begin{bmatrix} \ddot{\varphi}_1 \\ \ddot{\varphi}_2 \\ \ddot{\varphi}_3 \end{bmatrix} + \underbrace{\begin{bmatrix} k_{D1} + k_{D2} & -k_{D2} & 0 \\ -k_{D2} & k_{D2} + k_{D3} & -k_{D3} \\ 0 & -k_{D3} & k_{D3} \end{bmatrix}}_{\text{Drehsteifigkeitsmatrix}} \begin{bmatrix} \varphi_1 \\ \varphi_2 \\ \varphi_3 \end{bmatrix} = \begin{bmatrix} 0 \\ 0 \\ 0 \end{bmatrix} \tag{8.23}$$

oder in Kurzform

$$\mathbf{J}\ddot{\boldsymbol{\varphi}} + \boldsymbol{K_D}\,\boldsymbol{\varphi} = 0 . \tag{8.24}$$

Dabei sind die drei Drehwinkel zusammengefasst zum Vektor

$$\boldsymbol{\varphi} = \begin{bmatrix} \varphi_1 \\ \varphi_2 \\ \varphi_3 \end{bmatrix}. \text{ Der Lösungsansatz } \boldsymbol{\varphi} = \begin{bmatrix} \hat{\varphi}_1 \\ \hat{\varphi}_2 \\ \hat{\varphi}_3 \end{bmatrix} \cos\omega t = \hat{\boldsymbol{\varphi}}\cos\omega t$$

in (8.24) eingesetzt ergibt mit

$$(\boldsymbol{K_D} - \omega^2 \mathbf{J})\hat{\boldsymbol{\varphi}} = 0 \tag{8.25}$$

wieder ein lineares, homogenes Gleichungssystem für die Drehwinkelamplituden der harmonischen Eigenschwingungen des Systems (siehe (8.16)). Wenn eine nichttriviale Lösung existieren soll, muss wieder die zugehörige Koeffizienten-determinante verschwinden

$$\det(\boldsymbol{K_D} - \omega^2 \mathbf{J}) = 0 \tag{8.26a}$$

oder ausgeschrieben

$$\begin{vmatrix} k_{D1} + k_{D2} - \omega^2 J_1 & -k_{D2} & 0 \\ -k_{D2} & k_{D2} + k_{D3} - \omega^2 J_2 & -k_{D3} \\ 0 & -k_{D3} & k_{D3} - \omega^2 J_3 \end{vmatrix} = 0 . \tag{8.26b}$$

Dies ist wieder die Frequenzgleichung gemäß (8.18), aus der sich die drei Eigen-kreisfrequenzen berechnen lassen. Im Falle gleicher Drehsteifigkeiten $k_{D1} = k_{D2} = k_{D3} = k_D$ und gleicher Drehmassen $J_1 = J_2 = J_3 = J$ ergibt sich entsprechend der Bedingung (8.17)

$$\det \begin{bmatrix} 2k_D - \omega^2 J & -k_D & 0 \\ -k_D & 2k_D - \omega^2 J & -k_D \\ 0 & -k_D & k_D - \omega^2 J \end{bmatrix} = 0$$

oder ausgewertet

$$(2k_D - \omega^2 J)^2 (k_D - \omega^2 J) - (k_D - \omega^2 J) k_D^2 - (2k_D - \omega^2 J) k_D^2 = 0. \tag{8.27}$$

Mit der Abkürzung $u = \omega^2 J / k_D$ folgt die Gleichung

$$u^3 - 5u^2 + 6u - 1 = 0, \tag{8.28}$$

deren Lösungen mit $u_1 = 0.198$, $u_2 = 1.555$, $u_3 = 3.247$ zu den Eigenkreisfrequenzen

$$\omega_1 = 0,445\sqrt{\frac{k_D}{J}}, \ \omega_2 = 1.247\sqrt{\frac{k_D}{J}}, \ \omega_3 = 1,802\sqrt{\frac{k_D}{J}} \tag{8.29}$$

führt. Das Einsetzen dieser Eigenkreisfrequenzen in die Amplitudengleichung (8.25) ergibt die drei Eigenvektoren

$$\hat{\boldsymbol{\varphi}}_1 = \begin{bmatrix} 1 \\ 1,802 \\ 2,247 \end{bmatrix}, \ \hat{\boldsymbol{\varphi}}_2 = \begin{bmatrix} 1 \\ 0,445 \\ -0,802 \end{bmatrix}, \ \hat{\boldsymbol{\varphi}}_3 = \begin{bmatrix} 1 \\ -1,247 \\ 0,555 \end{bmatrix}, \tag{8.30}$$

deren Eigenschwingungsformen im Bild 8.6 dargestellt sind.

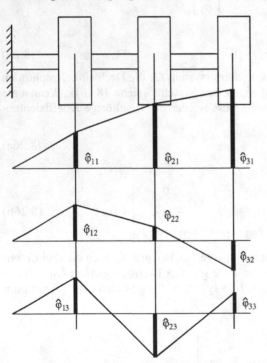

Bild 8.6 Eigenschwingungsformen einer Drehschwingerkette

Ist die Welle auf der linken Seite nicht eingespannt ($k_{D1} = 0$, Bild 8.7) und gelte wieder $k_{D2} = k_{D3} = k_D$, $J_1 = J_2 = J_3 = J$, ergibt sich die Frequenzgleichung

$$\omega^2 \left(\omega^4 - 4\frac{k_D}{J}\omega^2 + 3\left(\frac{k_D}{J}\right)^2 \right) = 0 \tag{8.31}$$

mit den Eigenkreisfrequenzen

$$\omega_1 = 0, \omega_2 = \sqrt{\frac{k_D}{J}}, \omega_3 = \sqrt{3\frac{k_D}{J}}. \tag{8.32}$$

Aus den zugehörigen Eigenvektoren

$$\hat{\boldsymbol{\varphi}}_1 = \begin{bmatrix} 1 \\ 1 \\ 1 \end{bmatrix}, \; \hat{\boldsymbol{\varphi}}_2 = \begin{bmatrix} 1 \\ 0 \\ -1 \end{bmatrix}, \; \hat{\boldsymbol{\varphi}}_3 = \begin{bmatrix} 1 \\ -2 \\ 1 \end{bmatrix} \tag{8.33}$$

lässt sich erkennen, dass für den ersten „*Eigenwert null*" die zugehörigen Amplituden alle gleich groß sind, die Welle in diesem Fall ohne gegenseitige Verdrehung wie ein *starrer* Körper umläuft.

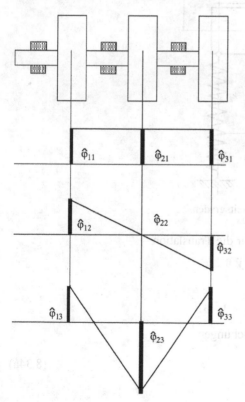

Bild 8.7
Frei drehbare Welle mit drei
Drehmassen

8.4 Gekoppelte Hub- und Drehschwingungen eines starren Körpers

Bei dem in Bild 8.8 gezeichneten System soll die Masse m nur ebene Bewegungen ausführen können, wobei außerdem der Schwerpunkt S noch vertikal geführt ist. Das Massenträgheitsmoment des Körpers bezogen auf die Achse durch S senkrecht zur Bewegungsebene sei J_S. Diese Achse sei eine Hauptträgheitsachse.

In der beliebigen ausgelenkten Lage (y, φ) treten die in Bild 8.8 eingetragenen Federwege auf, wenn man nur kleine Schwingungen betrachtet. Die Federkräfte sind dann

$$F_1 = k_1 (y - s_1\,\varphi), F_2 = k_2 (y + s_2\,\varphi)\,.$$

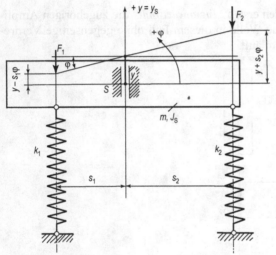

Bild 8.8 Schwingersystem mit zwei Freiheitsgraden

Mit dem dynamischen Grundgesetz für die Translation

$$- k_1 (y - s_1\,\varphi) - k_2 (y + s_2\,\varphi) = m\,\ddot{y}$$

und die Rotation

$$+ k_1 (y - s_1\,\varphi)\,s_1 - k_2 (y + s_2\,\varphi)\,s_2 = J_S\,\ddot{\varphi}$$

lassen sich die beiden Differentialgleichungen

$$\ddot{y} + \frac{k_1 + k_2}{m}\,y - \frac{k_1 s_1 - k_2 s_2}{m}\,\varphi = 0\,, \tag{8.34a}$$

$$\ddot{\varphi} + \frac{k_1 s_1^2 + k_2 s_2^2}{J_S} \varphi - \frac{k_1 s_1 - k_2 s_2}{J_S} y = 0 \qquad (8.34b)$$

herleiten. Man kann setzen

$$\frac{k_1 + k_2}{m} = \omega_y^2 .$$

ω_y ist die Eigenkreisfrequenz einer („entkoppelten") Translationsschwingung (Hubschwingung) ohne Drehung. Mit

$$\frac{k_1 s_1^2 + k_2 s_2^2}{J_S} = \omega_\varphi^2$$

lässt sich ω_φ als Eigenkreisfrequenz einer („entkoppelten") Drehschwingung (Nickschwingung) ohne Hubbewegung deuten.

Mit weiteren Abkürzungen

$$\frac{k_1 s_1 - k_2 s_2}{m} = \kappa_1 , \qquad\qquad \frac{k_1 s_1 - k_2 s_2}{J_S} = \kappa_2$$

gehen die obigen gekoppelten Differentialgleichungen (8.34) über in

$$\ddot{y} + \omega_y^2 y - \kappa_1 \varphi = 0,$$

$$\ddot{\varphi} + \omega_\varphi^2 \varphi - \kappa_2 y = 0.$$

Die beiden Eigenkreisfrequenzen errechnen sich zu

$$\omega_{1,2} = \sqrt{ \frac{1}{2}(\omega_y^2 + \omega_\varphi^2) \mp \frac{1}{2}\sqrt{(\omega_y^2 - \omega_\varphi^2)^2 + 4\kappa_1 \kappa_2} } . \qquad (8.35)$$

Die Schwingungen sind dann „entkoppelt", d. h. Translationsschwingung und Drehschwingung beeinflussen sich gegenseitig nicht, wenn

$$\kappa_1 = \kappa_2 = 0 \quad \text{oder} \quad k_1 s_1 - k_2 s_2 = 0$$

gilt.

Anmerkung zu Kopplungsformen: Bei dem in diesem Abschnitt 8.4 behandelten Fall spricht man anschaulich oft von „Massenkopplung", da die gekoppelten Hub- und Drehschwingungen von derselben Masse ausgeführt werden. Wie in Kap. 8.2 ausgeführt wird, ist es üblich, von einer Massenkopplung (auch Trägheitskopplung oder dynamische Kopplung) zu sprechen, wenn die Massenmatrix keine reine Diagonalmatrix ist. Entsprechend spricht man von einer Federkopplung (auch elastische Kopplung), wenn die Steifigkeitsmatrix auch Glieder außerhalb der Hauptdiagonalen enthält. Eine strenge Unterscheidung ist im Grunde gar nicht möglich, da die Form der Kopplung von der Wahl der die Bewegung beschreibenden Koordinaten abhängt. Dies soll am Beispiel der Hub-Drehschwingungen gezeigt werden.

Werden die Verschiebung des Schwerpunkts (y) und die Drehung um die Schwerachse (φ) als Koordinaten benützt, so erhält man die Gleichungen (8.34). In Matrizenschreibweise lauten diese Gleichungen

$$
\begin{bmatrix} m & 0 \\ 0 & J_S \end{bmatrix} \begin{bmatrix} \ddot{y} \\ \ddot{\varphi} \end{bmatrix} + \begin{bmatrix} k_1 + k_2 & -(k_1 s_1 - k_2 s_2) \\ -(k_1 s_1 - k_2 s_2) & k_1 s_1^2 + k_2 s_2^2 \end{bmatrix} \begin{bmatrix} y \\ \varphi \end{bmatrix} = \begin{bmatrix} 0 \\ 0 \end{bmatrix}.
\tag{8.36}
$$

Die Massenmatrix ist hier, wie in allen bisher behandelten Fällen, eine Diagonalmatrix, d. h. es liegt also formal keine Massenkopplung vor. Die Steifigkeitsmatrix zeigt, dass es sich um elastische Kopplung handelt.

Nun werden als Koordinaten die Verschiebung des Punktes D (y_D) und die Drehung um die Achse durch D (φ) verwendet (siehe Bild 8.9). Zum Aufstellen der Bewegungsgleichungen wird das Newton'sche Grundgesetz in der d'Alembert'-schen Fassung benützt. In dem Freikörperbild sind daher auch die Trägheitswirkungen eingetragen.

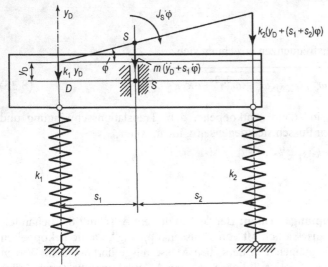

Bild 8.9 Hub-Drehschwinger mit den Koordinaten (y_D, φ)

Die Gleichgewichtsbedingungen liefern

$$-k_1 y_D - k_2(y_D + (s_1 + s_2)\varphi) - m(\ddot{y}_D + s_1\ddot{\varphi}) \qquad = 0 \, ,$$

$$-k_2(y_D + (s_1 + s_2)\varphi)(s_1 + s_2) - m(\ddot{y}_D + s_1\ddot{\varphi})s_1 - J_S\,\ddot{\varphi} = 0$$

oder zusammengefasst

$$\begin{bmatrix} m & ms_1 \\ ms_1 & J_S + ms_1^2 \end{bmatrix} \begin{bmatrix} \ddot{y}_D \\ \ddot{\varphi} \end{bmatrix} + \begin{bmatrix} k_1 + k_2 & k_2(s_1 + s_2) \\ k_2(s_1 + s_2) & k_2(s_1 + s_2)^2 \end{bmatrix} \begin{bmatrix} y_D \\ \varphi \end{bmatrix} = 0 \, . \qquad (8.37)$$

Jetzt ist Massen- und elastische Kopplung festzustellen.

Als dritte Möglichkeit wählen wir die Verschiebung des Punktes E (y_E) und die Drehung um die Achse durch E (φ). Dabei gilt für die Abstände des Punkts E von den Federachsen (siehe Bild 8.10)

$$k_1\,l_1 = k_2\,l_2 .$$

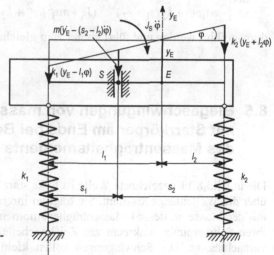

Bild 8.10
Hub-Drehschwinger mit den Koordinaten (y_E, φ)

Das Auswerten der „Gleichgewichtsbedingungen"

$$-k_1(y_E - l_1\varphi) - k_2(y_E + l_2\varphi) - m(\ddot{y}_E - (s_2 - l_2)\ddot{\varphi}) = 0 \, ,$$

$$+k_1(y_E - l_1\varphi)l_1 - k_2(y_E + l_2\varphi)l_2 + m(\ddot{y}_E - (s_2 - l_2)\ddot{\varphi})(s_2 - l_2) - J_S\,\ddot{\varphi} = 0$$

führt zu der Darstellung

$$
\begin{bmatrix} m & -m(s_2-l_2) \\ -m(s_2-l_2) & J_S + m(s_2-l_2)^2 \end{bmatrix} \begin{bmatrix} \ddot{y}_E \\ \ddot{\varphi} \end{bmatrix} + \begin{bmatrix} k_1+k_2 & 0 \\ 0 & k_1 l_1^2 + k_2 l_2^2 \end{bmatrix} \begin{bmatrix} y_E \\ \varphi \end{bmatrix} = \begin{bmatrix} 0 \\ 0 \end{bmatrix}.
$$

(8.38)

Jetzt ist nur Massenkopplung, aber keine elastische Kopplung vorhanden.

Die Ermittlung der Eigenkreisfrequenzen (8.35) in Anlehnung an die Lösung der Eigenwertgleichung (8.5) bei Federkopplung nach (8.34) kann also auch gemäß der allgemeinen Bedingung (8.17) bei der Massenkopplung nach (8.38) mit

$$
\det \begin{vmatrix} -m\omega^2 + k_1 + k_2 & -m(s_2-l_2)\omega^2 \\ -m(s_2-l_2)\omega^2 & -(J_S + m(s_2-l_2)^2)\omega^2 + k_1 l_1^2 + k_2 l_2^2 \end{vmatrix} = 0
$$

oder bei der Massen- und Federkopplung (8.37) mit

$$
\det \begin{vmatrix} -m\omega^2 + k_1 + k_2 & -ms_1\omega^2 + k_2(s_1+s_2) \\ -ms_1\omega^2 + k_2(s_1+s_2) & -(J_S + ms_1^2)\omega^2 + k_2(s_1+s_2)^2 \end{vmatrix} = 0
$$

durchgeführt werden und führt immer zum gleichen Ergebnis (8.35).

8.5 Biegeschwingungen von masselosen Balken mit Starrkörper am Ende bei Berücksichtigung des Massenträgheitsmoments

Die in Bild 8.11 gezeichnete Welle ist links starr eingespannt. Ihr Querschnitt ist über die Wellenlänge konstant. Sie trägt an ihrem freien Ende einen Starrkörper mit der Masse m, dessen Massenträgheitsmoment bezogen auf die Achse durch ihren Schwerpunkt senkrecht zur Zeichenebene J_S ist. Die Wellenmasse wird vernachlässigt. Die Schwingungen sollen klein sein. Die die Bewegung beschreibenden Koordinaten sind die Auslenkung y und der Drehwinkel φ.

Eine statische Vorbetrachtung des Zusammenhanges von Belastung und Verformung nutzt die anschauliche Interpretation der Überlagerung von Verschiebung und Verdrehung infolge von Kraft und Momentenbelastung. Sie dient der Ermittlung der Steifigkeitsmatrix als Kehrmatrix der Nachgiebigkeitsmatrix.

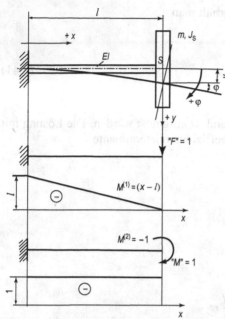

Bild 8.11
Einseitig eingespannte Welle mit Einzelmasse; Momentenverlauf für Einheitsbelastungen

Für die Verformungen infolge der Belastungen am Balkenende wird

$$y = n_{11}\, F + n_{12}\, M$$
$$\varphi = n_{21}\, F + n_{22}\, M \tag{8.39}$$

oder

$$\begin{bmatrix} y \\ \varphi \end{bmatrix} = \begin{bmatrix} n_{11} & n_{12} \\ n_{21} & n_{22} \end{bmatrix} \begin{bmatrix} F \\ M \end{bmatrix} = N \begin{bmatrix} F \\ M \end{bmatrix} \tag{8.40}$$

angesetzt. N ist die Nachgiebigkeitsmatrix, n_{ik} sind die Einflusszahlen, die sich gemäß

$$n_{ik} = \int\limits_0^l \frac{M^{(i)} M^{(k)}}{E\,I}\, dx$$

berechnen lassen oder aus einschlägigen Tabellenbüchern als Nachgiebigkeit

$$n_{11} = \frac{l^3}{3\,E\,I}\ \text{in}\ \left[\frac{\text{m}}{\text{N}}\right], \quad n_{12} = \frac{l^2}{2\,E\,I} = n_{21}\ \text{in}\ \left[\frac{1}{\text{N}}\right], \quad n_{22} = \frac{l}{E\,I}\ \text{in}\ \left[\frac{1}{\text{Nm}}\right]$$

abgelesen werden.

Werden die n_{ik} in (8.39) eingesetzt, so erhält man

$$y = \frac{l^3}{3\,E\,I}\,F + \frac{l^2}{2\,E\,I}\,M,$$

$$\varphi = \frac{l^2}{2\,E\,I}\,F + \frac{l}{E\,I}\,M.$$

$$(8.41)$$

Die Gleichungen (8.41) sollen nach F und M aufgelöst werden. Die Lösung mit der Cramer'schen Regel benötigt die Koeffizientendeterminante

$$\Delta = \begin{vmatrix} \dfrac{l^3}{3\,E\,I} & \dfrac{l^2}{2\,E\,I} \\[2ex] \dfrac{l^2}{2\,E\,I} & \dfrac{l}{E\,I} \end{vmatrix} = \frac{l^4}{12\,(E\,I)^2}$$

und ergibt

$$F = \frac{1}{\Delta} \begin{vmatrix} y & \dfrac{l^2}{2\,E\,I} \\[2ex] \varphi & \dfrac{l}{E\,I} \end{vmatrix} = \frac{12\,E\,I}{l^3}\,y - \frac{6\,E\,I}{l^2}\,\varphi$$

sowie

$$M = \frac{1}{\Delta} \begin{vmatrix} \dfrac{l^3}{3\,E\,I} & y \\[2ex] \dfrac{l^2}{2\,E\,I} & \varphi \end{vmatrix} = -\frac{6\,E\,I}{l^2}\,y + \frac{4\,E\,I}{l}\,\varphi$$

oder zusammengefasst in Matrizenschreibweise

$$\begin{bmatrix} F \\ M \end{bmatrix} = \begin{bmatrix} \dfrac{12\,E\,I}{l^3} & -\dfrac{6\,E\,I}{l^2} \\[2ex] -\dfrac{6\,E\,I}{l^2} & \dfrac{4\,E\,I}{l} \end{bmatrix} \begin{bmatrix} y \\ \varphi \end{bmatrix} = K \begin{bmatrix} y \\ \varphi \end{bmatrix}.$$

Dabei ist

$$K = \begin{bmatrix} k_{11} & k_{12} \\ k_{21} & k_{22} \end{bmatrix} = N^{-1}$$

die Steifigkeitsmatrix. Sie ist die Kehrmatrix der Nachgiebigkeitsmatrix.

In Bild 8.12 ist die Masse m in einer beliebig ausgelenkten Lage freigeschnitten. Die Anwendung des Schwerpunktsatzes und Momentensatzes (Newton) führt auf

$$-k_{11}\, y - k_{12}\, \varphi = m\, \ddot{y}$$

$$-k_{21}\, y - k_{22}\, \varphi = J_S\, \ddot{\varphi}$$

oder

$$\begin{bmatrix} m & 0 \\ 0 & J_S \end{bmatrix} \begin{bmatrix} \ddot{y} \\ \ddot{\varphi} \end{bmatrix} + \begin{bmatrix} \dfrac{12\,E\,I}{l^3} & -\dfrac{6\,E\,I}{l^2} \\[2mm] -\dfrac{6\,E\,I}{l^2} & \dfrac{4\,E\,I}{l} \end{bmatrix} \begin{bmatrix} y \\ \varphi \end{bmatrix} = \begin{bmatrix} 0 \\ 0 \end{bmatrix}. \tag{8.42}$$

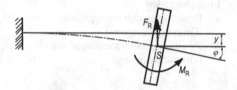

Bild 8.12
Freikörperbild der Masse

Die Gleichungen (8.42) sind analog zu den im Abschnitt 8.1 behandelten Gleichungen (8.2). Alle Resultate können von dort übernommen werden, wenn man

x_1 durch y, x_2 durch φ, $\dfrac{k_2}{m_1}$ durch $\dfrac{6\,E\,I}{l^2\,m}$, $\dfrac{k_2}{m_2}$ durch $\dfrac{6\,E\,I}{l^2\,J_S}$ ersetzt und

$$v_1^2 = \frac{12\,E\,I}{l^3\,m}, \qquad v_2^2 = \frac{4\,E\,I}{l\,J_S}$$

setzt.

Die beiden Eigenschwingungsformen sind in Bild 8.13 skizziert.

Wird in (8.41) in Anlehnung an das Newton'sche Grundgesetz in der d'Alembert'schen Fassung die Kraft F als Trägheitskraft $F_T = -m\,\ddot{y}$ und das Moment M als Moment der Trägheitskräfte $M_T = -J\,\ddot{\varphi}$ eingeführt, ergibt sich

$$y = n_{11}(-m\ddot{y}) + n_{12}(-J\,\ddot{\varphi}),$$

$$\varphi = n_{21}(-m\,\ddot{y}) + n_{22}(-J\,\ddot{\varphi}).$$

Entsprechend der Matrizendarstellung

$$\begin{bmatrix} n_{11}m & n_{12}\,J \\ n_{21}m & n_{22}\,J \end{bmatrix} \begin{bmatrix} \ddot{y} \\ \ddot{\varphi} \end{bmatrix} + \begin{bmatrix} 1 & 0 \\ 0 & 1 \end{bmatrix} \begin{bmatrix} y \\ \varphi \end{bmatrix} = \begin{bmatrix} 0 \\ 0 \end{bmatrix} \tag{8.43}$$

mit nur in der Massenmatrix auftretenden Nebendiagonalelementen kann die Kopplungsart als Massenkopplung gedeutet werden, wohingegen die Darstellung (8.42) eine Federkopplung ausweist (nur in der Steifigheitsmatrix erscheinen Nebendiagonalelemente). Dies zeigt ein weiteres Mal, dass die Bezeichnung Massenkopplung oder Federkopplung von der Betrachtungsart abhängt.

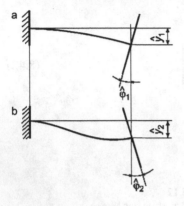

Bild 8.13
System Starrkörper mit zwei Freiheitsgraden
a   Erste Eigenschwingungsform (Grundschwingung)
b   Zweite Eigenschwingungsform (Oberschwingung)

8.6 Aufgaben

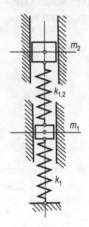

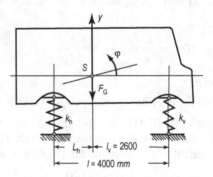

Bild 8.14 Federgekoppeltes System   **Bild 8.15** Massengekoppeltes System

Aufgabe 8.1: Für das in Bild 8.14 gezeichnete Zweimassensystem berechne man die Eigenkreisfrequenzen der freien, ungedämpften Schwingungen. Es gilt

$m_1 = 10$ kg, $m_2 = 40$ kg,

$k_1 = 90$ N/cm, $k_{1,2} = 20$ N/cm.

Aufgabe 8.2: Für die Untersuchung der gekoppelten Hub-Drehschwingungen eines Kraftfahrzeugs dient das in Bild 8.15 gezeichnete Ersatzsystem. Die Gesamtmasse ist $m = 8000$ kg, die Drehmasse bezogen auf die Schwerachse beträgt $J_S = 21000$ kg m².

Die Federkonstanten der Vorderachs- bzw. Hinterachsfedern sind $k_v = 4,8 \cdot 10^5$ N/m, $k_h = 7,2 \cdot 10^5$ N/m.

a) Man berechne die Eigenkreisfrequenzen, die Eigenvektoren und zeichne die Eigenschwingungsformen.
b) Wie groß müsste die Federkonstante an der Hinterachse gewählt werden, damit die Schwingungen entkoppelt sind?
c) Wie groß sind dann die Eigenkreisfrequenzen der entkoppelten Hubschwingung und Nickschwingung?

Aufgabe 8.3: Das in Bild 8.16 gezeichnete Maschinenfundament hat vier Stützen von gleichem Querschnitt $A = 60$ cm² ($E = 2,1 \cdot 10^{11}$ N/m²). Die beiden linken Stützen haben eine Länge $l_1 = 4$ m, die beiden rechten $l_2 = 6$ m.

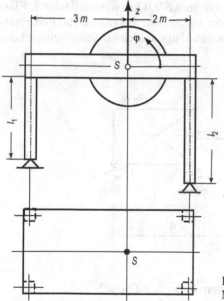

Bild 8.16
Maschinenfundament

a) Für die gekoppelten Hub-Drehschwingungen berechne man die Koppelkreisfrequenzen. Tisch und Maschine können dabei als ein starrer Körper ($m = 15000$ kg, $J_S = 32000$ kgm²) betrachtet werden.
b) Um wieviel müsste der Querschnitt der beiden rechten Stützen verändert werden, damit die Schwingungen entkoppelt sind?

Aufgabe 8.4: Bei dem in Bild 8.17 gezeichneten System ist die Masse 2 im Punkt A gelenkig mit der Masse 1 verbunden. Die Masse 1 ist in x-Richtung geführt und durch eine Feder gehalten.

a) Man stelle die Bewegungsgleichungen auf.
b) Die Bewegungsgleichungen sollen linearisiert werden.

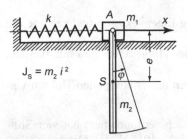

Bild 8.17
System mit zwei Freiheitsgraden

Aufgabe 8.5: Bei dem in Bild 8.18 gezeichneten System (zwei durch eine Fördereinrichtung miteinander verbundene Werkzeugmaschinen) sind die beiden Massen m_1 und m_2 durch einen Zweigelenkstab BD (Querschnittsfläche A, Elastizitätsmodul E, Länge l groß) miteinander verbunden. Stabmasse und Federmassen sind zu vernachlässigen. Zu untersuchen sind die kleinen Schwingungen des Systems in der vertikalen x, y-Ebene.

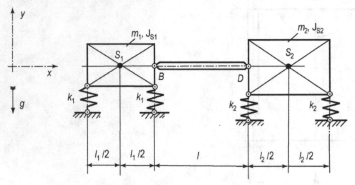

Bild 8.18 Zweimassenschwinger

a) Wie viele Freiheitsgrade hat das System in der x, y-Ebene?
b) Man berechne sämtliche Eigenfrequenzen des Systems.
c) Die Masse m_1 wird zusätzlich durch eine horizontale, lange Feder (Federkonstante k_3) gestützt (siehe Bild 8.19). Wie groß werden jetzt die Eigenkreisfrequenzen des Systems?
d) Welche konstruktive Maßnahme würden Sie vorschlagen, um die Schwingungen des Systems zu entkoppeln?

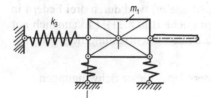

Bild 8.19
System mit Zusatzfeder

Aufgabe 8.6: Das in Bild 8.20 in der statischen Gleichgewichtslage gezeichnete System kann sich nur in der vertikalen Ebene bewegen. Die vertikale Feder (Federkonstante k) hat keine Vorspannung. Die linke Blattfeder ist mit dem Körper der Masse m (homogener Quader) gelenkig fest, die rechte Blattfeder gelenkig, aber horizontal verschieblich verbunden. Beide Blattfedern haben gleiche Abmessungen.

Annahmen: Kleine Schwingungen, Federmassen vernachlässigt.

a) Wie viele Freiheitsgrade hat das System?
b) Man beschreibe die Eigenschwingungsformen.

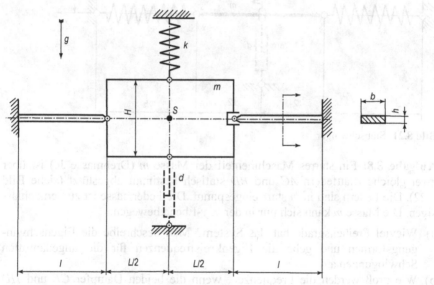

Bild 8.20 Ebenes Schwingersystem

c) Man berechne die Eigenkreisfrequenzen der ungedämpften Schwingungen des Systems.
d) Wie groß werden die Eigenkreisfrequenzen, wenn der in Bild 8.20 gestrichelt eingezeichnete Dämpfer eingebaut wird (Dämpfungskonstante d)?

Aufgabe 8.7: Ein homogener Stab (Länge l, Masse m) wird durch drei Federn in seiner statischen Gleichgewichtslage gehalten (siehe Bild 8.21). Er kann sich nur in der horizontalen x, y-Ebene bewegen. Die beiden in x-Richtung liegenden Federn sind vorgespannt mit der Zugkraft F_V.

Annahmen: Federmassen vernachlässigt, Federn lang, kleine Schwingungen.

a) Wie viele Freiheitsgrade hat das System?
b) Man beschreibe die Eigenschwingungsformen.
c) Man berechne die Eigenkreisfrequenzen der ungedämpften Schwingungen des Systems.
d) Wie groß werden die Eigenkreisfrequenzen, wenn der in Bild 8.21 gestrichelt eingezeichnete Dämpfer eingebaut wird?

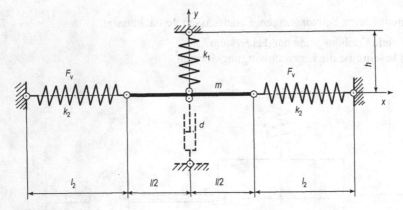

Bild 8.21 Stabschwinger

Aufgabe 8.8: Ein starres Maschinenteil der Masse m (Drehmasse J_S) ist über zwei gleiche Blattfedern AC und BD statisch bestimmt abgestützt (siehe Bild 8.22). Die Federn sind in m starr eingespannt. Die Federmasse ist zu vernachlässigen. Die Masse m kann sich nur in der x, y-Ebene bewegen.

a) Wieviel Freiheitsgrade hat das System? Man beschreibe die Eigenschwingungsformen und gebe die Eigenkreisfrequenzen für die ungedämpften Schwingungen an.
b) Wie groß werden die Frequenzen, wenn die beiden Dämpfer CE und HD eingebaut sind und schwache Dämpfung angenommen wird?
c) Das ganze System bewegt sich mit der Geschwindigkeit v_0 nach unten ($-y$-Richtung). Wie lautet die Weg-Zeit-Funktion der Masse mit Dämpfung, wenn die Lagerpunkte A, B, E, H plötzlich festgehalten werden (plötzliche Fixierung)?

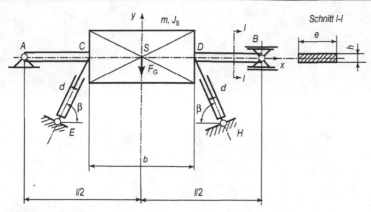

Bild 8.22 Einmassenschwinger

Aufgabe 8.9: Die in Bild 8.23 gezeichnete Welle ist beidseitig gelenkig gelagert. Ihr Querschnitt ist über die Wellenlänge konstant. Das Flächenträgheitsmoment I ist ebenso bekannt wie der Elastizitätsmodul E. Sie trägt zwei Zahnräder mit der Masse m_1 bzw. m_2. Ihre Massenträgheitsmomente und die Wellenmasse werden vernachlässigt („Laval-Welle"). Die Eigenfrequenzen (als biegekritische Drehzahlen interpretierbar) kleiner Biegeschwingungen y_1 und y_2 mit den zugehörigen Eigenschwingungsformen sind zu untersuchen (siehe Kap. 8.5).

a) Geben Sie die Einflusszahlen n_{ik} (i, k = 1, 2) in Abhängigkeit von den gegebenen Parametern an.

b) Geben Sie die Nachgiebigkeitsmatrix N und die Steifigkeitsmatrix K an.

c) Wie groß sind die biegekritischen Drehzahlen, falls $m_1 = m_2 = m$ und $L_1 = L_2 = L_3 = L/3$ gilt?

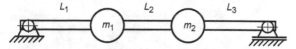

Bild 8.23 Modell zur Bestimmung der Biegekritischen
einer Welle mit zwei Zahnrädern (Laval-Welle)

9 Erzwungene harmonische Schwingungen von Systemen mit mehreren Freiheitsgraden

9.1 Schwingerkette mit zwei Freiheitsgraden

Es soll das in Bild 9.1 gezeichnete System mit zwei Freiheitsgraden untersucht werden. Die Erregerkraft greift an der Masse m_1 an und ist von der Form

$$F = \hat{F} \sin \Omega t .$$

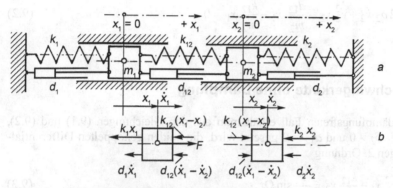

Bild 9.1   Federgekoppeltes Zweimassensystem
a System in der statischen Gleichgewichtslage
b Freikörperbild der beiden Massen

Für jede der beiden Massen gilt gemäß dem dynamischen Grundgesetz (siehe Bild 9.1b)

$$-k_1 x_1 - d_1 \dot{x}_1 - k_{12}(x_1 - x_2) - d_{12}(\dot{x}_1 - \dot{x}_2) + F = m_1 \ddot{x}_1 ,$$

$$-k_2 x_2 - d_2 \dot{x}_2 + k_{12}(x_1 - x_2) + d_{12}(\dot{x}_1 - \dot{x}_2) = m_2 \ddot{x}_2$$

oder umgeformt

$$\ddot{x}_1 + \frac{d_1 + d_{12}}{m_1} \dot{x}_1 + \frac{k_1 + k_{12}}{m_1} x_1 - \frac{d_{12}}{m_1} \dot{x}_2 - \frac{k_{12}}{m_1} x_2 = \frac{\hat{F}}{m_1} \sin \Omega t ,$$

$$\ddot{x}_2 + \frac{d_2 + d_{12}}{m_2} \dot{x}_2 + \frac{k_2 + k_{12}}{m_2} x_2 - \frac{d_{12}}{m_2} \dot{x}_1 - \frac{k_{12}}{m_2} x_1 = 0 .$$

Mit den Abkürzungen

$$\frac{k_1 + k_{12}}{m_1} = v_1^2, \quad \frac{k_2 + k_{12}}{m_2} = v_2^2$$

$$\frac{d_1 + d_{12}}{2 m_1} = \delta_1, \quad \frac{d_2 + d_{12}}{2 m_2} = \delta_2$$

erhält man

$$\ddot{x}_1 + 2\,\delta_1\,\dot{x}_1 + v_1^2\,x_1 - \frac{d_{12}}{m_1}\,\dot{x}_2 - \frac{k_{12}}{m_1}\,x_2 = \frac{\hat{F}}{m_1}\sin\Omega t, \tag{9.1}$$

$$\ddot{x}_2 + 2\,\delta_2\,\dot{x}_2 + v_2^2\,x_2 - \frac{d_{12}}{m_2}\,\dot{x}_1 - \frac{k_{12}}{m_2}\,x_1 = 0. \tag{9.2}$$

9.1.1 Schwingerkette ohne Dämpfung

Für den dämpfungsfreien Fall erhält man aus den Gleichungen (9.1) und (9.2), wenn $\delta_1 = \delta_2 = 0$ und $d_{12} = 0$ gesetzt wird, die beiden gekoppelten Differential-gleichungen 2. Ordnung

$$\ddot{x}_1 + v_1^2\,x_1 - \frac{k_{12}}{m_1}\,x_2 = \frac{\hat{F}}{m_1}\sin\Omega t, \tag{9.3}$$

$$\ddot{x}_2 + v_2^2\,x_2 - \frac{k_{12}}{m_2}\,x_1 = 0. \tag{9.4}$$

Für deren Lösung macht man für beide Bewegungen den gleichfrequenten Schwingungsansatz für die (partikulären) erzwungenen Schwingungen

$$x_1(t) = \hat{x}_1 \sin\Omega t, \qquad x_2(t) = \hat{x}_2 \sin\Omega t.$$

Eingesetzt in (9.3) und (9.4) führt dies auf das lineare Gleichungssystem

$$(v_1^2 - \Omega^2)\,\hat{x}_1 - \frac{k_{12}}{m_1}\,\hat{x}_2 = \frac{\hat{F}}{m_1}, \tag{9.5}$$

$$-\frac{k_{12}}{m_2}\,\hat{x}_1 + (v_2^2 - \Omega^2)\,\hat{x}_2 = 0. \tag{9.6}$$

Daraus berechnen sich die Amplituden der erzwungenen Schwingungen

$$\hat{x}_1(\Omega) = \frac{\dfrac{\hat{F}}{m_1}(v_2^2 - \Omega^2)}{\Delta}, \tag{9.7}$$

$$\hat{x}_2(\Omega) = \frac{\hat{F}\, k_{12}\,/(m_1 m_2)}{\Delta}, \tag{9.8}$$

$$\text{mit}\quad \Delta = (v_1^2 - \Omega^2)(v_2^2 - \Omega^2) - \frac{k_{12}^2}{m_1 m_2}. \tag{9.9}$$

Die Amplituden (9.7) und (9.8) sind für verschwindende Determinante $\Delta(\Omega) = 0$ nicht definiert, da sie unendlich groß werden würden. Diese Resonanzstellen Ω_{R1} und Ω_{R2} entsprechen jenen Eigenkreisfrequenzen ω_1 und ω_2, die gemäß der Bedingung $\Delta(\omega) = 0$ (siehe (8.17)) im Kap. 8 berechnet werden.

Beispiel 9.1: Rüttelwalze

Als Beispiel wird das in Bild 9.2 gezeichnete Ersatzsystem einer Rüttelwalze betrachtet, bei der die untere Masse durch die Unwucht $U = \Delta m\, a$ bei konstanter Erregerkreisfrequenz Ω angeregt wird. Es gelten die Zahlenwerte

$$m_1 = 1500\ \text{kg},\ m_2 = 1000\ \text{kg},\ \Delta m\, a = 4\ \text{kg}\, m,\ k_1 = 10^8\ \text{N/m},\ k_{12} = 10^7\ \text{N/m}.$$

Welche Resonanzfrequenzen treten auf?

Wie sieht der Frequenzgang der Amplituden der erzwungenen Schwingungen aus?

Das mechanische Modell entspricht jenem, das in Kap. 8.1 ausführlich behandelt wird, falls die dritte Feder entfällt ($k_2 \triangleq k_{12}, k_3 = 0$).

Durch Einsetzen bekannter Werte in (8.6) erhält man die Resonanzfrequenzen

$$\Omega_1 = \omega_1 = 94{,}7\ 1/\text{s},\ \Omega_2 = \omega_2 = 272{,}7\ 1/\text{s}.$$

Die Gleichungen (9.7), (9.8) liefern $\hat{x}_1$ bzw. $\hat{x}_2$ als Funktionen von Ω. Diese zeigt Bild 9.3.

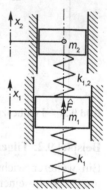

Bild 9.2 Rüttelwalze

Da hier Unwuchterregung vorliegt, ist die Amplitude der Erregerkraft ebenfalls von der Erregerfrequenz abhängig

$$\hat{F} = \Delta m\, a\, \Omega^2.$$

Aus Bild 9.3 ist zu erkennen, dass bei Betrieb unterhalb der ersten Eigenkreisfrequenz ($\Omega < \omega_1$) beide Massen gleichsinnig schwingen ($\hat{x}_1$ und $\hat{x}_2$ haben das gleiche Vorzeichen), oberhalb der zweiten Eigenkreisfrequenz ($\Omega > \omega_2$) schwingen die Massen gegensinnig ($\hat{x}_1$ und $\hat{x}_2$ haben verschiedene Vorzeichen). Im Bereich zwischen den beiden Eigenkreisfrequenzen ist außer in einem kleinen Bereich unmittelbar oberhalb ω_1 ebenfalls gegensinniges Schwingen der beiden Massen festzustellen.

Weiter gilt für $\Omega \to \infty$: $\quad \hat{x}_1 \to -4/1500 \text{ m} = -0,267 \text{ cm}, \quad \hat{x}_2 \to +0.$

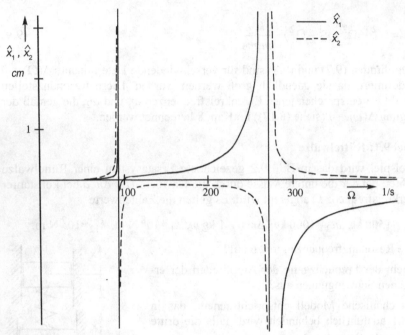

Bild 9.3   Frequenzgang der Amplituden $\hat{x}_1$ und $\hat{x}_2$ von Beispiel 9.1

Beispiel 9.2: Tilgersystem

Ein weiterer wichtiger Anwendungsfall, dessen Grundmodell dieses Schwingungssystem einer einseitig gefesselten Schwingerkette ($k_2 = 0$) ist, ist die *Schwingungstilgung*. Dabei soll in der Regel die Schwingung an jener Masse möglichst minimiert (getilgt) werden, an der die Erregung wirkt, wie z. B. die der Masse m_1 des Bildes 9.4.

Diese Masse m_1 ist federnd gelagert (Federkonstante k_1). Sie wird durch eine harmonische Kraft $F = \hat{F} \sin \Omega t$ erregt. Die Schwingungen der Masse m_1 sollen zum Verschwinden gebracht werden ($\hat{x}_1 = 0$) durch Anbringen eines Zusatzschwingers (Masse m_2, Federkonstante k_{12}). Wie ist der Zusatzschwinger abzustimmen, d. h. wie sind die Werte m_2 bzw. k_{12} zu wählen? Wie schwingt dann die Tilgermasse?

In den Gleichungen für die Schwingerkette ist $k_2 = 0$ zu setzen.

Damit wird

$$v_1^2 = \frac{k_1 + k_{12}}{m_1}, \qquad v_2^2 = \frac{k_{12}}{m_2}.$$

Nach (9.7) wird $\hat{x}_1 = 0$, wenn $v_2^2 - \Omega^2 = 0$
ist, woraus die Tilgerfrequenz

$$\Omega_T = v_2 = \sqrt{\frac{k_{12}}{m_2}}$$

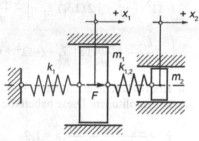

Bild 9.4   Schwingungstilger

folgt.

Die Amplitude $\hat{x}_2$ kann mit (9.8) berechnet werden

$$\hat{x}_2 = \frac{\hat{F} k_{12} / (m_1 m_2)}{0 - k_{12}^2 / (m_1 m_2)} = -\frac{\hat{F}}{k_{12}}.$$

Die Masse m_2 schwingt also gegenläufig zur Erregerkraft. Da m_1 in Ruhe ist,
wirkt der Tilger wie ein einfacher Schwinger. Die Erregerkraft stützt sich also
praktisch am Tilgersystem ab.

9.1.2 Schwingerkette mit Dämpfung

Für das feder- und dämpfergekoppelte Schwingungssystem gemäß Bild 9.1 sind
die Lösungen der beiden gekoppelten Differentialgleichungen (9.1) und (9.2) zu
bestimmen. Wie bei einem Freiheitsgrad im Kap. 7.1 gezeigt, ist es bei Vorliegen
von Dämpfung sinnvoll, mit komplexen Schwingungen zu rechnen. Das System
antwortet auf die Erregerkraft $\underline{F}(t) = \hat{F}\, e^{\,j\Omega t}$ mit zwei Schwingungen

$$\underline{x}_1(t) = \underline{\hat{x}}_1\, e^{\,j\Omega t}, \qquad \underline{x}_2(t) = \underline{\hat{x}}_2\, e^{\,j\Omega t},$$

die gleichfrequent angesetzt werden. Deren komplexe Amplituden

$$\underline{\hat{x}}_1 = \hat{x}_1\, e^{-j\zeta_1}, \qquad \underline{\hat{x}}_2 = \hat{x}_2\, e^{-j\zeta_2}$$

enthalten die reellen Amplituden als Betrag und die Nacheilungen als Phase. Wie
in Kap. 7.1 werden die Lösungsansätze und ihre Zeitableitungen in die beiden
Differentialgleichungen (9.1), (9.2) eingesetzt und führen nach Ausklammerung
und Koeffizientenvergleich (siehe Vorgehensweise Kap. 7.1) zu zwei algebraischen Gleichungen für die komplexen Amplituden

$$(-\Omega^2 + v_1^2 + \mathrm{j}\, 2\Omega\delta_1)\, \hat{\underline{x}}_1 + \left(-\frac{k_{12}}{m_1} - \mathrm{j}\, \frac{d_{12}}{m_1}\Omega \right) \hat{\underline{x}}_2 = \frac{\hat{F}}{m_1}, \tag{9.10}$$

$$\left(-\frac{k_{12}}{m_2} - \mathrm{j}\, \frac{d_{12}}{m_2}\Omega \right) \hat{\underline{x}}_1 + (-\Omega^2 + v_2^2 + \mathrm{j}\, 2\Omega\delta_2)\, \hat{\underline{x}}_2 = 0. \tag{9.11}$$

Die Koeffizientendeterminante ist komplex und sehr länglich, wie auch die komplexen Amplituden. Diese haben die Form eines komplexen Bruches

$$\hat{\underline{x}}_k = \frac{\underline{Z}_k}{\underline{N}} = \frac{a_k + \mathrm{j}\, b_k}{c + \mathrm{j}\, d}, \; k = 1,2 \;, \tag{9.12}$$

deren Beträge über

$$\hat{x}_k = \left| \hat{\underline{x}}_k \right| = \frac{\sqrt{a_k^2 + b_k^2}}{\sqrt{c^2 + d^2}}, \; k = 1,2 \tag{9.13}$$

mit

$$Re\,(\underline{Z}_1) = a_1 = \frac{\hat{F}}{m_1}(-\Omega^2 + v_2^2), \;\; Im\,(\underline{Z}_1) = b_1 = \frac{\hat{F}}{m_1}\, 2\,\delta_2\, \Omega, \tag{9.14}$$

$$Re\,(\underline{Z}_2) = a_2 = \frac{\hat{F}}{m_1}\left(\frac{k_{12}}{m_2} \right), \;\; Im\,(\underline{Z}_2) = b_2 = \frac{\hat{F}}{m_1}\left(\frac{d_{12}}{m_2} \right)\Omega, \tag{9.15}$$

$$Re\,(\underline{N}) = c = (-\Omega^2 + v_1^2)(-\Omega^2 + v_2^2) - 4\,\Omega^2\,\delta_1\delta_2 - \frac{k_{12}^2}{m_1 m_2} + \frac{d_{12}^2}{m_1 m_2}\Omega^2, \tag{9.16}$$

$$Im\,(\underline{N}) = d = (-\Omega^2 + v_1^2)\, 2\,\delta_2\, \Omega + (-\Omega^2 + v_2^2)\, 2\,\delta_1\, \Omega - 2\frac{k_{12}d_{12}}{m_1 m_2}\Omega \tag{9.17}$$

berechnet werden können.

9.2 Schwingungssystem mit endlich vielen Freiheitsgraden – Frequenzgangmatrix

Für Schwingungssysteme mit sehr vielen Freiheitsgraden ist die Darstellung der beschreibenden Bewegungsgleichungen in Matrixform sehr effizient (siehe auch Kap. 8.2). Im Falle geschwindigkeitsproportionaler Dämpfung der Bewegungen (relativ und absolut) wird die Matrix-Darstellung (8.12) zum Ersten mit einer Dämpfermatrix ergänzt und zweitens ein Erregervektor auf der „rechten" Seite entsprechend der jeweiligen Erreger-Vorgaben eingefügt. Gemäß der allgemeinen Darstellung

$$\boldsymbol{M}\,\ddot{\boldsymbol{x}}(t) + \boldsymbol{D}\,\dot{\boldsymbol{x}}(t) + \boldsymbol{K}\,\boldsymbol{x}(t) = \boldsymbol{F}(t) \tag{9.18}$$

lassen sich z. B. für die Schwingerkette mit zwei Freiheitsgraden aus den Bewegungsdifferentialgleichungen (9.1), (9.2) mit der einspaltigen Matrix („Vektor") der Bewegungskoordinaten

$$x(t) = [x_1(t), x_2(t)]^T \tag{9.19}$$

die in dieser Form ungewöhnlichen Masse- und Steifigkeitsmatrizen

$$M = \begin{bmatrix} 1 & 0 \\ 0 & 1 \end{bmatrix}, \; K = \begin{bmatrix} v_1^2 & -\dfrac{k_{12}}{m_1} \\ -\dfrac{k_{12}}{m_2} & v_2^2 \end{bmatrix} \tag{9.20}$$

identifizieren. Dabei ergibt sich hier die Massenmatrix als Einheitsmatrix, die Elemente der Steifigkeitsmatrix haben die Einheit $1/s^2$. Entsprechend enthält die Dämpfungsmatrix

$$D = \begin{bmatrix} 2\delta_1 & -\dfrac{d_{12}}{m_1} \\ -\dfrac{d_{12}}{m_2} & 2\delta_2 \end{bmatrix} \tag{9.21}$$

Elemente, deren Einheit $1/s$ ist. Die Komponenten des Vektors der Krafterregung

$$F(t) = [F_1(t), F_2(t)]^T = \begin{bmatrix} \dfrac{\hat{F}}{m_1} \sin \Omega t \\ 0 \end{bmatrix} \tag{9.22}$$

haben dementsprechend die Einheit Kraft/Masse = N/kg = m/s^2.

In Analogie zur Vorgehensweise zur Ermittlung der erzwungenen Schwingungen (Amplitude und Phase) bei gedämpften Systemen mit einem Freiheitsgrad (Kap. 7) sind komplexe Schwingungsansätze bei harmonischer Erregung (alle Erregerkräfte oder -momente haben die gleiche Erregerfrequenz)

$$\underline{x} = \underline{\hat{x}}\, e^{j\Omega t}, \; \underline{F} = \underline{\hat{F}}\, e^{j\Omega t} \tag{9.23}$$

üblich. Die Vektoren der komplexen Amplituden

$$\underline{\hat{x}} = \begin{bmatrix} \underline{\hat{x}}_1 \\ \underline{\hat{x}}_2 \\ \dots \\ \underline{\hat{x}}_n \end{bmatrix} = \begin{bmatrix} \hat{x}_1\, e^{j\zeta_1} \\ \hat{x}_2\, e^{j\zeta_2} \\ \dots \\ \hat{x}_n\, e^{j\zeta_n} \end{bmatrix}, \quad \underline{\hat{F}} = \begin{bmatrix} \underline{\hat{F}}_1 \\ \underline{\hat{F}}_2 \\ \dots \\ \underline{\hat{F}}_n \end{bmatrix} = \begin{bmatrix} \hat{F}_1\, e^{j\phi_1} \\ \hat{F}_2\, e^{j\phi_2} \\ \dots \\ \hat{F}_n\, e^{j\phi_n} \end{bmatrix} \tag{9.24}$$

stellen als rotierende Zeiger (mit Betrag der Amplituden und Phasenwinkel) den Zeitverlauf gemäß den Ausführungen in Kapitel 2 dar. Ihre Ermittlung erfolgt (siehe auch Kap. 7.1) nach Einsetzen der Zeitfunktionen der Bewegung (und ihrer Ableitungen) und der Erregerfunktionen (9.23) in das Differentialgleichungs-System (9.18) aus dem (komplexwertigen) algebraischen Gleichungssystem

$$\left[(-\Omega^2 M + K) + j \Omega D \right] \underline{\hat{x}} = \underline{\hat{F}} \qquad (9.25)$$

für die n unbekannten Amplituden $\underline{\hat{x}}$. Im Sinne der Systemtheorie wird der Zusammenhang zwischen der Erregung (Eingangsgrößen) und der Schwingungsantwort (Ausgangsgrößen)

$$\underline{\hat{x}} = \underline{H}(j \Omega) \underline{\hat{F}} \qquad (9.26)$$

durch die Frequenzgangmatrix $\underline{H}(j \Omega)$ dargestellt, die sich als Kehrmatrix

$$\underline{H}(j \Omega) = \left[(-\Omega^2 M + K) + j \Omega D \right]^{-1} \qquad (9.27)$$

der Koeffizientenmatrix des Gleichungssystems (9.25) berechnet.

Im Falle sehr vieler Freiheitsgrade (oft schon ab $n > 3$) wird die (praktische) Berechnung sehr aufwändig und meist mit einschlägigen Berechnungsprogrammen durchgeführt. Diese Programme für Mehrkörpersysteme (MKS) sowie für die Berechnung bei Systemen mit verteilter Masse und Steifigkeit mit z. B. der Methode der Finiten Elemente (FEM) sind bei richtiger Handhabung sehr effektiv und können auch effizient genutzt werden, insbesondere wenn auch nichtlineare Systemeigenschaften mit einbezogen werden müssen. Diesbezüglich und auch bezüglich der Annahme von charakteristischen Dämpfungsarten und -werten sei auf einschlägige Literatur verwiesen.

Beispiel 9.3: Drehschwingerkette

Das folgende Beispiel der durch Momente $M_k(t)$, $k = 1, 2, 3$ an jeder Drehmasse fremderregten Drehschwingerkette gemäß Bild 9.5 ist schon in Kap. 8.3 behandelt worden. Dort jedoch ohne Fremderregung und ohne Dämpfung. Wird eine Dämpfung berücksichtigt, so kann z. B. die Umgebungsdämpfung durch „gedachte" Dämpfer d_{Dk} und die „Werkstoff-Dämpfung" in den Wellenabschnitten mit den Dämpferkonstanten d_{Djk} modelliert werden.

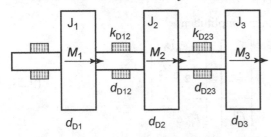

Bild 9.5
Fremderregte
Drehschwingerkette

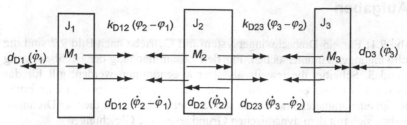

Bild 9.6   Freikörperbild

In Bild 9.6 sind an den freigeschnittenen Teilen alle wirksamen Momente eingetragen. Für das Aufstellen der Bewegungsgleichungen wird angenommen, dass $\varphi_1 < \varphi_2 < \varphi_3, \dot{\varphi}_1 < \dot{\varphi}_2 < \dot{\varphi}_3$ gilt. Das dynamische Grundgesetz für Drehbewegungen für jede Drehmasse führt auf die drei gewöhnlichen, inhomogenen Differentialgleichungen

$$J_1 \ddot{\varphi}_1 + (d_{D1} + d_{D12})\, \dot{\varphi}_1 + k_{D12}\, \varphi_1 - d_{D12}\, \dot{\varphi}_2 - k_{D12}\, \varphi_2 = M_1 ,$$
$$J_2\, \ddot{\varphi}_2 + (d_{D2} + d_{D12} + d_{D23})\, \dot{\varphi}_2 + (k_{D12} + k_{D23})\, \varphi_2 - d_{D12}\, \dot{\varphi}_1$$
$$\qquad - k_{D12}\, \varphi_1 - d_{D23}\, \dot{\varphi}_3 - k_{D23}\, \varphi_3 = M_2 ,$$
$$J_3\, \ddot{\varphi}_3 + (d_{D3} + d_{D23})\, \dot{\varphi}_3 + k_{D23}\, \varphi_3 - d_{D23}\, \dot{\varphi}_2 - k_{D23}\, \varphi_2 = M_3 .$$

$$(9.28)$$

Für den Vektor der erzwungenen Drehschwingungen sowie den Erregervektor

$$\underline{x} = \begin{bmatrix} \underline{\varphi}_1 \\ \underline{\varphi}_2 \\ \underline{\varphi}_3 \end{bmatrix}, \quad \underline{F} = \begin{bmatrix} \underline{M}_1 \\ \underline{M}_2 \\ \underline{M}_3 \end{bmatrix} \tag{9.29}$$

lassen sich die Massenmatrix und die Steifigkeitsmatrix wie schon im Kap. 8.3 als Drehmassenmatrix und Drehsteifigkeitsmatrix

$$\boldsymbol{M} = \begin{bmatrix} J_1 & 0 & 0 \\ 0 & J_2 & 0 \\ 0 & 0 & J_3 \end{bmatrix}, \boldsymbol{K} = \begin{bmatrix} k_{D12} & -k_{D12} & 0 \\ -k_{D12} & k_{D12} + k_{D23} & -k_{D23} \\ 0 & -k_{D23} & k_{D23} \end{bmatrix} \tag{9.30}$$

angeben ($k_{D1} = 0$, da das linke Wellenende frei ist). Die Dämpfermatrix

$$\boldsymbol{D} = \begin{bmatrix} d_{D1} + d_{D12} & -d_{D12} & 0 \\ -d_{D12} & d_{D2} + d_{D12} + d_{D23} & -d_{D23} \\ 0 & -d_{D23} & d_{D3} + d_{D23} \end{bmatrix} \tag{9.31}$$

ist wie die Steifigkeitsmatrix bei diesem System symmetrisch.

9.3 Aufgaben

Aufgabe 9.1: Für ein Drehschwingersystem mit Getriebe nach Bild 9.7 sind die Drehschwingungen zu untersuchen. Für den Zusammenhang der Drehbewegung der 2. und 3. Scheibe, die jeweils als starr angenommen werden, gilt für das Übersetzungsverhältnis $\varphi_2 = i\varphi_3$ mit $i = r_3/r_2$. Die weiteren Masse-, Dämpfungs- und Steifigkeitsparameter sind wie im letzten Beispiel 9.3. Für die vier Drehmassen ergeben sich mit dem dynamischen Grundgesetz die Gleichungen

$$-d_{D1}\,\dot{\varphi}_1 + d_{D12}\,(\dot{\varphi}_2 - \dot{\varphi}_1) + k_{D12}\,(\varphi_2 - \varphi_1) + M_1 = J_1\,\ddot{\varphi}_1,$$

$$-d_{D12}\,(\dot{\varphi}_2 - \dot{\varphi}_1) - d_{D2}\,\dot{\varphi}_2 - k_{D12}\,(\varphi_2 - \varphi_1) + F_z\,r_2 = J_2\,\ddot{\varphi}_2,$$

$$d_{D34}\,(\dot{\varphi}_4 - \dot{\varphi}_3) - d_{D3}\,\dot{\varphi}_3 + k_{D34}\,(\varphi_4 - \varphi_3) - F_z\,r_3 = J_3\,\ddot{\varphi}_3,$$

$$-d_{D34}\,(\dot{\varphi}_4 - \dot{\varphi}_3) - d_{D4}\,\dot{\varphi}_4 - k_{D34}\,(\varphi_4 - \varphi_3) + M_4 = J_4\,\ddot{\varphi}_4.$$

Sie enthalten noch eine innere, zu eliminierende Zahnkraft F_Z. Ebenso ist entweder φ_3 durch φ_2 oder umgekehrt entsprechend dem Übersetzungsverhältnis zu ersetzen, wobei auch für die Ableitungen $\dot{\varphi}_2 = i\dot{\varphi}_3$, $\ddot{\varphi}_2 = i\,\ddot{\varphi}_3$ gilt.

Man gebe den Vektor der drei (unabhängigen) Drehschwingungskoordinaten für die drei Freiheitsgrade, den Erregervektor sowie die zugehörige Massenmatrix, Dämpfermatrix sowie Steifigkeitsmatrix an.

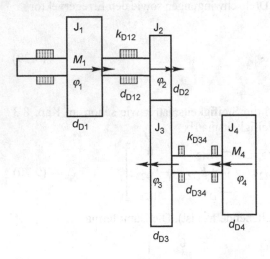

Bild 9.7   Drehschwingersystem mit Getriebe

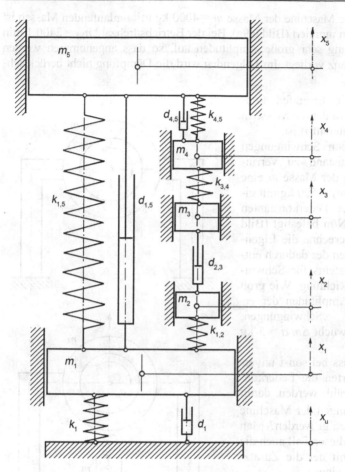

Bild 9.8 Schwingersystem mit 5 Freiheitsgraden

Aufgabe 9.2: Das in Bild 9.8 gezeichnete Schwingersystem mit fünf Freiheitsgraden wird am Fußpunkt der unteren Feder (Federkonstante k_1) erregt; Erregerfunktion $x_u = x_u(t)$. Alle Massen können nur Bewegungen in vertikaler Richtung ausführen. Man stelle die Schwingungsgleichungen des Systems auf.

Anmerkung: Man beachte, dass zwischen den Massen m_2 und m_3 eine „Dämpfungskopplung" vorliegt.

Aufgabe 9.3: Eine Maschine der Masse $m = 4000$ kg mit umlaufenden Massen ist auf einem Rahmen montiert (Bild 9.9a). Bei der Betriebsdrehzahl $n_M = 2400$ 1/min treten in y-Richtung sehr große Amplituden auf, so dass angenommen werden kann, dass Resonanz vorliegt. Im Folgenden wird die Dämpfung nicht berücksichtigt

a) Man gebe die Ersatzfederkonstante k_y an, mit der die Masse in y-Richtung unterstützt ist.

b) Um die großen Schwingungen im Betriebszustand zu verringern, wird an der Masse m eine Zusatzmasse $m_z = 500$ kg mit einer Feder der Federkonstanten $k_z = 2 \cdot 10^6$ N/m befestigt (Bild 9.9b). Man berechne die Eigenkreisfrequenzen des dadurch entstandenen Systems für Schwingungen in y-Richtung. Wie groß werden die Amplituden der erzwungenen Schwingungen, wenn die Unwucht $\Delta m\,a = 5$ kg m beträgt?

c) Wie groß muss bei sonst unveränderten Werten die Federkonstante k_z gewählt werden, damit die Schwingungen der Maschine vollständig getilgt werden? Man berechne für diesen Fall auch die Amplitude, mit der die Zusatzmasse m_z schwingt.

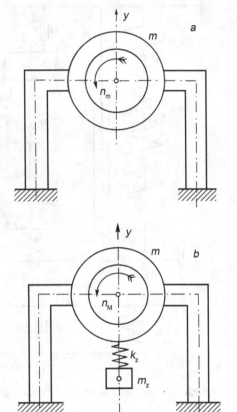

Bild 9.9
a Einmassenschwinger
b System mit Schwingungstilger

Aufgabe 9.4: Die Drehschwingungen des in Bild 9.10 gezeichneten Systems (Rundschleifmaschine mit Schwingungstilger) um die Wellenachse (φ-Achse) sind zu untersuchen. Der linke Wellenabschnitt (d_1, l_1) ist an seinem linken Ende starr eingespannt. Die Drehmassen der Wellen und die Dämpfung sind zu vernachlässigen.

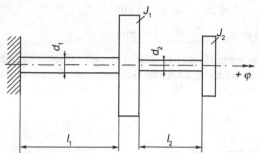

Bild 9.10
Drehschwingungstilger

a) Man stelle die Bewegungsdifferentialgleichungen auf.
b) Man berechne die Eigenkreisfrequenzen.
c) Man skizziere die Eigenschwingungsformen. Dabei ist zu beachten, dass $d_1 > d_2$ und $J_1 > J_2$ ist.
d) Das System wird an der Drehmasse J_1 durch ein Moment $M = \hat{M} \sin \Omega t$ erregt. Man berechne die Amplituden der erzwungenen Drehschwingungen des Systems.
e) Wie groß ist der Durchmesser d_2 zu wählen, damit die Schwingungen der Drehmasse J_1 getilgt werden?

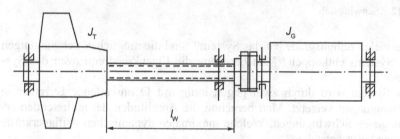

Bild 9.11 Drehschwingersystem

Aufgabe 9.5: Bei der in Bild 9.11 gezeichneten Kleinwasserturbinenanlage ist das Laufrad der Turbine (Drehmasse J_T) durch die Antriebswelle (Stahlrohr l_W, d_a, d_i) mit dem Generatorläufer (Drehmasse J_G) verbunden.

a) Man berechne die Eigenkreisfrequenzen der Drehschwingungen des Systems.
b) Durch periodische Wirbelablösung wirkt auf den Turbinenläufer ein periodisch schwankendes Moment mit der Kreisfrequenz $\Omega = 62{,}5$ s^{-1}. Die Amplitude der erzwungenen Drehschwingungen wird gemessen mit $\hat{\varphi} = 0{,}08$ rad. Man berechne die Amplitude des Erregermoments.

$J_T = 375$ kg m^2, $G = 0,8 \cdot 10^{11}$ N/m^2, $d_a = 140$ mm,

$J_G = 620$ kg m^2, $l_W = 2500$ mm, $d_i = 100$ mm.

Aufgabe 9.6: In Bild 9.12 ist das vereinfachte Ersatzsystem eines Schwingsiebs dargestellt. Es kann angenommen werden, dass der Schwerpunkt S sich nur in vertikaler Richtung (y-Richtung) bewegt. Die Dämpfung soll vernachlässigt werden.

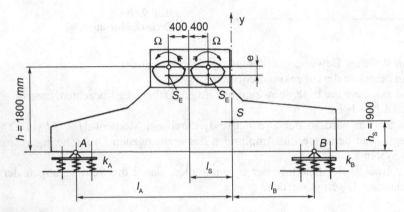

Bild 9.12   Schwingsieb

a) Wie viele Freiheitsgrade hat das System? Sind die möglichen Schwingungen des Systems entkoppelt? Man berechne die Eigenkreisfrequenzen des Systems.

b) Das System wird durch zwei gegensinnig mit Ω umlaufende Exzenter in Schwingungen versetzt. Man berechne die Amplituden der auftretenden erzwungenen Schwingungen. Welche maximalen dynamischen Auflagerkräfte können bei A entstehen?

c) Durch Federbruch auf der rechten Seite vermindert sich die Federkonstante k_B auf 2/3 des ursprünglichen Werts. Man berechne die Eigenkreisfrequenzen des veränderten Systems.

Gesamtmasse des Systems $m = 12$ t,

Drehmasse bezogen auf die Achse durch S $J_S = 58$ t m^2

Gesamtfederkonstante bei A $k_A = 0,9 \cdot 10^7$ N/m, $l_A = 5$ m,

Gesamtfederkonstante bei B $k_B = 1,5 \cdot 10^7$ N/m, $l_B = 3$ m

Masse einer Exzenterscheibe $m_E = 40$ kg,

Abstand des Schwerpunkts der Exzenter von ihrer Drehachse e = 0,3 m,

Abstand der Symmetrieachse des Unwuchtmotors vom Schwerpunkt S $l_S = 1$ m, Winkelgeschwindigkeit der Exzenter $\Omega = 48$ 1/s.

Aufgabe 9.7: Bei dem in Bild 9.13 gezeichneten System – Schwungrad (Drehmasse J_1) mit Torsionsschwingungstilger (Drehmasse J_2) – sind beide Teile um die Achse durch 0 (Schwerachse für beide Teile) frei drehbar gelagert. Beide Teile sind durch 4 Federn elastisch verbunden.

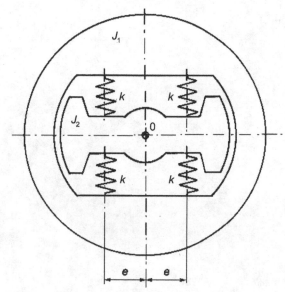

Bild 9.13   Torsionsschwingungstilger

a) Man berechne die Eigenkreisfrequenzen der ungedämpften Drehschwingungen des Systems.

b) Am Schwungrad J_1 wirkt ein äußeres Moment

$$M(t) = \hat{M}_1 \sin \Omega t, \ \Omega > \omega_i.$$

Wie verhält sich das System (Bewegungszeitfunktion)?

c) Wie groß wird die Eigenkreisfrequenz, wenn die Dämpfung in den Federelementen berücksichtigt wird (die Dämpfungskonstante jeder Feder sei d)? Wie lautet die Bewegungszeitfunktion jetzt, wenn das in Frage b) angegebene Erregermoment wirkt?

10 Schwingungen von Kontinua

In Abschnitt 8.2 wird eine Schwingerkette mit n Massen untersucht. Das System hat n Freiheitsgrade. Es existieren n Eigenschwingungsformen mit n Eigenkreisfrequenzen. Beim Übergang zu gleichmäßiger, „kontinuierlicher" Massenverteilung „existieren" unendlich viele, infinitesimal kleine Einzelmassen. Die Bewegungen werden nicht mehr durch gewöhnliche Differentialgleichungen, sondern durch partielle Differentialgleichungen beschrieben. Zusätzlich zur Zeitabhängigkeit kommt die Abhängigkeit vom Ort hinzu. Fasst man die Bewegung eines kleinen Massepunkts als Freiheitsgrad auf, so besitzt ein kontinuierliches System unendlich viele Freiheitsgrade mit unendlich vielen Eigenschwingungsformen und Eigenkreisfrequenzen. Im Gegensatz zu den nicht einzeln zählbaren Freiheitsgraden des Kontinuums sind aber deren Eigenformen und -frequenzen abzählbar. Zur kleinsten Eigenkreisfrequenz gehört die „Grundschwingung", zur nächstgrößeren die „1. Oberschwingung", usw. Für die Praxis sind nur die Grundschwingung und die ersten Oberschwingungen von Interesse.

Entsprechend einer ingenieurmäßigen Einteilung einfacher Kontinuumsmodelle in Saite (mit Vorspannung), Dehnstab (Zug/Druck), Biegebalken (Biegung) und Torsionsstab (Torsion) werden deren dynamische Beschreibungen und einfache Eigenlösungen behandelt.

10.1 Saitenschwingung

Ein erstes Beispiel sind die Querschwingungen $w(x, t)$ einer mit der Kraft F_{SO} vorgespannten Saite (Bild 10.1). Die Massebelegung (Masse pro Länge) wird mit μ bezeichnet.

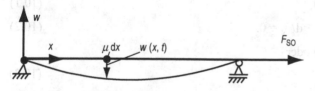

Bild 10.1 Auslenkung einer Saite

10.1.1 Differentialgleichung des hängenden Seils bei statischer Last

Zunächst wird das in Bild 10.2 gezeichnete Seil durch eine statische Streckenlast $q(x)$ belastet. Gesucht ist die Form $w(x)$, in der sich das Seil im statischen Gleichgewicht einstellt. Hierzu wird ein Seilelement betrachtet, das unter den eingetragenen Kräften im Gleichgewicht sein muss (Bild 10.3). Dabei wird die

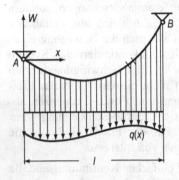

Bild 10.2
Seil unter vertikaler Streckenlast

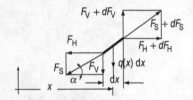

Bild 10.3
Seilelement

Seilkraft F_S in ihre horizontale und vertikale Komponente zerlegt. Die Gleichgewichtsbedingungen lauten

$$-F_H + F_H + dF_H = 0, \tag{10.1}$$

$$-F_V - q(x)\,dx + F_V + dF_V = 0. \tag{10.2}$$

Aus (10.1) folgt $dF_H = 0$ oder

$$F_H = \text{konst.} \tag{10.3}$$

Die Horizontalkomponente der Seilkraft ist an jeder Stelle x gleich groß.

Aus (10.2) ergibt sich

$$\frac{dF_V}{dx} = q(x). \tag{10.4}$$

Weiter liest man in Bild 10.3 ab, dass für die Steigung der Seilkurve

$$\frac{F_V}{F_H} = \tan \alpha = w'$$

gilt.

Diese Beziehung wird nach x differenziert

$$\frac{1}{F_H} \frac{dF_V}{dx} = w''.$$

Mit (10.4) erhält man schließlich die gewöhnliche Differentialgleichung der Seilkurve

$$w'' = \frac{q(x)}{F_H}.$$ (10.5)

Für die Seilkraft gilt

$$F_S = \sqrt{F_H^2 + F_V^2} = F_H \sqrt{1 + \left(\frac{F_V}{F_H}\right)^2} = F_H \sqrt{1 + w'^2}.$$ (10.6)

10.1.2 Aufstellen der Differentialgleichung der schwingenden Saite

Die Auslenkung w der Saite (Bild 10.4) ist eine Funktion des Ortes x und der Zeit t. Es sollen nur kleine Schwingungen betrachtet werden, d. h. die Auslenkung w und damit auch w' sind klein. Für die Spannkraft in der Saite gilt nach (10.6)

$$F_S = F_H \sqrt{1 + w'^2} = F_{SO}.$$ (10.7)

Da w'^2 klein von höherer Ordnung ist, kann der Term vernachlässigt werden. Die Massenbelegung der Saite (Masse pro Länge) sei μ. Das Saitenelement der Masse $dm = \mu \, dx$ erfährt die Beschleunigung $\ddot{w}$. Die Trägheitswirkung $dm \cdot \ddot{w}$ (Bild 10.4) kann entsprechend dem Vorgehen in Abschnitt 10.1.1 als äußere Streckenlast

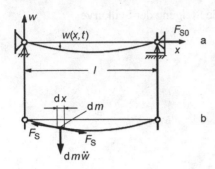

Bild 10.4
a Schwingende Saite mit Vorspannkraft F_{SO}
b Freigemachtes Saitenelement

$$q\,(x,\,t) = \mu\,\frac{\partial^2 w}{\partial t^2} \tag{10.8}$$

aufgefasst werden.

Wird dies in (10.5) eingesetzt, so erhält man unter Berücksichtigung von (10.7) die partielle Differentialgleichung 2. Ordnung

$$\frac{\partial^2 w}{\partial x^2} - \frac{\mu}{F_{SO}}\,\frac{\partial^2 w}{\partial t^2} = 0 \tag{10.9}$$

zur Beschreibung der Querschwingungen der Saite. Gesucht sind die von Ort x und Zeit t abhängigen Lösungen $w\,(x,\,t)$ dieser Gleichung.

10.1.3 Lösung der Schwingungsdifferentialgleichung der Saite

Nach Daniel Bernoulli macht man den Produktansatz

$$w\,(x,\,t) = T\,(t)\,X\,(x). \tag{10.10}$$

Darin ist $X\,(x)$ die Ortsfunktion, die nur von x abhängt, $T\,(t)$ die Zeitfunktion, die nur von t abhängt.

Die partiellen Ableitungen sind

$$\frac{\partial^2 w}{\partial x^2} = T(t)\,X''(x); \qquad \frac{\partial^2 w}{\partial t^2} = \ddot{T}(t)\,X(x).$$

Eingesetzt in (10.9) erhält man

$$T(t)\,X''(x) = \frac{\mu}{F_S}\,\ddot{T}(t)\,X(x) \text{ oder}$$

$$\frac{\ddot{T}(t)}{T(t)} = \frac{F_S}{\mu}\,\frac{X''(x)}{X(x)}. \tag{10.11}$$

Die linke Seite ist eine nur von t, die rechte eine nur von x abhängige Funktion. (10.11) muss aber für alle Werte von t und x erfüllt sein. Dies ist nur möglich, wenn beide Seiten gleich einer gemeinsamen Konstanten sind. Für diese Konstante setzt man $-\omega^2$. Zur Abkürzung schreibt man außerdem $F_S/\mu = c^2$. Damit erhält man aus (10.11) die beiden gewöhnlichen Differentialgleichungen 2. Ordnung

$$\ddot{T}(t) + \omega^2\, T(t) = 0, \tag{10.12}$$

$$X''(x) + \frac{\omega^2}{c^2}\, X(x) = 0. \tag{10.13}$$

Die Lösungen dieser beiden Differentialgleichungen lassen sich sofort angeben:

$$T(t) = C_1 \cos \omega\, t + C_2 \sin \omega\, t, \qquad X(x) = C_3 \cos \frac{\omega}{c} x + C_4 \sin \frac{\omega}{c} x.$$

Damit lautet die (spezielle) Lösung der obigen partiellen Differentialgleichung (10.9)

$$w(x, t) = (C_1 \cos \omega\, t + C_2 \sin \omega\, t)\left(C_3 \cos \frac{\omega}{c} x + C_4 \sin \frac{\omega}{c} x \right). \tag{10.14}$$

An den Endpunkten der Saite muss die Auslenkung stets gleich Null sein. Es gelten daher die

Randbedingungen: $w(0, t) = 0$; $w(l, t) = 0$.

Die erste Randbedingung wird ausgewertet mit

$$\begin{aligned} w(0, t) &= (C_1 \cos \omega\, t + C_2 \sin \omega\, t)(C_3 \cos 0 + C_4 \sin 0) \\ &= (C_1 \cos \omega\, t + C_2 \sin \omega\, t)\, C_3 = 0. \end{aligned} \tag{10.15}$$

Diese Beziehung muss für jeden Zeitpunkt t erfüllt sein. Das ist nur möglich, wenn $C_3 = 0$ ist. Die zweite Randbedingung führt über

$$w(l, t) = (C_1 \cos \omega t + C_2 \sin \omega t) C_4 \sin \frac{\omega}{c} l = 0 \tag{10.16}$$

zu einer ersten (trivialen) Nulllösung $C_4 = 0$. Damit wäre $X(x) = 0$.

Dies ist die statische Gleichgewichtslage.

Als zweite Lösung von (10.16) folgt auch bei $C_4 \neq 0$ die so genannte Eigenwertgleichung

$$\sin \frac{\omega}{c} l = 0, \tag{10.17}$$

deren Lösungen (Eigenwerte)

$$\frac{\omega}{c} l = k\pi, \; k = 1, 2, \ldots \tag{10.18}$$

zu den Eigenkreisfrequenzen

$$\omega_k = k\frac{\pi}{l}\sqrt{\frac{F_S}{\mu}}, \quad k = 1, 2, \dots \tag{10.19}$$

für die quer schwingende Saite führen. Die zugehörigen Eigenschwingungsfunktionen k-ter Ordnung

$$X_k(x) = C_4 \sin\frac{\omega_k}{c}x \tag{10.20}$$

sind für $k = 1$ bis 4 in Bild 10.5 dargestellt.

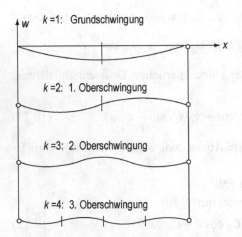

Bild 10.5
Eigenschwingungsformen

Die obige partielle Differentialgleichung (10.9) ist linear. Die Einzellösungen nach (10.14) werden zur allgemeinen Lösung

$$w(x, t) = \sum_{k=1}^{\infty}\left[A_k\cos\left(\frac{k\pi c}{l}t\right) + B_k\sin\left(\frac{k\pi c}{l}t\right)\right]\sin\left(\frac{k\pi}{l}x\right) \tag{10.21}$$

überlagert.

Die Konstanten A_k, B_k bestimmen sich aus den Anfangsbedingungen (z. B. gezupfte Saite).

10.2 Stablängsschwingungen

Der Stab soll gerade sein, einen konstanten Querschnitt und gleichmäßige Massenverteilung ($\mu = \rho A = $ konst.) haben. Es werden nur kleine Schwingungen betrachtet.

Die Verschiebung eines Stabelements in Längsrichtung ist $u = u(x, t)$. Die Längskraft im Stab hängt mit der Dehnung ε gemäß

$$F_N(x) = \sigma(x)\,A = E\,A\,\varepsilon_x(x) = E\,A\frac{\partial u}{\partial x}$$

zusammen.

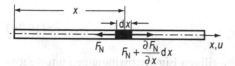

Bild 10.6
Stab mit konstantem Querschnitt A

Das dynamische Grundgesetz für das Stabelement der Masse $dm = \mu\,dx$ (siehe Bild 10.6) führt auf

$$-F_N + F_N + \frac{\partial F_N}{\partial x}\,dx = E\,A\frac{\partial^2 u}{\partial x^2}\,dx = dm\,\ddot{u} = \mu\,dx\frac{\partial^2 u}{\partial t^2}$$

und somit auf

$$\frac{\partial^2 u}{\partial x^2} = \frac{\mu}{E\,A}\frac{\partial^2 u}{\partial t^2}. \tag{10.22}$$

Dies ist wieder eine partielle Differentialgleichung 2. Ordnung, die die gleiche Form hat wie (10.9). Sie wird auch als „Wellengleichung" bezeichnet.

Als Randbedingungen sind jetzt allerdings verschiedene Fälle möglich.

a) beidseitige Festhaltungen

$$u(0, t) = 0, \qquad u(l, t) = 0, \tag{10.23a}$$

b) beidseitiges kräftefreies Ende (keine Dehnung am Ende, „loses" Ende)

$$u'(0, t) = 0, \qquad u'(l, t) = 0, \tag{10.23b}$$

c) an einem Ende „fest", am anderen „lose"

$$u'(0, t) = 0, \qquad u(l, t) = 0. \tag{10.23c}$$

Die jeweiligen Eigenschwingungsformen lauten im Fall a)

$$u_k(x) \sim \sin\frac{k\,\pi}{l}x, \tag{10.24a}$$

im Fall b)

$$u_k(x) \sim \cos\frac{k\,\pi}{l}x, \tag{10.24b}$$

und im Fall c)

$$u_k(x) \sim \cos\frac{(2k-1)}{2l}x. \tag{10.24c}$$

Die zugehörigen Eigenkreisfrequenzen sind im Fall a) und b)

$$\omega_k = k \frac{\pi}{l} \cdot \sqrt{\frac{E\,A}{\mu}} \tag{10.25}$$

sowie im Fall c)

$$\omega_k = \left(\frac{2\,k-1}{2}\right) \frac{\pi}{l} \sqrt{\frac{E\,A}{\mu}}. \tag{10.26}$$

Zu bemerken ist, dass es sich bei den jeweiligen Eigenschwingungen um stehende (ebene) Längswellen handelt, deren Ausbreitungsgeschwindigkeit bei Festkörpern mit der Schallgeschwindigkeit

$$c = \sqrt{\frac{E\,A}{\mu}} = \sqrt{\frac{E}{\rho}} \tag{10.27}$$

aus der Physik bekannt ist und die an den Enden entsprechend den Randbedingungen reflektiert werden. Auf diese Theorie ebener Wellen als allgemeine Lösung der Differentialgleichung (10.22) wird nicht eingegangen.

10.3 Balkenbiegeschwingungen

Aus der Elastomechanik wird die Differentialgleichung

$$w'' = \frac{d^2 w}{dx^2} = -\frac{M}{E\,I} \tag{10.28}$$

für die Durchbiegung $w\,(x)$ (Bild 10.7) übernommen. M ist das Biegemoment, $E\,I$ die Biegesteifigkeit des Balkens (10.28) wird zweimal nach x differenziert, was unter Berücksichtigung der Zusammenhänge für die Schnittgrößen

$$\frac{dM}{dx} = F_Q \quad \text{und} \quad \frac{dF_Q}{dx} = -q\,(x)$$

auf die Differentialgleichung

$$\frac{d^4 w}{dx^4} = \frac{q(x)}{E\,I} \tag{10.29}$$

führt.

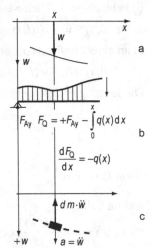

Bild 10.7 a Biegelinie b Belastung q c Balkenelement

Darin ist $q\,(x)$ zunächst eine Streckenlast (Bild 10.7).

Die Differentialgleichung für die Biegeschwingungen kann wieder am einfachsten mit dem dynamischen Grundgesetz aufgestellt werden.

Am Balkenelement (Bild 10.7) wird die Trägheitswirkung d$m\ \ddot{w} = \mu\,\mathrm{d}x\,\ddot{w}$ entgegen der positiven Beschleunigung angetragen (die Drehträgheit wird vernachlässigt) und als „Belastung" des Balkens

$$q\,(x,\,t) = -\,\mu\,\frac{\partial^2 w}{\partial t^2}$$

aufgefasst.

Eingesetzt in (10.29) erhält man die partielle Differentialgleichung

$$\frac{\partial^4 w}{\partial x^4} = -\,\frac{\mu}{E\,I}\,\frac{\partial^2 w}{\partial t^2}. \tag{10.30}$$

Zur Lösung dieser partiellen Differentialgleichung 4. Ordnung macht man den gleichen Produktansatz wie für (10.10)

$$w\,(x,\,t) = T\,(t)\,X\,(x).$$

Eingesetzt in (10.30) erhält man

$$T\,(t)\,X^{\mathrm{IV}}\,(x) = -\,\frac{\mu}{E\,I}\,\ddot{T}\,(t)\,X\,(x) \qquad \text{oder}$$

$$\frac{\ddot{T}(t)}{T(t)} = -\,\frac{E\,I}{\mu}\,\frac{X^{\mathrm{IV}}(x)}{X(x)} = -\,\omega^2 = \text{konst.} \tag{10.31}$$

Bei (10.31) gelten die gleichen Überlegungen wie bei (10.11). Man erhält die beiden gewöhnlichen Differentialgleichungen

$$\ddot{T}(t) + \omega^2 T(t) = 0, \tag{10.32}$$

$$X^{\mathrm{IV}}\,(x) - \frac{\mu\,\omega^2}{E\,I}\,X(x) = 0. \tag{10.33}$$

Man setzt $\dfrac{\mu\,\omega^2}{E\,I}\,l^4 = \lambda^4$. Dann lautet (10.33)

$$X^{\mathrm{IV}}\,(x) - \left(\frac{\lambda}{l}\right)^4 X(x) = 0. \tag{10.34}$$

Zur Lösung dieser Gleichung macht man den Ansatz $X = \overline{C}\,e^{\beta x}$.

Eingesetzt in (10.34) ergibt sich

$$\overline{C}\,\beta^4\,e^{\beta x} - \left(\frac{\lambda}{l}\right)^4 \overline{C}\,e^{\beta x} = 0 \qquad \text{oder} \qquad \beta^4 - \left(\frac{\lambda}{l}\right)^4 = 0\,.$$

Daraus erhält man für β die vier Lösungswerte

$$\beta_1 = \frac{\lambda}{l}\,\mathrm{j}, \quad \beta_2 = -\frac{\lambda}{l}\,\mathrm{j}, \quad \beta_3 = \frac{\lambda}{l}, \quad \beta_4 = -\frac{\lambda}{l}.$$

Damit ist die Lösung von (10.34)

$$X(x) = \overline{C}_1\, e^{\frac{\lambda}{l}\mathrm{j}x} + \overline{C}_2\, e^{-\frac{\lambda}{l}\mathrm{j}x} + \overline{C}_3\, e^{\frac{\lambda}{l}x} + \overline{C}_4\, e^{-\frac{\lambda}{l}x}$$

oder nach Umformung

$$X(x) = C_1 \cos\left(\frac{\lambda}{l}x\right) + C_2 \sin\left(\frac{\lambda}{l}x\right) + C_3 \cosh\left(\frac{\lambda}{l}x\right) + C_4 \sinh\left(\frac{\lambda}{l}x\right). \quad (10.35)$$

Die Konstanten C_i sind so zu wählen, dass die Randbedingungen erfüllt sind.

Es ergeben sich auch hier unendlich viele Eigenwerte λ_k und damit unendlich viele Eigenkreisfrequenzen ω_k. Die einzelnen Eigenschwingungen $T_k(t)\, X_k(x)$ können auch hier wieder zur Gesamtlösung überlagert werden, da (10.30) linear ist:

$$w(x, t) = \sum_k (A_k \cos\omega_k t + B_k \sin\omega_k t)\, X_k(x). \quad (10.36)$$

Durch entsprechende Wahl von A_k, B_k lassen sich beliebige Anfangsbedingungen erfüllen.

Die Eigenkreisfrequenzen hängen von den Randbedingungen ab. Für die vier wichtigsten Festhaltebedingungen sind die zugehörigen Formeln für die Eigenkreisfrequenzen in Bild 10.8 eingetragen. Der Fall beidseitiger gelenkiger Lagerung (Fall b) in Bild 10.8) wird ausführlich in Beispiel 10.1 behandelt.

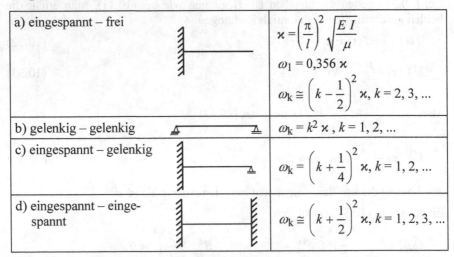

Bild 10.8 Eigenkreisfrequenzen schwingender Balken

Beispiel 10.1: Balkenbiegeschwingungen

Für den in Bild 10.9 gezeichneten Balken ermittle man die Eigenkreisfrequenzen der Biegeschwingungen. Zunächst sind die Randbedingungen anzugeben. An beiden Enden muss die Durchbiegung stets gleich Null sein

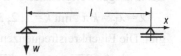

Bild 10.9 Balken auf zwei Stützen

$$w\,(0, t) = 0;\ w\,(l, t) = 0.$$

Der Balken ist an seinen beiden Enden frei drehbar gelagert. Das Biegemoment muss also an beiden Enden verschwinden, d. h. $w''(0, t) = 0$; $w''(l, t) = 0$. Damit gelten die vier Randbedingungen:

$$X\,(0) = 0, \qquad X\,(l) = 0,$$
$$X''(0) = 0, \qquad X''(l) = 0.$$

Mit diesen vier Bedingungen lassen sich mit (10.35) vier Gleichungen für die Konstanten C_i

$$X\,(0) = C_1 \cdot 1 + C_2 \cdot 0 + C_3 \cdot 1 + C_4 \cdot 0 = 0,$$

$$X\,(0) = C_1 \cos \lambda + C_2 \sin \lambda + C_3 \cosh \lambda + C_4 \sinh \lambda = 0,$$

$$X''(0) = -C_1 \left(\frac{\lambda}{l}\right)^2 \cdot 1 - C_2 \cdot 0 + C_3 \left(\frac{\lambda}{l}\right)^2 \cdot 1 + C_4 \cdot 0 = 0,$$

$$X''(l) = -C_1 \left(\frac{\lambda}{l}\right)^2 \cos \lambda - C_2 \left(\frac{\lambda}{l}\right)^2 \sin \lambda$$

$$+ C_3 \left(\frac{\lambda}{l}\right)^2 \cosh \lambda + C_4 \left(\frac{\lambda}{l}\right)^2 \sinh \lambda = 0$$

angeben.

Aus der ersten und dritten Gleichung folgen $C_1 = 0$ und $C_3 = 0$.

Die zweite und vierte Gleichung lauten damit

$$C_2 \sin \lambda + C_4 \sinh \lambda = 0,$$
$$- C_2 \sin \lambda + C_4 \sinh \lambda = 0.$$

Eine von der trivialen Lösung $C_2 = C_4 = 0$ verschiedene Lösung ist nur vorhanden, wenn die Koeffizientendeterminante dieses linearen, homogenen Gleichungssystems verschwindet. Es gilt

$$\begin{vmatrix} \sin \lambda & \sinh \lambda \\ -\sin \lambda & \sinh \lambda \end{vmatrix} = 2\sin \lambda \sinh \lambda = 0.$$

Diese „Eigenwertgleichung" ist erfüllt, wenn sin $\lambda = 0$, d. h.

$\lambda = \lambda_k = k\,\pi$, mit $k = 1, 2, 3, \dots$

gibt. Die Eigenkreisfrequenzen sind also

$$\omega_k = \frac{\lambda_k^2}{l^2}\sqrt{\frac{E\,I}{\mu}} = \frac{k^2\pi^2}{l^2}\sqrt{\frac{E\,I}{\mu}} \;,\; k = 1, 2, 3, \dots \;.$$

Aus dem obigen linearen Gleichungssystem folgt dann $C_4 = 0$, C_2 beliebig.

10.4 Torsionsschwingungen

Die Balkenmasse führt dabei Drehschwingungen um die Balkenachse aus. In Bild 10.9 ist ein Element des Balkens freigemacht. Sein Verdrehwinkel beträgt

$$d\vartheta = \frac{M_t}{G\,I_p}dx. \tag{10.37}$$

G ist der Gleitmodul, I_p das polare Flächenmoment 2. Ordnung.

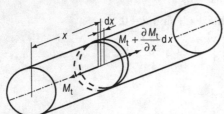

Bild 10.10
Welle mit Kreisquerschnitt

Das Massenträgheitsmoment des Balkenelements ist

$$d\,J = \int r^2 dm = \int r^2\,\rho\,dA\,dx = \rho\,dx\int r^2\,dA = \rho\,dx\,I_p.$$

Das dynamische Grundgesetz der Drehung ergibt für das Element

$$\frac{\partial M_t}{\partial x}dx = \rho\,dx\,I_p\frac{\partial^2\vartheta}{\partial t^2}.$$

Aus der Beziehung (10.37) für den Verdrehwinkel folgt

$$\frac{\partial M_t}{\partial x} = G\,I_p\frac{\partial^2\vartheta}{\partial x^2}.$$

Wird außerdem noch die Masse pro Längeneinheit (Massenbelegung) $\mu = \rho\,A$ eingeführt, so erhält man schließlich

$$\frac{\partial^2\vartheta}{\partial x^2} = \frac{\mu}{G\,A}\frac{\partial^2\vartheta}{\partial t^2}. \tag{10.38}$$

Diese partielle Differentialgleichung für $\vartheta(x, t)$ hat die gleiche Form wie (10.22) für die Stablängsschwingung. Somit lassen sich (10.23) bis (10.26) analog anwenden.

10.5 Aufgaben

Aufgabe 10.1: Für die Biegeschwingungen des in Bild 10.11 gezeichneten Trägers mit der Biegesteifigkeit $E\,I$ und der Masse pro Längeneinheit $\mu = \rho A$ (Massenbelegung) ermittle man die Eigenwertgleichung und die ersten drei Eigenwerte λ_i. Wie groß sind die Eigenkreisfrequenzen?

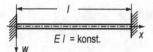

Bild 10.11
Beidseitig eingespannter Balken

Aufgabe 10.2: Wie lautet die Eigenwertgleichung für den in Bild 10.12 gezeichneten Balken? Man gebe die Eigenwerte an.

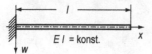   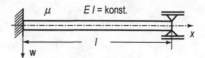

Bild 10.12 Einseitig eingespannte   **Bild 10.13** Biegeschwingungen
Welle   eines Trägers

Aufgabe 10.3: Für die Biegeschwingungen eines an beiden Enden freien Balkens von $l = 12$ m Länge, $m = 4000$ kg und der Biegesteifigkeit $E\,I = 2{,}6 \cdot 10^9$ Nm² ermittle man die Eigenwertgleichung und die Eigenwerte, sowie die beiden ersten Eigenkreisfrequenzen.

Aufgabe 10.4: Ein Träger der Länge $l = 5{,}0$ m und mit $E\,I = 1{,}25 \cdot 10^8$ Nm² ist an seinem linken Ende starr eingespannt, an seinem rechten Ende frei drehbar gelagert (Bild 10.13). Seine Masse pro Längeneinheit beträgt $\mu = 160$ kg/m. Zu untersuchen sind die Biegeschwingungen des Trägers.

a) Wie lauten die Randbedingungen?
b) Man stelle die Eigenwertgleichung auf.
c) Wie groß ist der erste Eigenwert?
d) Welchen Wert hat dann die Kreisfrequenz der Grundschwingung?

Anhang

A 1 Bücher und Normen

A 1.1 Weiterführende Bücher

Biezeno, C. B.; *Grammel, R.*: Technische Dynamik. 2 Bde. Springer-Verlag, Berlin, Heidelberg, New York 1971

Brommundt, E.; Sachau, D.: Schwingungslehre mit Maschinendynamik. Springer Vieweg, Wiesbaden 2014

Fischer, U.; *Stephan, W.*: Mechanische Schwingungen. Fachbuchverlag Leipzig 1993

Hagedorn, P.; *Hochlenert, D.*: Technische Schwingungslehre. Verlag Harri Deutsch, Frankfurt a. M. 2012

Irretier, H.: Grundlagen der Schwingungstechnik. 2 Bde. Vieweg, Braunschweig/ Wiesbaden 2000 bzw. 2001

Klotter, K.: Technische Schwingungslehre
Erster Band: Einfache Schwinger
Teil A: Lineare Schwingungen. 1988
Teil B: Nichtlineare Schwingungen. 1980
Zweiter Band: Schwinger von mehreren Freiheitsgraden. Nachdruck der
2. Auflage von 1960, Springer-Verlag, Reprint 2013

Magnus, K.; *Popp, K.*; *Sextro, W.*: Schwingungen. Springer Vieweg, Wiesbaden 2013

Waller, H.; *Schmidt, R.*: Schwingungslehre für Ingenieure. BI-Wissenschaftsverlag, Mannheim, Wien, Zürich 1989

Wittenburg, J.: Schwingungslehre: Lineare Schwingungen, Theorie und Anwendungen. Springer-Verlag, Berlin, Heidelberg, New York 1996

A 1.2 Ausgewählte Normen

DIN 1311 – Schwingungen und schwingungsfähige Systeme, Teil 1 bis Teil 3 2000 bzw. 2002.

VDI 3830 – Werkstoff- und Bauteildämpfung. Blatt 1 bis Blatt 5 2004 bzw. 2005.

A 2 Lösungen der Aufgaben

2.1 $\hat{x} = 7{,}94$ cm; $\varphi_0 = 35{,}62°$

2.2 $f_0 = \dfrac{3}{4}H$; $\hat{f}_{ck} = \dfrac{H}{k^2\,\pi^2}(1 - \cos k\,\pi)$; $\hat{f}_{sk} = -\dfrac{H}{k\pi}\cos k\,\pi$;

Approximationen $f_k(t)$ für $f(t)$ durch Fourier-Reihe bis zur Ordnung $k = 4$:

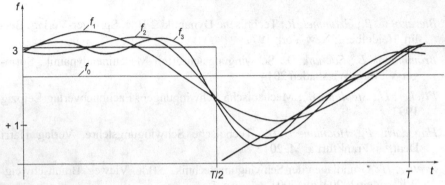

Bild A.1   Harmonische Analyse: Darstellung der Lösung zu Aufgabe 2.2 für $H = 3$

$$f_4(t) = 2{,}25 + 0{,}60793 \cos\frac{2\,\pi}{T}t \qquad\qquad + 0{,}06755 \cos 3\frac{2\,\pi}{T}t$$

$$+ 0{,}95493 \sin\frac{2\,\pi}{T}t - 0{,}47746 \sin 2\frac{2\,\pi}{T}t +$$

$$+ 0{,}31831 \sin 3\frac{2\,\pi}{T}t - 0{,}23873 \sin 4\frac{2\,\pi}{T}t$$

2.3 $\hat{f}_{ck} = 0$, $\hat{f}_{sk} = 4H/(k^2\pi^2)\left(\sin\dfrac{k\pi}{2} - \sin\dfrac{k3\pi}{2}\right)$

3.1 $\omega = \sqrt{m\,g/((m + J_S/r^2)(R - r))} = \sqrt{\dfrac{5}{7}g/(R - r)}$

3.2 $T = 2\pi\sqrt{J_A/(m\,g\cos\gamma\cdot e)}$

3.3 $T = 2\pi\sqrt{J_A/(m\,g\,e)} = 2\pi\sqrt{\left(\dfrac{5}{4}r^2 + \dfrac{1}{3}h^2\right)/(g\sqrt{r^2 + h^2/4})} = 0{,}784\,\text{s}$

3.4 $T = 2\pi\sqrt{(J_{01} + m_2\,x^2)/((m_1\,e_1 - m_2\,x)g)}$

4.1   a) $\omega = \sqrt{(k\,e^2 - m_1\,g\,h)/(m_1\,h^2)}$

      b) $\omega = \sqrt{(k\,e^2 - m_1\,g\,h)/(m_1\,h^2 + m_2\,e^2)}$

c) $\omega = \sqrt{(k\,e^2 - m_1\,g\,h - m_1\,h^2\,\omega^{*2})/(m_1\,h^2 + m_2\,e^2)}$

$F_V = m_1\,r\,h/e\,\omega^{*2} - m_2\,g$

$\omega^* \geq \sqrt{(k\,e^2 - m_1\,g\,h)/(m_1\,h^2)}$

4.2   a) $\omega = \dfrac{d\,b}{2}\sqrt{\pi\,E/(J_0\,l)}$

      b) $\omega = b/\sqrt{(4l/(E\,\pi\,d^2) + k_2^{-1}(e_1/e_2)^2)\,J_0}$

4.3   Starrachse $k_{ges} = 2\,k_r\,k_w/(k_r + k_w)$, $\omega_z = \sqrt{k_{ges}/m} = \dfrac{12{,}04}{s}$

     Einzelradaufhängung $k_{ges} = 2\,k_r\,k_w/\left(k_w + k_r\left(\dfrac{l-e}{b-e}\right)^2\right)$

     $\omega_z = \sqrt{k_{ges}/m} = 7{,}64\ 1/s$

4.4 $y = m\,g/k\,(1 - \cos\omega t)$ mit $\omega = \sqrt{k/m}$

     $y_{max} = 2\,m\,g/k = 2\,F_G/k = 2\,y_{stat}$. Die Federverformung und damit auch die Beanspruchung der Feder wird bei plötzlicher Belastung doppelt so groß wie bei statischer Belastung (dynamischer Lastfaktor).

4.5   a) $T = 2\,\pi\sqrt{\left(\dfrac{1}{3}m_1\,l^2 + m_2\,x^2\right)/((m_1\,l/2 + m_2\,x)\,g)}$

      b) $F_V = k\,b$

        $\omega = \sqrt{\dfrac{(m_1\,l/2 + m_2\,x)\,g + k\,b\,l(1 + l/(2b))}{1/3\,m_1\,l^2 + m_2\,x^2}}$

4.6 $n = 80{,}4\ 1/min$

4.7 $n = 138{,}3\ 1/min$

4.8   a) $k_{ges} = 3\,E\,I\,/\,(l_1^2(l + l_1))$, $n = 768{,}7\ 1/min$

      b) $1/k_{ges} = l_1^2(l + l_1)/(3\,E\,I) + (l_1/l)^2\,\dfrac{1}{k}$

        $n = 526{,}2\ 1/min$

4.9   a) $\omega = \sqrt{(2k\,e^2 + (m_{Stab}\,l/2 + m\,l)\,g)/\left(\left(\dfrac{1}{3}m_{Stab} + m\right)l^2\right)}$

b) $\quad \omega = \sqrt{(2k\,e^2 - (m_{\text{Stab}}\,l/2 + ml)\,g)/\left(\left(\dfrac{1}{3}m_{\text{Stab}} + m\right)l^2\right)}$

c) $\quad \omega = \sqrt{\dfrac{2k\,e^2 - (m_{\text{Stab}}\,l/2 + ml)\,g\cos\gamma}{(1/3\,m_{\text{Stab}} + m)\,l^2}}$

4.10 $\quad \omega = \sqrt{(k_V\,l_1^2 + k_H\,l_2^2)/(m_1\,e_1^2 + m_2\,e_2^2)}$

4.11 a) $\quad \omega = \sqrt{\dfrac{k_1\,b^2 + k_2\,h^2 - m\,g\,h/2}{J_S + m\,(b^2 + h^2)/4}} = 9{,}57\,\dfrac{1}{s}$

b) $\quad T = 2\pi\sqrt{\dfrac{J_S + m\,(b^2 + h^2)/4}{mg/2\,\sqrt{b^2 + h^2}}} = 2{,}10\ s$

4.12 a) $\quad T = 2\pi\sqrt{2\,r/g} = 1{,}79\ s$

b) Frequenz $f = b/T$, T aus a) $\Rightarrow k = m\,g\,(b^2 - 1)/(2\,r) = 18210\ \text{N/m}$

4.13 a) $\quad \omega = \sqrt{(k_R\,e^2 + G\pi\,d^4/(32\,l))/(m\,e^2)}$

b) $\quad \omega = \sqrt{(k_R\,e^2 + G\pi\,d^4/(32\,l))/(m\,e^2 + J_S)}$

4.14 $\quad J_S = T^2\,m\,g\,e^2/(4\,\pi^2\,l) = 0{,}647\ \text{kg m}^2$

4.15 $\quad T = 2\pi\sqrt{l\,b/(e\,g)}$

4.16 a) $\quad \omega = \sqrt{k\,(l/2\sin\gamma)^2/(1/12\,m_1\,l^2)} = \sqrt{\dfrac{3k\sin^2\gamma}{m_1}} = \dfrac{67{,}9}{s}$

b) $F_V = 3{,}654\ \text{N}$; von Einfluss, aber sehr gering;

$\quad \omega = \sqrt{(k\,(l/2\sin\gamma)^2 + F_V\,l/2\cos\gamma)/(1/12\,m_1\,l^2 + m_2\,l^2/4)} = 29{,}4\ \text{1/s}$

c) $\quad \omega = \sqrt{(k\sin^2\gamma + \rho\,g\,\pi\,d^2/4)/(1/3\,m_1 + m_2)} = 29{,}2\ \text{1/s}\ ;\ (\text{ohne } F_V)$

4.17 $\quad \omega = \sqrt{(k\,(l_1/l_2)^2\,e^2 + m\,g\,l\cos\beta)/(m\,l)^2}$

$\quad = \sqrt{(k/m)\,(l_1/l_2)^2\,(e/l)^2 + (g/l)\cos\beta}$

4.18 a) $\quad \omega = \sqrt{\left(k_D - \dfrac{3}{2}m\,g\,l\right)/\left(\dfrac{5}{4}m\,l^2\right)}$

Stabilitätsbedingung: $k_D > \dfrac{3}{2} m\, g\, l$

b) $\omega = \sqrt{(k_D + m\, r\, \omega^{*2}\,(3/2)\, l)/((5/4)\, m\, l^2)}$

4.19 a) $\omega_1 = \sqrt{k_1/m_1}, \quad \omega_2 = \sqrt{(k_2\, h_F^2 - m_2\, g\, h)/(m_2\, h^2)}$

b) $\omega = \sqrt{(k_1\, h^2 + k_2\, h_F^2 - m_2\, g\, h)/((m_1 + m_2)\, h^2)}$

$$\omega = \sqrt{\left(k_1\, h^2 + k_2\, h_F^2 - \left(m_2 + \frac{1}{2} m_{AB}\right) g\, h\right) / ((m_1 + m_2 + m_{AB})h^2)}$$

4.20 a) $\omega_y = 2\, l_3/l_1 \sqrt{k/m}$; b) $\omega_y = \sqrt{k_{yers}/m}$ mit

$$k_{yers} = 1/((l_1/l_3)^2/(4k) + 8\, l_1^2\, l_2/(G\,\pi\, d_2^4) + 64\, l_1^3/(3\, E\,\pi\, d_1^4))$$

4.21 a) $\omega = \sqrt{2k_1/m}$;

b) Ohne Federvorspannung: $\omega = \sqrt{2\, k_1/m}$, mit Federvorspannung:

Federkraft $F_2 = F_V + \Delta F$

$F_2 = F_V + k_2\,(\sqrt{l^2 + x^2} - l)$

$\quad = F_V + k_2\, l\,(\sqrt{1 + (x/l)^2} - 1)$

$\quad = F_V + k_2\, l\left(1 + \dfrac{1}{2}\left(\dfrac{x}{l}\right)^2 - \dfrac{1}{8}\left(\dfrac{x}{l}\right)^4 + - \ldots - 1\right)$

$F_2 = F_V + k_2\, l\, \dfrac{1}{2}\left(\dfrac{x}{l}\right)^2$

Die weiteren Reihenglieder können vernachlässigt werden; sie sind klein von höherer Ordnung.

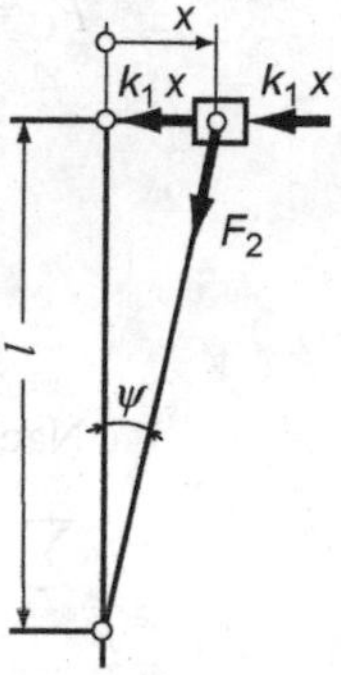

Bild A.2 Zu Aufgabe 4.21 b)

Rückstellkraft aus der zusätzlichen Feder $F_{2x} = - F_2 \sin \psi$. Dabei ist

$$\sin \psi = \frac{x}{\sqrt{l^2 + x^2}} = \frac{x}{l} \frac{1}{\sqrt{1 + \left(\dfrac{x}{l}\right)^2}} = \frac{x}{l}\left(1 - \frac{1}{2}\left(\frac{x}{l}\right)^2 + \underbrace{\frac{3}{8}\left(\frac{x}{l}\right)^4 - \ldots}_{\text{Vernachlässigbar}}\right)$$

und damit folgt

$$F_{2x} = -\left(F_V + k_2 \frac{l}{2}\left(\frac{x}{l}\right)^2\right)\frac{x}{l}\left(1 - \frac{1}{2}\left(\frac{x}{l}\right)^2\right)$$

$$= -F_V \frac{x}{l} - \underbrace{k_2 \frac{l}{2}\left(\frac{x}{l}\right)^3 + F_V \frac{1}{2}\left(\frac{x}{l}\right)^3 - + \dots}_{\text{Klein von höherer Ordnung}}.$$

Für die gesamte Rückstellkraft ergibt sich also

$$F_R = -2\,k_1\,x - F_V \frac{x}{l} = -(2\,k_1 + F_V/l)\,x \quad \text{und} \quad \omega = \sqrt{\dfrac{2\,k_1 + \dfrac{F_V}{l}}{m}}.$$

c) Mit d'Alembert: Trägheitskräfte

Fliehkraft $F_F = m \dfrac{e}{\cos \chi}\,\omega^{*2}$

Trägheitskraft aus Coriolisbeschleunigung
$F_C = m\,2\,\omega^*\,\dot{x}$ ($\perp$ zur Führung)

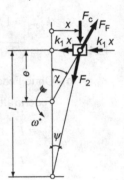

Bild A.3 Zu Aufgabe 4.21 c)

Nach Newton

$$\sum F_{ix} = -2\,k_1\,x - F_V \frac{x}{l} + F_F \sin \chi = m\,\ddot{x} \quad \text{oder}$$

$$-2\,k_1\,x - F_V \frac{x}{l} + m\,e \tan \chi\,\omega^{*2} = m\,\ddot{x} \quad \text{mit} \ \tan \chi = \frac{x}{e}$$

erhält man $-\left(2\,k_1 + \dfrac{F_V}{l} - m\,\omega^{*2}\right)x = m\,\ddot{x}$, daraus liest man ab

$$\omega = \sqrt{\frac{2\,k_1 + F_V/l}{m} - \omega^{*2}}\,.$$

5.1   a) Vier Federn parallelgeschaltet; $k_y = 2\,k_R + 2\,k_W$; $m = 2\,m_1 + m_2$; ohne Dämpfung $\omega_{0y} = \sqrt{k_y/m} = 103{,}9$ 1/s; mit Dämpfung $\delta = 2\,d/(2\,m) = 56$ 1/s $< \omega_{0y}$, schwache Dämpfung. $\omega_{dy} = \sqrt{\omega_{0y}^2 - \delta^2} = 87{,}5$ 1/s.

b) $k_D = \sum k_i\, r_i^2 + F_G\, e\cos\beta = 2\,k_R\,(l/2)^2 + 2\,k_W\,(e_F/2)^2$

$J_O = 2\,m_1\,(l/2)^2 + 1/12\,m_2\,l^2$, ohne Dämpfung $\omega_{0\varphi} = \sqrt{\dfrac{k_D}{J_O}} = 117{,}9$ 1/s,

mit Dämpfung $\delta = 2\,d\,r_d^2/(2\,J_O) = 46{,}0$ 1/s,

$\omega_{d\varphi} = \sqrt{\omega_{0\varphi}^2 - \delta^2} = 108{,}5$ 1/s.

5.2 a) $f_x = 1/(2\,\pi)\sqrt{k_{x\,ges}/m_{ges}} = 1/(2\,\pi)\sqrt{48\,E\,I_1/(h^3\,m_{ges})} = 5{,}97$ Hz

b) $f_y = 1/(2\,\pi)\sqrt{4\,E\,A/(h\,m_{ges})} = 67{,}52$ Hz

c) $f_{dy} = 0{,}98\,f_y = f_y\sqrt{1 - \vartheta^2}$, $\vartheta = \sqrt{1 - 0{,}98^2} = 0{,}199$

5.3 a) $\omega_0 = 13{,}53$ 1/s, b) $d = J_O/r_d^2\,\omega_0 = 3974{,}4$ kg/s,

$\varphi = \varphi_0\,t\,e^{-\delta\,t} = 3{,}0\dfrac{1}{s}\,t\,e^{-13{,}53\frac{1}{s}t}$, $t_m = 1/\delta = 0{,}074$ s

$\varphi_{max} = 0{,}0816 = 4{,}67°$

c) $k > m\,g\,e/(2\,r^2) = 4179$ N/m

5.4 a) $\omega_0 = \sqrt{(k_R\,l^2 + k_W\,(e_F\sin\gamma)^2)/(J_S + m\,e^2)}$

b) $d < 2/(e_F\sin\gamma)^2\,\sqrt{(k_R\,l^2 + k_W\,(e_F\sin\gamma)^2)\,(J_S + m\,e^2)}$

$\omega_d = \sqrt{\omega_0^2 - \delta^2}$

5.5 a) $T_d = 0{,}345$ s, $\omega_d = 18{,}22$ 1/s

b) $\delta = 0{,}124$ 1/s, $\vartheta = 0{,}0068$

c) $k = 1{,}778 \cdot 10^6$ N/m

d) $x = 1{,}8$ cm $e^{-0{,}124\frac{1}{s}t}\left(\cos\left(18{,}22\dfrac{1}{s}t\right) + 0{,}0068\sin\left(18{,}22\dfrac{1}{s}t\right)\right)$

5.6 a) $\omega_0 = \dfrac{r_i\,h}{r_i - r}\sqrt{\dfrac{2\,E\,b\,h}{(r_i - r)\rho\,\pi(r_a^2 - r_i^2)\,b_R\,(r_a^2 + r_i^2)}}$

b) $\varLambda = 1/20\,\ln 3 = 0{,}055$

5.7   a) $\omega_{0y} = \sqrt{k_{yers}/m}$, $k_{yers} = \dfrac{2\,k_R\,k_W}{k_W + k_R\,(l_R/l_W)^2}$

b1) $\omega_{0D} = \sqrt{k_{Ders}/J_A}$, $k_{Ders} = 2(k_W\,l_W^2 + k_R\,l_R^2)$

$$J_A = 2\left(\frac{1}{3}\,m_1\,l_R^2 + \frac{1}{2}\,m_2\,l_2^2 + \frac{1}{3}\,m_{Feder}\,l_W^2 + m_{Rad}\,l_R^2\right)$$

b2) $\omega_{dD} = \sqrt{\omega_{0D}^2 - \delta_D^2}$ mit $\delta_D = (d_W\,l_W^2 + d_R\,l_R^2)/J_A$

Bei blockierten Rädern vergrößert sich die Drehmasse.

$J_{Abl} = J_A + 2\,J_{ERad}$

5.8   a) $\omega_{0y} = \sqrt{k_{ges}/m}$, $k_{ges} = E_{Seil}\,A\,k_D/(E_{Seil}\,A\,r^2 + k_D\,l)$

$y = v_0/\omega_{0y}\,\sin \omega_{0y}\,t$, $v_0 \leqq g/\omega_{0y}$

b) $\omega_{dy} = \sqrt{\omega_{0y}^2 - (d/(2\,m))^2}$, $y = v_0/\omega_{dy}\,e^{-\delta t}\,\sin \omega_{dy}\,t$

v_0 darf größer werden.

5.9   a) $\omega_{0y} = d^2/(8\,l_m)\sqrt{3\,E\,\pi/(m\,(l + l_m))} = 363{,}2$ 1/s

b) $\Lambda = 0{,}0277$: $\delta = 1{,}60$ 1/s, $\omega_{dy} = 363{,}2$ 1/s,

c) $k_{yers} = 1/\left(\dfrac{1}{k_A}\left(\dfrac{l_m}{l}\right)^2 + \dfrac{1}{k_B}\left(\dfrac{l_m + l}{l}\right)^2 + \dfrac{64\,l_m^2(l + l_m)}{3\,E\,\pi\,d^4}\right)$

$\omega_{0y} = \sqrt{k_{yers}/m}$

6.1   a) $\omega_{0y} = 21{,}95$ 1/s, b) $\omega_{0y} = 27{,}05$ 1/s, F_v ist ohne Einfluss auf die Frequenz, wenn sie so groß ist, dass alle Federn stets „im Eingriff" sind.

c) $\hat{y} = -0{,}00773$ m, $k_v\,|\,\hat{y}\,| = 1159{,}5$ N $< F_v$, Vorspannkraft reicht aus.

6.2   a) $\omega_0^{(1)} = 81{,}0$ 1/s,

b) $\omega_0^{(2)} = \sqrt{2}\,\omega_0^{(1)} = 114{,}6$ 1/s

c) $\omega_d = 108{,}3$ 1/s,

d) $\hat{\varphi} = -0{,}1029$ rad, $F_{max} = 59{,}3$ N, Vorspannkraft reicht aus.

6.3   a) $k = 16151$ kg/s^2, $F_{min} = -49{,}58$ N,

b) $J_S = 0{,}761$ kgm^2

6.4   a) $\omega_{0D} = 97{,}6 \ 1/s$

b) $\hat{\varphi} = -1{,}607 \ \text{rad}, \ \Omega = 100 \ 1/s$,

$M_{max} = 1{,}025 \cdot 10^5 \ \text{Nm}$, ω_{0D} vermindern durch weichere Lagerung: z. B. d_1 verkleinern, oder l_1, l_2 erhöhen.

6.5   a) $\omega_{0x} = \sqrt{2 \ k/m_1}$

b) $\omega_{0x} = \sqrt{2 \ k /(m_1 + 2(m_{Feder}/3 + J_{S2}/r^2))}$

c) $\ddot{x} + \dfrac{2 \ k}{m} x = \mu \ (m_1 + m_{Feder}) \ g/m$, mit $m = m_1 + \dfrac{2}{3} m_{Feder}$,

$x = \mu \ (m_1 + m_{Feder}) \ g/(2 \ k) \ (1 - \cos \omega_{0x} \ t)$, Sprungantwort,

$\omega^* > \dot{x}_{max}/r = \mu \ (m_1 + m_{Feder}) \ g/(r \sqrt{2 \ m \ k})$

6.6   a) $\omega_0 = \sqrt{2 \ k_R \ k_W \ l^2 /((k_R + k_W)(J_S + m \ l_m^2))}$

b) $d_{ges} = \dfrac{0{,}594}{l} \sqrt{2 \ k_R \ k_W \ (J_S + m \ l_m^2)/(k_R + k_W)}$

c) $v_{krit} = b \ \omega_0/(2 \ \pi)$

6.7   a) $\omega_0 = \sqrt{k \ R^2 /\left((m_1/2) \ (r_a^2 + r_i^2) + m_2 \left(l^2/12 + \left(r_a + \dfrac{l}{2} \right)^2 \right) \right)}$,

Beschränkung auf kleine Schwingungen ist nicht notwendig.

b) $\omega_0 = \sqrt{\left(k \ R^2 - \sqrt{3}/2 \ m_2 g \left(r_a + \dfrac{l}{2} \right)^2 \right)/N}$, N wie bei a)

c) $\hat{\varphi} = (\hat{M}/J_O)/(\omega_0^2 - \Omega^2)$.

6.8   a) $f_{0y} = 1{,}82 \ \text{Hz}$ b) $\hat{y} = 0{,}0147 \ \text{mm}$

6.9   a) $f_0 = 51{,}1 \ \text{Hz}$ b) $\hat{y} = 0{,}207 \ \text{cm}$ c) $\omega_d = 315{,}2 \ 1/s$

6.10 a) $f_0 = 5{,}02 \ \text{Hz}$ b) $\hat{F} = 53{,}9 \ \text{N}$, $\hat{y} = -1{,}226 \ \text{cm}$

überkritisch erregt, $a_{max} = \ddot{y}_{max} = |\hat{y}| \ \Omega^2 = 13{,}76 \ \text{m/s}^2$

6.11 a) $k_B = Ebh^3/(4l^3)$ b) $\hat{\varphi}_1 = 0{,}035 \ \text{rad}$ $\hat{\varphi}_4 = 0{,}042 \ \text{rad}$

c) ungedämpft: $\hat{\varphi}_1 = 0{,}035 \ \text{rad}$; $\hat{\varphi}_4 = 0{,}125 \ \text{rad}$

$$Q_i = k_B \Delta u_{Bi} = k_B (u_i - (a+l)\varphi_i), \; i = 1,2;$$

$$Q_{eff} = \sqrt{\hat{Q}_1^2 + \hat{Q}_2^2}/\sqrt{2} = 144,7 \text{ N}$$

7.1 a) $\omega_{0z} = \sqrt{E\,\pi(d_a^2 - d_i^2)/(hm)}$,

   $\omega_{0x} = \omega_{0y} = \dfrac{1}{4h}\sqrt{3\,E\,\pi(d_a^4 - d_i^4)/(hm)}$,

   $\omega_{0Dz} = \dfrac{1}{4h}\sqrt{3\,E\,\pi(d_a^4 - d_i^4)(l_1^2 + l_2^2)/(h\,J_{Sz})}$,

   b) $\delta_x = 1{,}581\,\dfrac{1}{s},\, d_x = 3{,}162\,m\,\dfrac{kg}{s},\, \omega_{dDz} = \sqrt{\omega_{0Dz}^2 - \delta_{Dz}^2}$

   mit $\delta_{Dz} = d_x\,(l_1^2 + l_2^2)/(2\,J_{Sz})$

   c) $\hat{x} = \dfrac{\Delta m}{m}\,a\,\Omega^2 \,/\, \sqrt{(\omega_{0x}^2 - \Omega^2)^2 + 4\,\delta_x^2\,\Omega^2}$

   $\zeta_x = \arctan(2\,\delta_x\,\Omega/(\omega_{0x}^2 - \Omega^2))$

7.2 a) $J_{AB} = 12{,}96 \text{ kgm}^2$ b) $k_{Dges} = 0{,}45904 \cdot 10^6 \text{ Nm}$

   c) $\omega_{0D} = 188{,}2\,\dfrac{1}{s}$ d) $\delta = 2{,}076\,\dfrac{1}{s}$ e) $\omega_{dD} = 188{,}19\,\dfrac{1}{s}$

   f) Amplitude $\hat{\varphi} = 0{,}1002$ rad, Phasenverschiebg. $\zeta = 84{,}5°$

7.3 a) $\omega_{0z} = \sqrt{(2\,k_1\sin^2\gamma + k_2)/m}$,

   $\omega_{dz} = \sqrt{(2\,k_1\sin^2\gamma + k_2)/m - ((2\,d_1\sin^2\gamma + d_2)/(2\,m))^2}$

   b) $\omega_{0Dx} = l\sin\gamma\,\sqrt{2\,k_1/J_{Sx}}$,

   $\omega_{dDx} = \sqrt{2\,k_1\,l^2\sin^2\gamma/J_{Sx} - (d_1\,l^2\sin^2\gamma/J_{Sx})^2}$

   c) $\varphi = \hat{\varphi}\sin(\Omega t - \zeta)$,

   $\hat{\varphi} = M_0\,/\,\sqrt{(k_D - J_{Sx}\,\Omega^2)^2 + (2\,d_1\,l^2\sin^2\gamma)^2\,\Omega^2}$,

   $\tan\zeta = 2\,d_1\,l^2\sin^2\gamma\,\Omega\,/\,(k_D - J_{Sx}\,\Omega^2)$

7.4 a) $\omega_{0y} = 30{,}8\,\dfrac{1}{s}$ b) $\hat{y} = -0{,}437$ m;

   c) $-33\,983 \text{ N} \leqq F_u \leqq 32\,413 \text{ N},\, m_2 > 3304 \text{ kg}$
   1. Ω vergrößern, 2. k kleiner wählen.

   d) $\hat{x} = 0{,}041$ m, $\zeta = 95{,}4°$

7.5 a) $\zeta = 51{,}34°$ b) $\hat{F} = 7{,}68$ N

7.6   a) $k = 19\,341$ kg/s^2 b) $\Lambda = 0{,}04621$, $\delta = 0{,}3851$ 1/s,

            $d = 46{,}209$ kg/s, $\hat{x} = 3{,}306$ cm, $\zeta = \pi/2 = 90°$

8.1 $\omega_1 = 6{,}37$ 1/s, $\omega_2 = 33{,}31$ 1/s

8.2   a) $\omega_1 = 12{,}06$ 1/s, $\omega_2 = 15{,}04$ 1/s, 1. Eigenvektor:

$$\begin{bmatrix} A^{(1)} \\ B^{(1)} \end{bmatrix} = \begin{bmatrix} 1\,\text{cm} \\ -0{,}00152\,\text{rad} \end{bmatrix}, \; 2.\,\text{Eigenvektor:} \begin{bmatrix} 1\,\text{cm} \\ 0{,}0254\,\text{rad} \end{bmatrix}$$

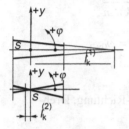

Bild A.4
Eigenschwingungsformen – Lösung zur Aufgabe 8.2

1. Eigenschwingung: Schwingungsknoten liegt um $l_k^{(1)} = 6{,}58$ m vor S.

2. Eigenschwingung: Schwingungsknoten liegt um $l_k^{(2)} = 0{,}394$ m hinter S.

        b) $k_h = 8{,}9143 \cdot 10^5$ N/m

        c) $\omega_y = 13{,}09$ 1/s, $\omega_\varphi = 15{,}42$ 1/s

8.3   a) $\omega_1 = 238$ 1/s, $\omega_2 = 493$ 1/s   b) $A_2 = 135$ cm^2

8.4   a) $\cos \varphi \; \ddot{x} + \left(e + \dfrac{i^2}{e} \right) \ddot{\varphi} + g \sin \varphi = 0$

        $(m_1 + m_2) \ddot{x} + m_2 \, e \cos \varphi \, \ddot{\varphi} - m_2 \, e \sin \varphi \, \dot{\varphi}^2 + k\,x = 0$

        b) $\ddot{x} + \left(e + \dfrac{i^2}{e} \right) \ddot{\varphi} + g \, \varphi = 0$

        $(m_1 + m_2) \ddot{x} + m_2 \, e \, \ddot{\varphi} + k\,x = 0$

8.5   a) $2 \times 3 = 6$ Freiheitsgrade   b) Hub- und Drehschwingungen der beiden
        Massen sind entkoppelt. $\omega_{y1} = \sqrt{2\,k_1/m_1}$,

        $\omega_{\varphi 1} = \sqrt{k_1 \, l_1^2/(2\,J_{S1})}$, $\omega_{y2} = \sqrt{2\,k_2/m_2}$, $\omega_{\varphi 2} = \sqrt{k_2 \, l_2^2/(2\,J_{S2})}$,

        $\omega_x^{(1)} = 0$, $\omega_x^{(2)} = \sqrt{k\,(1/m_1 + 1/m_2)}$ mit $k = E\,A/l$

c) Nur die Schwingungen in x-Richtung werden beeinflusst.

$$v_1^2 = (k_3 + k)/m_1, \quad v_2^2 = k/m_2,$$

die beiden Eigenkreisfrequenzen $\omega_x^{(1)}, \omega_x^{(2)}$ berechnen sich nach (8.6), wobei dort k_2 durch k zu ersetzen ist.

d) Stab BD an einer der Massen in x-Richtung verschieblich lagern.

8.6 a) 3; b) Translationsschwingung in horizontaler und vertikaler Richtung, Drehschwingung um Achse durch S.

c) $\omega_{0x} = \sqrt{E\,b\,h/(l\,m)}, \quad \omega_{0y} = \sqrt{(E\,b\,h^3/(2\,l^3) + k)/m}$,

$\omega_{0\varphi} = \sqrt{3\,E\,b\,h^3\,L^2/(2\,l^3\,m\,(L^2 + H^2))}$ d) $\omega_{dx} = \omega_{0x}$,

$\omega_{d\varphi} = \omega_{0\varphi}, \quad \omega_{dy} = \sqrt{\omega_{0y}^2 - (d/(2\,m))^2}$

8.7 a) 3; b) Translationsschwingung in x-Richtung, y-Richtung, Drehschwingung um S. c) $\omega_{0x} = \sqrt{2\,k_2/m}$,

$\omega_{0y} = \sqrt{(k_1 + 2\,F_v/l_2)/m}, \quad \omega_{0\varphi} = \sqrt{6\,F_v/(l_2\,m)}$ d) $\omega_{dx} = \omega_{0x}$,

$\omega_{dy} = \sqrt{\omega_{0y}^2 - (d/(2\,m))^2}, \quad \omega_{d\varphi} = \omega_{0\varphi}$

8.8 a) 3; Translationsschwingung in x-Richtung,

$\omega_{0x} = \sqrt{2\,E\,e\,h/((l - b)m)}$; Translationsschwingung in y-Richtung,

$\omega_{0y} = \sqrt{4\,E\,e\,h^3/((l - b)^3\,m)}$; Drehschwingung um S,

$\omega_{0\varphi} = h/(2\,l_F)\sqrt{2\,E\,e\,h\,(b/2 + l_F)(2 + b/l_F)/J_S}$

b) $\omega_{dx} = \sqrt{\omega_{0x}^2 - (d/m\cos^2\beta)^2}, \quad \omega_{dy} = \sqrt{\omega_{0y}^2 - (d/m\sin^2\beta)^2}$,

$\omega_{d\varphi} = \sqrt{\omega_{0\varphi}^2 - (d\,b^2\,\sin^2\beta/(4\,J_S))^2}$

c) $y = -v_0/\omega_{dy}\,e^{-\delta_y\,t}\sin\omega_{dy}\,t$

8.9 a) $n_{11} = 8L^3/(486EI), n_{22} = 8L^3/(486EI)$; $n_{12} = n_{21} = 7L^3/(486EI)$

b) $\mathbf{N} = L^3/(486EI)\begin{bmatrix} 8 & 7 \\ 7 & 8 \end{bmatrix}$; $\mathbf{K} = 32.4EI/L^3\begin{bmatrix} 8 & -7 \\ -7 & 8 \end{bmatrix}$

c) $\omega_1 = 5{,}69\sqrt{\dfrac{EI}{L^3 m}}; \quad \omega_1 = 22{,}05\sqrt{\dfrac{EI}{L^3 m}}$

9.1 $J = \begin{bmatrix} J_1 & 0 & 0 \\ 0 & J_2 + \dfrac{J_3}{i^2} & 0 \\ 0 & 0 & J_4 \end{bmatrix}; K = \begin{bmatrix} k_{D12} & -k_{D12} & 0 \\ -k_{D12} & k_{D12} + \dfrac{1}{i^2}k_{D34} & -\dfrac{k_{D34}}{i} \\ 0 & -\dfrac{k_{D34}}{i} & k_{D34} \end{bmatrix}$

$D = \begin{bmatrix} d_{D1} + d_{D12} & -d_{D12} & 0 \\ -d_{D12} & d_{D12} + d_{D2} + \dfrac{1}{i^2}(d_{D34} + d_{D3}) & -\dfrac{d_{D34}}{i} \\ 0 & -\dfrac{d_{D34}}{i} & d_{D34} + d_{D4} \end{bmatrix},$

$\boldsymbol{\varphi} = \begin{bmatrix} \varphi_1 \\ \varphi_2 \\ \varphi_4 \end{bmatrix}, \qquad M = \begin{bmatrix} M_1 \\ 0 \\ M_4 \end{bmatrix}$

9.2 $\ddot{x}_1 + \dfrac{d_1 + d_{15}}{m_1}\dot{x}_1 - \dfrac{d_{15}}{m_1}\dot{x}_5 + \dfrac{k_1 + k_{12} + k_{15}}{m_1}x_1 - \dfrac{k_{12}}{m_1}x_2 - \dfrac{k_{15}}{m_1}x_5 = \dfrac{k_1}{m_1}x_u + \dfrac{d_1}{m_1}\dot{x}_u,$

$\ddot{x}_2 + \dfrac{d_{23}}{m_2}\dot{x}_2 - \dfrac{d_{23}}{m_2}\dot{x}_3 + \dfrac{k_{12}}{m_2}x_2 - \dfrac{k_{12}}{m_2}x_1 = 0,$

$\ddot{x}_3 + \dfrac{d_{23}}{m_3}\dot{x}_3 - \dfrac{d_{23}}{m_3}\dot{x}_2 + \dfrac{k_{34}}{m_3}x_3 - \dfrac{k_{34}}{m_3}x_4 = 0,$

$\ddot{x}_4 + \dfrac{d_{45}}{m_4}\dot{x}_4 - \dfrac{d_{45}}{m_4}\dot{x}_5 + \dfrac{k_{34} + k_{45}}{m_4}x_4 - \dfrac{k_{34}}{m_4}x_3 - \dfrac{k_{45}}{m_4}x_5 = 0,$

$\ddot{x}_5 + \dfrac{d_{15} + d_{45}}{m_5}\dot{x}_5 - \dfrac{d_{15}}{m_5}\dot{x}_1 - \dfrac{d_{45}}{m_5}\dot{x}_4 + \dfrac{k_{15} + k_{45}}{m_5}x_5 - \dfrac{k_{15}}{m_5}x_1 - \dfrac{k_{45}}{m_5}x_4 = 0$

9.3 a) $k_y = 2{,}5266 \cdot 10^8$ kg/s^2 b) $\omega_1 = 62{,}98$ 1/s,

   $\omega_2 = 252{,}39$ 1/s, $\hat{y}_1 = +0{,}148$ m, $\hat{y}_2 = -0{,}01$ m

c) $k_z = 3158{,}3 \cdot 10^4$ kg/s^2, $\hat{y}_2 = -0{,}01$ m

9.4   e) $d_2 = \sqrt[4]{32\, l_2\, J_2\, \Omega^2 / (\pi\, G)}$

9.5   a) $\omega_1 = 0$, $\omega_2 = 61{,}8$ 1/s   b) $\hat{M} = 2{,}57 \cdot 10^3$ Nm

9.6   a) 2, ja, $\omega_y = 44{,}7$ 1/s, $\omega_\varphi = 78{,}8$ 1/s   b) $\hat{y} = -1{,}51$ cm,

         $\hat{\varphi} = 0{,}00024$ rad, $F_{\text{Adyn}} = \pm 146{,}7$ kN   c) $\omega_1 = 38{,}8$ 1/s, $\omega_2 = 74{,}3$ 1/s

9.7   a) $\omega_1 = 0$; $\omega_2 = 2\,\mathrm{e}\sqrt{k\,(1/J_1 + 1/J_2)}$;   b) $\psi = \varphi_1 - \varphi_2$

         $\psi = \hat{M}_1 / (J_1(\omega_2^2 - \Omega^2))\,\sin\Omega\,t + C_1\cos\omega_2\,t + C_2\sin\omega_2\,t$

     c) $\omega_\mathrm{d} = \sqrt{\omega_2^2 - \delta^2}$ mit $\delta = 2\,d\,\mathrm{e}^2\,(1/J_1 + 1/J_2)$,

         $\psi = \hat{\psi}\sin(\Omega\,t - \zeta)$ mit $\hat{\psi} = \hat{M}_1 / J_1 / \sqrt{(\omega_2^2 - \Omega^2) + 4\,\delta^2\,\Omega^2}$

         $\zeta = \arctan(2\,\delta\Omega / (\omega_2^2 - \Omega^2))$

10.1 $\cos\lambda\cosh\lambda = 1$, $\lambda_1 = 4{,}73$, $\lambda_2 = 7{,}85$, $\lambda_3 = 10{,}996$,
      $\omega_i = \lambda_i^2 / l^2 \sqrt{EI / \mu}$

10.2 $\cos\lambda\cosh\lambda + 1 = 0$, $\lambda_1 = \dfrac{\pi}{2} + 0{,}30431 = 1{,}8751$,

      $\lambda_2 = \dfrac{3\,\pi}{2} - 0{,}01830 = 4{,}6941$, $\lambda_3 = \dfrac{5\,\pi}{2} + 0{,}00078 = 7{,}8548$,

      $\lambda_n \approx (2\,n - 1)\dfrac{\pi}{2}$

10.3 $\cos\lambda\cosh\lambda = 1$,
      $\lambda_1 = \dfrac{3\,\pi}{2} + 0{,}01765 = 4{,}73004$, $\lambda_2 = \dfrac{5\,\pi}{2} - 0{,}00078 = 7{,}85320$,

      $\lambda_3 = \dfrac{7\,\pi}{2} + 0{,}00003 = 10{,}99561, \dots , \lambda_n \approx (2\,n + 1)\dfrac{\pi}{2}$,
      $\omega_1 = 434$ 1/s, $\omega_2 = 1196$ 1/s

10.4   a) $w(0, t) = w(l, t) = 0$, $w'(0, t) = 0$, $w''(l, t) = 0$
      b) $\tan\lambda = \tanh\lambda$ c) $\lambda_1 = 3{,}9266$ d) $\omega_1 = 545$ 1/s

A 3 Federsteifigkeiten

Längsfedern: Stäbe	Federkonstante
A = Querschnittsfläche über Stablänge konstant l = Stablänge E = Elastizitätsmodul	$k_x = \dfrac{E\,A}{l}$
Stäbe mit veränderlicher Querschnittsfläche Querschnittsfläche = Kreisquerschnitt; Durchmesser ändert sich linear über die Stablänge	$k_x = \dfrac{E\,\pi\,d_1\,d_2}{4\,l}$
Querschnittsfläche = Rechteck; Höhe h ändert sich linear; Breite b ist konstant über die Stablänge	$k_x = \dfrac{E\,b\,(h_1 - h_2)}{l\,\ln(h_1 / h_2)}$
Stab mit über die Stablänge l beliebig veränderlicher Querschnittsfläche $A = A\,(x)$	$k_x = \dfrac{E}{\displaystyle\int_0^l \dfrac{\mathrm{d}x}{A\,(x)}}$

Längsfedern: Schraubenfedern	Federkonstante
Zylindrische Schraubenfeder mit Kreisquerschnitt d = Drahtdurchmesser D = Windungsdurchmesser i = Anzahl der federnden Windungen G = Gleitmodul	$$k_{\mathrm{x}} = \frac{G\,d^4}{8\,i\,D^3}$$
Zylindrische Schraubenfeder mit Rechteckquerschnitt $\psi = \psi\,(h/b)$ <table><tr><td>h/b</td><td>0,5</td><td>1,0</td><td>1,5</td><td>2,0</td><td>3,0</td></tr><tr><td>$\psi \approx$</td><td>6,5</td><td>5,5</td><td>6,0</td><td>7,0</td><td>9,2</td></tr></table>	$$k_{\mathrm{x}} = \frac{G\,b^2\,h^2}{\psi\,i\,D^3}$$
Kegelstumpffeder mit Kreisquerschnitt 	$$k_{\mathrm{x}} \approx \frac{G\,d^4}{2\,(D_1 + D_2)(D_1^2 + D_2^2)\,i}$$

Biegefedern: Balken mit über die Stablänge konstanter Biegesteifigkeit *EI*	Federkonstante
Einseitig eingespannter Balken *I* = axiales Flächenmoment zweiter Ordnung der Querschnittsfläche	$k_y = \dfrac{3\,E\,I}{l^3}$
Beidseitig frei aufliegender Balken	$k_y = \dfrac{3\,E\,I\,l}{l_1^2\,l_2^2}$
Beidseitig eingespannter Balken	$k_y = \dfrac{3\,E\,I\,l^3}{l_1^3\,l_2^3}$
Balken mit Einspannung und frei drehbarem Lager	$k_y = \dfrac{4\,E\,I\,l^2}{l_1^3\,l_2^2\left(1+\dfrac{l_2}{3l}\right)}$
Balken mit starrer und vertikal verschieblicher Einspannung	$k_y = \dfrac{12\,E\,I}{l^3}$
Statisch bestimmt gelagerter Balken mit Kragarm	$k_y = \dfrac{3\,E\,I}{b^2\,(l+b)}$
Statisch unbestimmt gelagerter Balken mit Kragarm	$k_y = \dfrac{12\,E\,I}{b^2\,(4b+3l)}$

Biegefedern: Balken mit veränderlicher Biegesteifigkeit EI	Federkonstante
Dreieckfeder	$$k_y = \frac{E\,h^3\,b}{6l^3}$$
Geschichtete Dreieckfeder n = Anzahl der Blätter b = Breite der Blätter	$$k_y = \frac{E\,h^3\,n\,b}{6l^3}$$
Trapezfeder $$\psi = \frac{3}{2 + \dfrac{b_1}{b_0}}$$	$$k_y = \frac{E\,b_0\,h^3}{4\,\psi\,l^3}$$
Geschichtete Blattfeder n = Anzahl der Blätter n' = Anzahl der bis zum Federende reichenden Blätter	$$k_y = \frac{\left(2 + \dfrac{n'}{n}\right) E\,n\,b\,h^3}{6l^3}$$

Drehfedern	Federkonstante
Drehstab mit Kreisquerschnitt 	$k_D = \dfrac{G\,\pi\,d^4}{32\,l}$
Drehstab mit Kreisringquerschnitt 	$k_D = \dfrac{G\,\pi\,(d_a^4 - d_i^4)}{32\,l}$
Drehstab mit Rechteckquerschnitt **Achtung:** $h < b$ $\psi = \dfrac{1}{3}\left(1 - 0{,}63\dfrac{h}{b} + 0{,}052\left(\dfrac{h}{b}\right)^5\right)$	$k_D = \psi\,\dfrac{G\,b\,h^3}{l}$
Spiralfeder mit Rechteckquerschnitt $l =$ Gesamtlänge der Feder	$k_D = \dfrac{E\,b\,h^3}{12\,l}$
Zylindrische Schraubenfeder mit Kreisquerschnitt d = Drahtdurchmesser D = Windungsdurchmesser i = Windungszahl	$k_D = \dfrac{E\,d^4}{64\,i\,D}$

A 4 Näherungsweise Berücksichtigung der Federmasse bei Biegefedern

Einseitig eingespannte Welle mit Einzelmasse am Wellenende

Die Wellenmasse m_{Welle} sei über die Wellenlänge gleichmäßig verteilt. Dann gilt für die Massenbelegung $\mu = m_{Welle}/l$. Die Biegesteifigkeit EI sei konstant.

Die Masse m führt harmonische Schwingungen

$$y_m = \hat{y}_m \sin \omega t$$

aus. Die Schwinggeschwindigkeit von m beträgt

$$\dot{y}_m = \hat{y}_m \, \omega \cos \omega t.$$

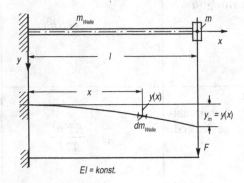

Bild A.5
Einseitig eingespannte Welle mit Einzelmasse

Wenn in der Welle keine Kontinuumsschwingungen auftreten, so gilt für die Bewegung des Masseteilchens dm_{Welle} an der Stelle x

$$y(x) = \hat{y} \sin \omega t, \qquad \dot{y}(x) = \hat{y} \, \omega \cos \omega t.$$

Dabei verhalten sich die Amplituden so wie die entsprechenden Auslenkungen:

$$\frac{\hat{y}}{\hat{y}_m} = \frac{y(x)}{y_m} = \frac{\dot{y}(x)}{\dot{y}_m}.$$

Für die Biegelinie der Welle mit Einzellast am Wellenende gilt

$$y = \frac{F}{EI} \frac{x^2}{2}\left(l - \frac{x}{3}\right), \quad y_m = y(l) = \frac{F \, l^3}{3 \, E \, l}.$$

Die Geschwindigkeit des Wellenelements ist

$$\dot{y}(x) = \dot{y}_m \frac{y(x)}{y_m} = \dot{y}_m \frac{3}{2}\frac{x^2}{l^2}\left(1 - \frac{x}{3 \, l}\right).$$

Für seine kinetische Energie ergibt sich

$$dE_{kin\ Welle} = \frac{1}{2} dm_{Welle}\ \dot{y}(x)^2$$

$$= \frac{1}{2} dm_{Welle}\ \dot{y}_m^2 \frac{9}{4} \frac{x^4}{l^4} \left(1 - \frac{2}{3} \frac{x}{l} + \frac{x^2}{9\ l^2}\right).$$

Die gesamte in der Welle enthaltene kinetische Energie erhält man durch Integration über die Wellenlänge:

$$E_{kin\ Welle} = \int_0^l \frac{9}{8} \dot{y}_m \left(\frac{x^4}{l^4} - \frac{2}{3} \frac{x^5}{l^5} + \frac{x^6}{9\ l^6}\right) \mu\ dx.$$

Dabei wird $dm_{Welle} = \mu\ dx$ gesetzt. Die Auswertung des Integrals liefert

$$E_{kin\ Welle} = \frac{1}{2} \frac{33}{140}\ m_{Welle}\ \dot{y}_m^2.$$

Aus der Gesamtenergie für das System

$$E_{ges} = \frac{1}{2} c_y\ y_m^2 + \frac{1}{2} m\ \dot{y}_m^2 + \frac{1}{2} \frac{33}{140} m_{Welle}\ \dot{y}_m^2$$

$$= \frac{1}{2} c_y\ y_m^2 + \frac{1}{2} \left(m + \frac{33}{140} m_{Welle}\right) \dot{y}_m^2$$

im Vergleich zu der Gesamtenergie eines Feder-Masse-Systems

$$E_{ges} = \frac{1}{2} c_y\ y_m^2 + \frac{1}{2} m\ \dot{y}_m^2$$

kann die Ersatzmasse

$$m_{ers} = m + \frac{33}{140} m_{Welle}$$

ermittelt werden.

Beidseitig frei aufliegende Welle mit Einzelmasse in Wellenmitte

Es sind die gleichen Überlegungen wie oben beim einseitig eingespannten Träger anzustellen. Für die linke Wellenhälfte, Bereich $0 \leqq x \leqq \frac{l}{2}$, lautet die Gleichung der Biegelinie

$$y = \frac{F\ l^3}{16\ E\ I} \left(\frac{x}{l} - \frac{4}{3} \frac{x^3}{l^3}\right).$$

Die Durchbiegung in Wellenmitte ist

$$y_m = y\left(\frac{l}{2}\right) = \frac{F\,l^3}{48\,E\,I}\,.$$

Für die Geschwindigkeit des Wellenelements $dm_{Welle} = \mu\,dx$ gilt

$$\dot{y}(x) = \dot{y}_m\,\frac{y(x)}{y_m} = \dot{y}_m\,3\left(\frac{x}{l} - \frac{4}{3}\left(\frac{x}{l}\right)^3\right)\,.$$

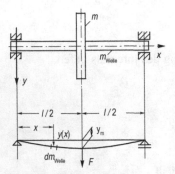
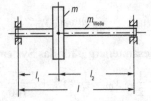

Bild A.6   Zweifach gelagerte Welle mit   **Bild A.7**   Zweifach gelagerte Welle,
Einzelmasse in Wellenmitte   Einzelmasse ausmittig

Die kinetische Energie des Wellenelements berechnet sich zu

$$d\,E_{kin\,Welle} = \frac{1}{2}dm_{Welle}\,\dot{y}(x)^2 = \frac{1}{2}\mu\,dx\,\dot{y}_m^2\,9\left(\frac{x}{l} - \frac{4}{3}\left(\frac{x}{l}\right)^3\right)^2\,.$$

Für die Berechnung der gesamten kinetischen Energie der Welle braucht aus Symmetriegründen nur über die halbe Wellenlänge integriert zu werden

$$E_{kin\,Welle} = 2\int_0^{l/2}\frac{1}{2}\mu\,\dot{y}_m^2\,9\left(\left(\frac{x}{l}\right)^2 - \frac{8}{3}\left(\frac{x}{l}\right)^4 + \frac{16}{9}\left(\frac{x}{l}\right)^6\right)dx = \frac{1}{2}\frac{17}{35}m_{Welle}\,\dot{y}_m^2\,.$$

Damit ist in diesem Fall die in der Schwingungsberechnung zu berücksichtigende Masse

$$m_{ges} = m + \frac{17}{35}m_{Welle}.$$

Für den allgemeinen Fall (siehe Bild A.7) gilt

$$m_{ges} = m + \psi\,m_{Welle}$$

mit

$$\psi = \frac{l^3}{4\,l_1\,l_2}\left[\frac{1}{l_2}\left(\frac{1}{3}\left(1-\left(\frac{l_2}{l}\right)^2\right)^2 - \frac{2}{5}\left(1-\left(\frac{l_2}{l}\right)^2\right)\left(\frac{l_1}{l}\right)^2 + \frac{1}{7}\left(\frac{l_1}{l}\right)^4\right)\right.$$

$$\left. + \frac{1}{l_1}\left(\frac{1}{3}\left(1-\left(\frac{l_1}{l}\right)^2\right)^2 - \frac{2}{5}\left(1-\left(\frac{l_1}{l}\right)^2\right)\left(\frac{l_2}{l}\right)^2 + \frac{1}{7}\left(\frac{l_2}{l}\right)^4\right)\right].$$

Anmerkung: Für $l_1 \to 0$ geht $\psi \to \infty$. Vernünftige Resultate liefert die Beziehung etwa im Bereich

$$\frac{l}{3} \leqq l_1 \leqq \frac{2}{3}l.$$

A 5 Sachverzeichnis